汉译世界学术名著丛书

数学、科学和认识论

〔匈〕拉卡托斯 著

林夏水 薛迪群 范建年 译

范岱年 赵中立 校

Imre Lakatos

MATHEMATICS, SCIENCE AND EPISTEMOLOGY

Philosophical Papers Volume 2

Edited By J. Worrall
and G. Currie

Cambridge University Press 1978

汉译世界学术名著丛书
出 版 说 明

我馆历来重视移译世界各国学术名著。从20世纪50年代起，更致力于翻译出版马克思主义诞生以前的古典学术著作，同时适当介绍当代具有定评的各派代表作品。我们确信只有用人类创造的全部知识财富来丰富自己的头脑，才能够建成现代化的社会主义社会。这些书籍所蕴藏的思想财富和学术价值，为学人所熟知，毋需赘述。这些译本过去以单行本印行，难见系统，汇编为丛书，才能相得益彰，蔚为大观，既便于研读查考，又利于文化积累。为此，我们从1981年着手分辑刊行，至2010年已先后分十一辑印行名著460种。现继续编印第十二辑。到2011年底出版至500种。今后在积累单本著作的基础上仍将陆续以名著版印行。希望海内外读书界、著译界给我们批评、建议，帮助我们把这套丛书出得更好。

商务印书馆编辑部

2010年6月

目　录

第一部分　数学哲学

第二部分　批判的论文

第三部分 科学与教育

第三部分 科学与教育

第 一 部 分

数 学 哲 学

第一章　无穷回归与数学基础*

引　言

〔两千多年来，怀疑论哲学教导人们，要想达到最终确定意义的目的，或者最终确定真理的目的都是不可能的。但是，确定数学的意义和真理却又恰恰是"数学基础"的目标。〕

古典怀疑论的论据是建立在无穷回归基础上的。人们可以尝试用别的一些词来定义一个词，从而说明这个词的意义——这就

---

* 本文于1962年首次发表在亚里士多德学会增补卷(即第36卷)中。在拉卡托斯的藏书中这篇论文的抽印本包含他的一些亲笔订正，其中有些订正我们已经收入。拉卡托斯的论文原先作为第二篇文章发表在亚里士多德学会与思维协会(Mind Association)于1962年7月在莱斯特大学召开的联席会议——数学基础专题讨论会的论文集里。在这次讨论会上，开始由R. L. 古德施泰因对这本论文集的第一篇论文作了简要论述。要是脱离上下文就很难理解这个论述，所以我们把它略去了，但这一省略完全不影响本文的要点。拉卡托斯在序言脚注中说："行家会正确评价K. 波普尔哲学对整个论文的影响。对我来说，要在细节上准确地指出引证他的地方是不可能的——我必须假定：在下文中，读者会认识到《科学发现的逻辑》和《猜测与反驳》中的许多思想。我要感谢A. 马斯格雷夫和T. J. 斯迈利博士对初稿提出许多有价值的建议和批评。W. W. 巴特利使我注意到怀疑论者与独断论者的争论在认识论史上的重要作用。我与S. 科尔纳、J. C. 谢弗德森教授商讨开头两节，得到许多启发。"——编者

导致无穷回归；或者试图用“完全众所周知的一些词”来定义一个词，从而了解这个词的意义。但是，在“完全众所周知的一些词”这一词句中的十个字都是真正全部完全众所周知的吗？人们看到，无穷回归这个深渊又打开了。这样一来，数学哲学怎么还能够声称，我们在数学中具有精确的概念或者应该具有精确的概念呢？它怎么能够希望避免怀疑论者的责难呢？它怎么能够声称已经提供了(逻辑主义的、元数学的或者直觉主义的)数学基础呢？不过，就是提供了一些“精确的”概念，我们又怎么能够证明一个命题是真的呢？即使我们能够避免定义的无穷回归，又怎么能够避免证明的无穷回归呢？意义和真理只能被传递，而不能被规定。如果是这样的话，我们又怎么能够**知道**呢？

4

独断论者声称，我们能够知道；而**怀疑论**者则说，我们不能知道，或者至少不能知道我们能够知道什么东西和能够在什么时候知道。它们之间的这种争论是认识论的基本问题。在讨论当代建立数学知识基础的一些成就当中，人们往往会忘记，这些成就只不过是通过建立一般的知识基础来克服怀疑论的巨大努力中的一段经历罢了。**本文的目的就是要表明现代数学哲学是深藏于一般认识论中的，而且只有在这个背景下才可以理解它。**这就是为什么第1节不可避免地要包含简要的认识论史的原因。一些有名望的历史学家有时说，这里所尝试的这种“理性重建”是对真实历史和事件实际发生过程的一种粗劣描绘，但人们同样有理由说，历史和事件实际发生的过程这两者正是对理性重建的粗劣描绘。

1. 制止科学中的无穷回归

怀疑论者用无穷回归来说明，寻找知识基础是没有希望的。正像他们的独断论反对派那样，他们是认识论上的证明主义者，也就是说，他们的主要问题是，“你是怎样知道的呢？”而且认为，他们必须转而依靠一种屈服：我不知道，因为意义和真理不可能有稳固的基础。他们得出结论：理性获得知识的努力是无效的；科学和数学都是诡辩和妄想。所以，制止这些使人恼怒的、孪生的无穷回归，并且为知识提供稳固的基础，已经成了理性主义生死存亡的一个问题。三个庞大的理性主义纲领企图达到这个目的。这三个纲领是：(1)欧几里得纲领；(2)经验论纲领；(3)归纳主义纲领。

这三个纲领都提出用演绎系统把知识组织起来。演绎系统（不一定是形式的）明确的基本特征是，从该系统的“底部”向“顶部”（即从结论向前提）的返传递假值的原则：结论的反例至少是前提的一个反例。如果返传递假值的原则适用的话，那么从前提向结论传递真值的原则也同样适用。可是，我们并不要求演绎系统应该传递谬误或返传递真理。

(1) 如果演绎系统顶部的一些命题（公理）是由完全众所周知的一些词（原始词项）组成的，并且于真值的顶部存在确实可靠的真值注入，这个真值通过真值传递（证明）的演绎渠道向下流满整个系统，那么我就把这种演绎系统叫做“欧几里得式理论”。（如果顶部的真假值为假值，这个系统自然就不可能存在真值流。）既然欧几里得式纲领意味着，一切知识都可以从一些通常的真命题（这

5 些命题只是由一些含有通常意义的词组成的)的有穷集合推演出来,我也就把它叫做**知识的平凡化纲领**①。因为欧几里得式理论只包含无可置疑的真命题,所以猜测和反驳对它都不起作用。在一个完全成熟的欧几里得式理论中,意义(像真值那样)注入顶部,而且通过保存意义的形式定义的渠道,安全地从一些原始词项向下流到一些(缩写的因而理论上是多余的)被定义的词项。欧几里得式理论是自明的相容,因为其中出现的所有命题都是真的,而且真命题集确实是相容的。

(2) 我把一个演绎系统叫做“**经验论理论**”,如果该系统底部的一些命题(**基本语句**)是由完全众所周知的一些词(**以经验为依据的一些词**)组成的,并且底部可能存在**确实可靠的真值注入**,只要底部的真假值为**假值**,它就通过演绎渠道(**说明**)向上流满整个系统。(如果真假值是**真值**,这个系统自然就不存在真假值流。)因此,经验论理论要么是猜测性的(除了最底部的语句可能是真的以外),要么就是确定地由假命题组成的。② 在经验论理论中,有**一些理论的或隐藏不见的词项**——像亚里士多德三段论里的中项一样——不是用任何基本语句表示的,所以不存在流向这些词项的、保存意义的渠道。

在理性主义排除“形而上学”的热情中,如果除了逻辑上的意义注入以外,我们只允许底部的意义注入,那么我们就得到一种

---

① 对于这个纲领的描述可以在 Pascal〔1657—1658〕中找到常被引证的章句。

② 对经验论理论某些方面的最抒情描述,可参见 M. Schlick〔1934〕,英译文见 Ayer 所编〔1959〕pp. 209—227。最清楚而生动的讨论,可参见 R. B. Braithwaite〔1953〕,特别是其中的 pp. 350—354 处处可见此种讨论。

“严格的经验论理论。”为划分科学与乱语的界限而想出的这种要求，无论如何是自取灭亡的，因为具有理论词项的、严格的经验论理论是无意义的（不算它的底层）。[①] 经验论理论可能是相容的，也可能是不相容的。因此，对经验论理论来说，突出需要相容性的证明。[②]

欧几里得式纲领提出根据顶部的意义和真假值来建立欧几里得式理论，通过理性的自然灵光，特别是通过算术、几何、形而上学、道德等的直觉来照亮这些理论。经验论纲领提出根据底部的意义和真假值来建立经验论理论，通过经验的自然灵光来照亮这些理论。但是，这两个纲领都是依赖于意义和真假值的可靠传递的理性（尤其是依赖于逻辑的直觉）。

我应当强调经验理论这个通常的概念与经验论的理论这个更一般的概念之间的差别。我对经验论者的理论的唯一限制是，真假值是在底部注入的，不管遇到的是“实际的”、“单一时空的”、“算术的”还是什么别的东西。扩张基本陈述这个概念的着眼点在于，使经验论纲领和归纳主义纲领这些概念能够应用于数学，或者形而上学、伦理学等。　6

在传统的认识论中，两个关键性的概念并不是“欧几里得式的”和“经验论的”，而是先验的与后验的、分析的与综合的。这

① R. B. Braithwaite 说明，没有理论词项的严格经验主义理论可能有意义，但不可能发展（〔1953〕，p. 76）。严格的经验论者（像石里克和拉姆塞）试图通过授予理论词项以“规则”的称号，摆脱较高层次假设的令人为难的无意义性。

② 参考 K. R. Popper〔1959〕，pp. 91—92。我不知道是谁首先提出：我们为相容性检验一些受尊重的科学理论。

些概念适用于命题而不适用于理论；一些认识论者慢慢注意到高度条理化知识的出现，而且也注意到这种条理化的特殊形式所起的决定性作用。它使我们在什么层次上把真值注入该理论，产生认识论上的巨大差别，因为这种差别决定了该系统真值和假值的流动方式。这种注入来自哪一种信息源——是经验、自明性还是别的什么东西，这对于许多问题的解决来说，无论如何都是次要的。我们在这里只讨论演绎系统中任一事物是如何流动的，而不讨论实际上流动的是什么，才能够充分理解确实可靠的真或唯一的真。比如说，罗素的"心理学上根深蒂固的"真、布拉思韦特的"逻辑上不可改造的"真、维特根斯坦的"语言学上积习难改的"真、[①]或者波普尔的可改正的假和"逼真度"、卡尔纳普的概率。

欧几里得式纲领及其失败的迷人故事，还没有人写过。虽然一般都知道，在演绎结构的上部现代科学如何导致更加理论的词项和更加靠不住的命题，而不是导致更加平凡的词项和命题。转到经验论纲领和在底部确定基础是很困难的；它确实是人类思想史上最富有戏剧性的、令人震惊的事件之一，因为它意味着原先欧几里得式的理性观点的根本改变。如果人们只能在底部注入真假值，那么一个理论要么是猜测性的，要么就是假的。因此，欧几里得式理论是被证明的，而经验论理论则是可证伪的，而不是可证实的。如果孤立地看，这两个纲领提供的都是平凡而无趣的真理，但因为真值的位置，所以平凡真值注满整个欧几里得式理论，而不注

① 参考 Braithwaite、Russell 和 Waismann 的论文〔1938〕。

满经验论理论。

欧几里得学派从来没有被迫承认过失败；它的纲领是无可辩驳的。人们绝不可能反驳这样一种纯粹存在语句，即存在一组普通的基本原则，由这组原则可以得到所有的真值。所以，欧几里得式纲领作为一种支配原则（“有影响的形而上学”）[①]可能永远缠绕着科学。欧几里得派总是否认：当欧几里得式理论的一个特定候补者发生动摇的时候，整个欧几里得式纲领就失败了。事实上，严格的欧几里得派自己常常揭露：他们的前辈的那些欧几里得式理论并不是*真正*欧几里得式的；确定公理的真实性的那种直觉是不能承认的、骗人的，它是捉摸不定的鬼火，不是真正指导理性的灵光。他们可能制定全新的出发点，或者声称，在欧几里得式的仙境中，通向平凡性的明亮山峰的曲折道路一定不可避免地〔要〕穿过幽暗的峡谷。人们必须真正怀着希望继续往上攀登。 7

目光短浅的或感到厌倦的欧几里得学派可能被迷惑，而误认为黑暗的峡谷是明亮的山峰。虽然一方面批判，确实地说反驳，可能使得看来最平凡的基础知识变成不平凡化——一个极好的例子就是爱因斯坦对同时性的批判——另一方面，极权主义的处理和确认能够把看起来最复杂的东西推测变得平凡化（推向无异议的基础知识），一个有趣的例子是康德对牛顿力学的看法。反驳使我们学会，而确认使我们忘记。因此，自负的理性主义可能（通过一种有伸缩性的欧几里得主义）扩大自明性的界线，不仅在胜利的时

① Wartkins〔1958〕.

候，而且在节节溃退的时候，它都可以这样做[1]。

(3) 有些独断论者试图用非欧几里得方法从怀疑论者手中挽救出知识。在顶部被击败以后，理性就在底部寻找避难所和依靠。但是，底部的真值却不具备顶部真值的权力。人们期望归纳法来恢复这种对称性。归纳主义纲领在于拼命建立一种渠道，使得基本陈述的真值顺着这个渠道向上流，从而建立一个附加的逻辑原则，即真值的返传递原则。这个原则使归纳主义者能够把下面的真值注满整个系统。"归纳主义理论"，正如欧几里得式理论那样，自然是相容的，因为在其中出现的所有命题都是真的。

归纳渠道在17世纪不可能像今天看得这样清楚，即使人们把演绎法建立在笛卡儿的直觉基础上，同时贬低亚里士多德的形式逻辑。如果存在一种演绎的直觉，那么为什么不同样存在一种归纳的直觉呢？但是，从笛卡儿到今天的逻辑学史（也就是真假值渠道的历史）本质上是通过建立"形式"逻辑来批判和改造演绎渠道，同时破坏归纳渠道的历史。

如果归纳主义要想从下面（即通常经验的底部）证明可疑的、神秘的、理论命题，那么它就必须也完全阐明这些理论词项的意义——没有最终概念就没有最终真值。因此，归纳主义者就必须用"可观察的词项"来定义这些理论词项。这是不可能通过显定义

① 有伸缩性的欧几里得主义有时用一种有趣的、虚假的严格性获得证明。马赫把科学中的欧几里得主义叫做"证明狂"(Mach〔1882〕第1章第5节)。他举了一个给人印象深刻的例子："用这种方式，阿基米德证明了他的杠杆定律，史蒂文纳斯证明了他的斜压力定律，D. 伯努利证明了力的平行四边形法则，拉格朗日证明了虚位移原理"。他当然还可以举更多的人，像莫培督和欧拉，他因为其他原因讨论了这些人的欧几里得式的倾向（但忽略了欧拉对牛顿公理的证明）。

来做到的，所以，归纳主义者企图通过上下文的联系（即隐定义），通过“逻辑的构造”来定义理论词项。在数学中，当人们要想自上而下证明每一事物的时候，就必须用顶部的完全众所周知的一些词来重新定义（即重新构造）每一事物。在科学中，当人们要想自下而上证明每一事物时，他首先就必须用底部的完全众所周知的一些词来重新定义（即重新构造）每一事物。（实际上，如果他是一个“严格的归纳主义者”的话，那么不仅真值必须向上流，而且意义也必须向上流，因为真值不可能流入无意义的命题）。归纳证明的问题和用可观察词项表示的理论词项的定义问题——它可以叫做归纳定义的问题——是孪生的问题，而且它们的可解性也都是孪生的错误观念。[①]

归纳主义纲领的最初形式已经为怀疑论的批判所破坏。可是，大多数人仍然不能容忍经验论者的革命，他们认为这种革命是对理性尊严的一种侮辱。现代一些归纳主义思想家（我现在指的是带有逻辑实证主义特有烙印的那些思想家）在保护旧纲领（概率性的归纳主义）的一种新的较弱形式方面，创作了大量作品。尤其是，他们（正确地）不能接受科学演绎系统应该是无意义（除了该系统的最底部以外）的看法。事实上，他们主张，如果一个理论的底部达到观察语句的层次，它就是有意义的。可是，当他们的“证实原则”承认理论语句是有意义的时候，人们对于这些理论语句的实际意义并不清楚。严格的经验论者（错误地）拒绝意义的注入（除

① 罗素的“构造主义”方法试图解决归纳定义问题，从而为他的归纳主义建立一个牢固的概念基础。为了极好的讨论，可参考 Weitz〔1948〕。

了在该理论的底部注入以外)。但是,在没有取得任何具体意义的情况下,理论语句是有意义的吗?他们摆脱二难推理是通过从根本上扩大定义的概念(意义转移的概念),使得它包括"还原法",设计一种逻辑上的变戏法来从可观察词项向理论词项返传递意义(如果不是全部意义,至少是某些部分的等价意义)。[1]

那么,既然他们知道并且接受形式逻辑,也就必然把归纳法看作是不正确的。他们扩大了意义转移的概念以后,现在就扩大真值传移的意义,使得(如果不是真值的话)至少应该有一种部分的、或然的真值(某种"证实程度")从观察语句向理论语句的返传递。[2]

具有概率性的归纳法理论可能是相容的。一种可能相容的概率论,在任何时候都是人们所能期望的。

在批判过时的、不恰当的和狂妄的现代归纳主义时,人们不应该忘记其高贵的起源。17、18世纪的归纳主义者的信条曾起着非常重要和进步的作用。它是在波普尔以前黑暗的启蒙时代中年轻的思辨科学的伟大生活的谎言,那时,纯粹推测是被人看不起的,反驳是一种背理,因而确立权威性的真理源泉是一个生存的问题。权威从《启示录》转移到事实,当然会遇到教会的反对。经院哲学的逻辑学家和"人本主义者"继续指出归纳主义者冒险的厄运,并

① 这个思想可以追溯到 Leibniz〔1678〕和 Huygens(〔1690〕的前言)。归纳逻辑已经由 Keynes, Reichenbach 和 Carnap 提出的新的较弱的概率逻辑所代替。参见 Popper〔1959〕第 10 章的参考文献。

② 参见 Carnap〔1936—1937〕, Feigl, Scriven 和 Maxwell 编的〔1958〕中有最近的文献,一些文章和参考文献。

且证明，根据亚里士多德的三段论，不可能存在从结果到原因的正确推理，因此，科学理论不可能是真的，而只能是易谬的预言工具："数学假说"。他们非难那些拒绝亚里士多德的逻辑学和鼓吹非形式的、直觉的逻辑和归纳法的现代科学思想家。他们一边维护启示的真理，一边使理性和经验的真理遭到毁灭性的批判。17世纪，欧几里得主义和归纳主义的联盟，保护了科学免遭耻辱，并且为科学的崇高地位而斗争。

经验论者擅长对欧几里得主义的批判。他们批判直觉的欧几里得式的真值注入的保证，即自明性。但是，经验论者对归纳主义者的决定性破坏是由哲学家波普尔自相矛盾地完成的，他把认识论的革命推到经验主义之外。波普尔在他对归纳推理理论的概率性看法的批判中说明，不可能存在意义和真值的部分向上转移。但他接着又说：底层的意义和真假值注入远非是不重要的；不存在"经验"词项，而只存在理论词项；关于基本语句的真值，没有任何东西是结论性的，因而要修改古希腊对感觉经验的批判。

(4) 波普尔的批判性的易谬论严肃地对待在证明和定义中的无穷回归，它对"制止"证明和定义的无穷回归不抱任何幻想，它接受怀疑论者对任何确实可靠的真值注入的批判。在这种探讨中，不管是在这些理论的顶部还是底部都不可能存在知识的基础，而无论在什么地方，都只能存在试验性的真值注入和意义注入。经验论理论要么是假的，要么就是猜测性的。"波普尔理论"只能是猜测性的。我们从来就不知道，而只是推测。但是，我们能够把推测变成可批判的推测，并且批判和改进这种推测。在这个批判性纲领中，许多老问题，像概率性的归纳法、还原法、先验综合的合理

10

性、感觉经验的合理性等问题,都成了一些伪问题,因为它们全都回答错误的独断论的问题:你是怎样知道的呢?可是,代替了这些老问题以后,又出现许多新问题。这些新问题的核心是:你怎样改进你的推测呢?这个问题将足够让哲学家工作几个世纪;而且当人们还只是在推测的时候,怎么生活、行动、斗争、死亡这些问题将为未来的政治哲学家和教育学家提供干不完的工作。

然而,不屈不挠的怀疑论者又会提出:"你怎么知道你改进自己的推测呢?"不过,现在的回答就容易了:"我推测。"推测的无穷回归是不会有什么错误的。

2. 通过数学的逻辑—平凡化制止无穷回归

从17世纪到20世纪,欧几里得主义已经作了很大的让步。这种为了突破假说,向一些基本原则的最高点而临时进行后卫的斗争都完全失败了。对经验论纲领的这种可谬诡辩已经胜利,非可谬的欧几里得派的平凡化已经失败了。欧几里得学派只能幸存于知识还是浅薄的那些没有充分发展的学科之中,像伦理学、经济学等。[①]

四百年的退却似乎完全回避了数学。欧几里得学派在数学中保持其最初的堡垒。18世纪分析学的困境当然是一种挫折。可

---

① 对于伦理学,可参考 Sidgwick〔1874〕第3卷的直觉主义,现代资料可参考 M. Warnock〔1960〕。对于经济学,可参考 L. C. Robbins〔1932〕, pp. 78—79 和 L. von Mises〔1960〕, pp. 12—13。

是，自从柯西关于严格性的革命以来，他们又缓慢而安全地向着顶峰前进了。由于高度自觉的欧几里得化，柯西及其继承者完成了奇迹：他们把“非常含糊的分析学”[①]变成一清二楚的欧几里得式理论。“由数学家们组成的这个伟大学派借助一些惊人的定义，从怀疑论者手中挽救出数学，并且为数学命题提供了严格的证明。”[②]数学已经被平凡化了，它可以从无可置疑的、普通的公理推出来，在这些公理中仅仅出现一些完全清楚的普通名词，而且真值从这些公理流入清澈的渠道。像“连续性”、“极限”等这类概念都是用“自然数”、“类”、“并且”、“或者”等概念来定义的。“数学的算术化”是欧几里得学派最惊人的成就。甚至连经验论者也不得不承认，给科学带来“很坏影响”的欧几里得应该被公认为给数学带来“良好的影响”。[③] 事实上，尽管现代逻辑经验论者在科学方面 11 远非是激进的“经验论者”（其中大多数是归纳主义者），但他们在数学方面却是激进的欧几里得学派。可是，铁杆的欧几里得学派（像早期的罗素那样）绝不会顺从于这种受限制的领域：他们努力完成他们在数学方面的纲领，希望夺回失去的领地：使整个知识领域欧几里得化和平凡化。

可是，欧几里得式理论并不可能永远经得起怀疑论者的批判。怀疑论者反对数学独断论的最深刻论据是来自独断论者本身自讨苦吃的怀疑：“我们已经真正达到原始词项了吗？我们已经真正达

① Abel〔1826*b*〕p. 263.

② Ramsey〔1931〕p. 56 及随后 Russell〔1959〕p. 125，用这句话来描写他们的意图和方法。

③ R. B. Braithwaite〔1953〕, p. 253.

到公理了吗？我们的真值渠道是真正安全可靠的吗？"这些问题在弗雷格和罗素的庞大纲领中，起着决定性的作用。这个纲领是为了超越皮亚诺的算术公理而追求一些更加基本而又原始的原则。我们将着力研究罗素的方法，从而说明，他原来的欧几里得式纲领是怎样失败的，他最后又如何退到归纳主义，他怎样宁愿选择混乱，而不愿正视和接受这一事实：数学中令人感兴趣的是猜测。

罗素哲学的主要问题始终是想从怀疑论者手中挽救出知识。"只要在逻辑上是无懈可击的，怀疑论在心理学上就不可能存在，而且无论什么哲学都有以一种轻浮的、虚假成分自命接受怀疑论的因素。"(Russell〔1948〕，p. 9)罗素在青年时代就希望借助庞大的欧几里得式纲领来避免怀疑论。罗素"哲学的发展"实际上是逐渐放弃欧几里得主义，他在这条道路上寸步不让地英勇奋斗，尽力营救可靠性。

回想起他早期纲领的乐观主义是引人入胜的。罗素认为，"在把可靠性的范围推广到其他科学之前"，他首先必须"得到一种没有任何怀疑余地的、完美的数学"。(Russell〔1959〕，p. 36)为此，他必须"驳斥数学怀疑论"，(同上书，p. 209)从而保护坚固的欧几里得式的桥头堡，以对付数学怀疑论的全面攻击。因此，罗素哲学生涯的出发点是要把数学建成欧几里得式的桥头堡。

罗素发现数学证明是非常不可靠的。他说，"叫我接受的大量论证显然是靠不住的"(同上书，p. 209)。因此，他不完全陶醉于(几何或算术)公理的可靠性。他意识到怀疑论者对直觉的批判：他的第一个出版物的主题是要反对"混淆心理上的主观与逻辑上的先验"(Russell〔1895〕，p. 245)。人们怎么能够知道顶部的真值注入确实无疑地被证明是正确的呢？在研究这个问题的过程中，他一一分析了几何学和算术的公理，发现证明公理的正确性是建立在很不相同的直觉基础上的。罗素在他发表的第一篇论文〔1896〕中，根据这一观点分析了欧几里得几何学的公理，发现有些公理是必然的真，尤其是先验的真，因为“它们的否定将包含着逻辑上和哲学上的荒谬”(p. 3)。比如，他把空间的均匀性归类为先验的真，“缺乏均匀性和无源性是……荒谬的；(据我所知)没有一个哲学家曾经怀疑过真空的这两个性质；的确，它们似乎是来自‘没有什么东西能够对不存在的东西起作用’这个格言……。所以，在纯哲学的基础上，我们必须承认……公理(比如，全等公理)”(p. 4)。另一方面，他又把空间的三维性这个公理归类为经验的，但他又声称，这个公理的可靠程度“几乎”与它是先验的“那样高”(p. 14)；但是，它并不是“逻辑上必然的”(着重号是引者加的)，它只“能被假定是由直观得出它的证据的”(p. 23)。 12

因此，罗素试图建立先验真理的等级，即数学(几何或算术的)信念的等级。他“无论读什么书都感到好像可以为它们提供更稳固的基础”(Russell〔1959〕, p. 209)。这就是他怎样在无意中发现弗雷格。他立即选择了弗雷格的解决办法：由一些普通的逻辑原则推导出全部数学。算术的直觉应该废除，而且注定要随着力学和几何学的直觉进入旧的不平凡化的废纸篓——而逻辑的直觉则应该被推崇为超平凡的、超直觉的，它不仅是一种“直觉”，而且是一种不可谬的洞察力。数学的算术—平凡化已经被废黜了，而且为数学的逻辑—平凡化所代替。

为了正确评价这一进展，我们必须考察一下逻辑直觉的特殊地位。欧几里得学派擅长于废黜其前辈所推崇的顶部真值注入的直觉来源。欧几里得主义的历史充满着这样一些废黜的轶事。数学〔史〕上的欧几里得主义提供了一个例子。无理数的发现使希腊人放弃毕达哥拉斯学派的算术直觉,而赞成欧几里得学派的几何直觉:算术必须转化为一清二楚的几何学。为了完成这一转化,他们就详细阐明他们的复杂的"比例论"。19世纪,在澄清无理数概念的过程中又折回到算术的直觉,而且把它作为主要的直觉。后来,康托尔的集合论直觉、罗素的逻辑直觉、希尔伯特的"总体"直觉和布劳维尔的"构造主义"直觉,都竞相起到这个作用。这场竞争始终是为了独占在顶部注入真假值的权利。结果,逻辑直觉起到一种非常特殊的作用:因为无论是谁在这场为公理的争夺中取得胜利,都必须依靠逻辑直觉才能把真值从该系统的顶部传到较13 远的部分。甚至连经验论者(在推崇底层的事实直觉时),曾在科学中挖掘出一切最顶层的直觉,现在也必须依靠一种普通的可靠逻辑,把他们的反驳向上传递。如果把这种评论说成是结论式的,那么必然遭到不可抗拒的逻辑所传来的致命打击。逻辑直觉这种特殊地位说明了:为什么连直觉的大敌也绝不把逻辑直觉列入"直觉"这个标题下——因为他们需要用逻辑直觉来批判别的直觉[①]。但是,如果任何独断论者纲领(任何派别的欧几里得式纲领,归纳主义的和经验论的纲领)都需要一种普通的、真正不可谬的逻辑直觉,那就说明,全部数学不需要别的什么直觉,而只需逻辑的直觉,

① 例如,根据Couturat的观点(〔1905〕第1章):"自明性不是一个条件,而是逻辑严密性的一种障碍,……自明性完全是主观的,……因而与逻辑不同。"

这当然是一个巨大的收获：对于公理和真值—传递这两者来说，就将只存在唯一可靠性的源泉。

然而，逻辑直觉首先必须变成独立存在的，而且必须清除一些同它无关的直觉。在古典的欧几里得式理论中，每一相关逻辑步骤的正确性都必须由特定公理来证明。任何形如“A 引起 B”（更确切地说，“A 显然带来 B”）的语句，都必须单独地看作是绝对正确的。笛卡儿逻辑包含着待定的无穷多个与论题有关的公理。罗素设想一种由少数几个指定了的、普通的、“与论题无关的”[①]公理所组成的强有力的逻辑。他起初也没有认识到，如果逻辑要变成一种非常普通的欧几里得式的演绎系统，那么它一方面必须包含超—平凡的一些公理，另一方面还必须包含这种逻辑的超—超—平凡的逻辑，其中包括规定这种逻辑的一些真值变换规则：“全部纯数学——算术、分析和几何——都是由一些原始的逻辑概念组合而成的，而且它的一些命题都是从普通的逻辑公理（例如，三段论和其他一些推理规则，）演绎出来的。”（Russell〔1901*b*〕，p. 76）这些“公理”现在将成为真正显然的真，它们无疑使纯逻辑推理的自然灵光发出灿烂的光辉，“固定在一个永恒基础中的奠基石，人类的理性只能达到，却不能动摇它们”（Frege〔1893〕，p. xvi）。在这些公理中出现的一些词项将是真正完全清楚的一些逻辑词项。这种词典本质上只由两个普通的词项——关系和类——组成的。“必须知道，这些概念表示什么，如果你希望成为一个算术家的话。”不过，没有什么比这更容易的了。“必须承认，一个数学家首

① 这个专门术语出现在 G. Ryle〔1953〕。

先必须懂得的东西并不是很多的。"(Russell〔1901*b*〕,pp. 78—9)在这一期间(即罗素悖论发现前的一两个月),他认为,数学最后的欧几里得化已经得到,怀疑论永远失败了。"在整个数学哲学中,过去至少像哲学的任何其他部门那样,常常是充满着怀疑的,现在条理性和确定性已经代替了以前流行的混乱和含糊。"(同上书,pp. 79—80)因此,

14

> 与那种因为道路的险峻和不一定能达到目标而放弃追求理想的怀疑论相反,数学在其自身的范围内存在着一个完满的答案。人们经常说,没有绝对的真理,只有意见和个人的判断;我们每个人的世界观都受到个性、爱好、偏见的限制;不存在我们(由于耐心和训练)最终可以进入的那种客观真理的王国,只有属于你,属于我,属于每一个互不相干的人的真理。根据这种思想习惯,人类努力的主要目的之一被否定了,而且诚实公正的崇高美德,大胆承认事实真相的崇高美德,从我们的道德观中消失了。对于这种怀疑论,数学不断加以谴责;因为数学的真理大厦对于怀疑的犬儒哲学的任何武器来说都是不可动摇的、坚不可摧的。(同上书,p. 71)

我们大家都知道,欧几里得学派的短暂"蜜月"怎样让位于"理智的悲哀。"(Russell〔1959〕,p. 73),预期的数学的逻辑—平凡化如何退化到一种复杂的系统,包括像可约性公理、无穷公理、选择公理这样一些公理以及分支类型论——人类理智曾经创造的、最复杂的概念迷宫之一。结果弄清楚,"类"和"元素关系"原来是模糊的、歧义的,绝不是"完全众所周知的"。甚至在出现完全非欧几

里得式的地方也需要相容性证明,以保证“明显为真的公理”绝不会互相发生矛盾。因此,必然会给17世纪的学者留下一些错误印象:证明必须让给说明,“完全众所周知的概念”必须让给理论的概念,平凡性必须让给复杂性;非可谬性必须让位于可谬性;欧几里得式理论必须让位于经验论理论。我们还遇到同样拒绝接受戏剧性的变化:〔遇到〕同一后卫的小冲突、希望、代用的解答。

罗素开始对自己非预期的、有缺点的、反平凡的《数学原理》的一些反应跟17世纪古典派企图挽救独断论一样。我提到其中的两个反应:(1)坚持原来的欧几里得式纲领,要么企图突破假设达到最初一些原则,要么利用直觉和把昨天自相矛盾的推测变成今天的显而易见的推测;(2)如果这是没有帮助的话,那么通过归纳法的证明,努力把注入底部的真值向上流满整个系统。

(1) 像牛顿希望通过笛卡儿的推动—力学原理来解释万有引力定律那样,罗素也寄希望于可约性公理的平凡化。(Russell〔1925〕,pp. 59—60)他说,“虽然这个公理原来应该是假的,这好像不大可能,但是,人们会发现,它是可以从其他某个更基本、更明显的公理推导出来的,这绝不是不可能的”。后来,他放弃这个希望。“我根据这种严格的逻辑观点进行考察,并没有发现任何理由可以相信可约性公理在逻辑上是必要的……。因此,允许这个公理进入逻辑系统是一种缺陷,即使它在经验上是真的。”(Russell〔1919〕,p. 193)

罗素就平行公理描绘了这种标准形式: 15

“就康德的观点来说,必然主张所有公理都是自明的——

诚实的人发现这种观点很难推广到平行公理。因此,公理到处寻找那些似乎更有理的、能够被断定为先验真理的公理。虽然提出了许多这样的公理,但它们全都可以受到合情合理地怀疑,而且这种探索反而导致怀疑论。”(Russell〔1903〕,§353)

难道罗素会同意他寻找的那“似乎真的”、“可以宣布为先验真理的逻辑公理,只会导致怀疑论吗?”

就类型论而言,罗素转而依靠“有伸缩性的欧几里得主义”。他深信,解决罗素悖论会有一种明显的办法。当然,这必定是一种非常渺茫的希望,因为不像复杂的布腊利—福尔蒂悖论,在这里已经表明,一些最普通的常识性断言都是不相容的,所以为了改进它,就必须假定某个常识性公理的否定是真的。策梅罗的解决办法——有意识地采纳这个看起来显然是真的抽象原则的否定——就是属于这一思想路线的。可是,有欧几里得精神的罗素却厌恶这一解决办法。他绝不甘心顺从公理集合论。他认为,我们只需真诚努力来清洗错误中的常识——返回17世纪的形式——就会发现,当我们想到新的自然灵光的时候,自然总有某种明显的论证错误。当罗素发现论证中的一个辅助命题,并且说它不是显然为真而是显然为假,就会使欧几里得式的自我欺骗变成非常困难的时候,他发现可以用别的方法来代替这个实际上不平凡的方法:这个有缺陷的引理不是通常的假,而是通常的无意义——只是到了现在,根据这个观点考察它的时候,我们才想起它。所以,我们现在首先必须来考查一下,一个命题是有意义的怪物还是无意义的怪物。如果它是无意义的,就无所谓真假;但如果我们不去检验它的(自明的)有意义性,而马上检验它的真实性,就可能错误地认为它是通常的真。

这种"禁止怪物的方法"是一种标准(尽管它通常是无效果的)欧几里得式的防护手法[①]。它作为对罗素类型论的一种惊人概括,仍然成为逻辑实证主义的一条主要原则,禁止怪物的方法,其主要危险在于把极其重要的复杂假说掩盖在这些定义中,因而掩藏在这个概念框架表面的背后。在元数学的术语中,类型论是形成规则(关于什么公式构成合式公式)的组成部分,而不是公理的组成部分。我们可以在凯梅尼对逻辑主义的辩护中看到这一步骤的意义。他在半通俗的著作〔1959〕(p.21)中说:

> 表明数学只不过是高度发展的逻辑学。在这一过程中,出现两个新的逻辑原则:无穷公理和选择公理,其争论性在这里并不影响我们。假定:如果我们承认这两个公理是合理的逻辑原则——大多数逻辑学家也是这样认为的,那么全部数学就将得出,而且变成真正的高级逻辑学,这就够了。 16

凯梅尼并没有提到类型论——它自然有损于凯梅尼为读者描绘的非可谬的逻辑平凡性这个形象——而且会为这种疏忽辩护,因为类型论是属于形成规则而不属于公理。

罗素当然知道,对他原先的欧几里得式纲领来说,类型论的平凡性实际上是很重要的。这就是为什么他坚持"恶性循环原则"

---

① 参考我〔1961〕第1章(今收集在许多校订本中,如 Lakatos〔1976*c*〕第1章)。

(即坚持自相关语句的无意义性)作为类型论的基本概念的原因。他认为这个原则会被公认是一目了然的,因此,他消除朴素逻辑学的不相容性将遵照欧几里得学派的信条:"经考虑后,这种解决办法应该求助于所谓'逻辑常识'的东西",也就是说,"它看起来应该好像正是人们一直盼望的东西"(Russell〔1959〕,pp. 79—80)。这种寻求普通的解决办法(在那时以前,显然是没有希望的)使罗素在方法论上陷入禁止怪物的困境,即陷入自相关的讨伐的特别不幸的过失,并且陷入"相当草率地"(Ramsey〔1931〕,p. 24)从这个原则演绎出类型论①。当类型论作为自明性(即作为"内在的可靠性")(Russell〔1925〕,p. 37)的一部分而出现的时候,它就成为有伸缩性的欧几里得主义的一个很好的例子。罗素对欧几里得式平凡化的探索还说明,他对奎因思辨的"逻辑的巧妙"(Russell〔1959〕,p. 80)感到惊讶。有伸缩性的欧几里得学派往往会把其他平凡性作为推测而抛弃,反而坚持他自己的推测是平凡的。

(2) 罗素有时对欧几里得式的明显性丧失信心,而选择一种归纳主义:

> 可约性公理是自明的,这个命题可能难以维持。事实上,自明性只不过是接受一个公理的部分理由,它绝不是必不可少的。像接受任何别的命题一样,接受一个公理的理由一般主要是归纳的,也就是说,几乎是无可怀疑的许多命题都能够由这个公理推导出来,而且也不知道有同样可信的方法,根据

① 还可参看 Wang〔1959〕。

这种方法，由如果这个公理是真的可以推出这些命题可以是假的，因而从这个公理不可能推演出任何可能是假的命题。即使这个公理是明显自明的，实际上也只是表示它几乎是无可怀疑的；因为，有一些曾被认为是自明的事物，结果却是假的。而且，如果公理本身几乎是无可怀疑的，那么它只不过增加了从其推论几乎是无可怀疑的这个事实所引导出来的归纳证据：它并不提供根本不同种类的新证据。非可谬性是永远不能达到的，因此，某种怀疑成分总是与每个公理及其一切推论联系在一起的。在形式逻辑中，这种怀疑成分比在大多数 17 科学中少，但并不是不存在的，正像人们由于事先不知道需要限制的一些前提而得出悖论这一事实所显示出来的那样。在可约性公理的情况下，支持它的归纳证据是很强的，因为它所容许的推理和所产生的一些结果似乎都是正确的。(Russell〔1925〕，p.59)

后来他说：

当纯数学被组织成一个演绎系统的时候，也就是说，可以由一组给定的前提推出所有命题的集合时，它显然变成：如果我们相信纯数学的真理性，那么它就不可能只是因为我们相信这组前提的真理性。有些前提比它们的推论更不明显，所以相信这组前提，主要是因为它们的推论。当科学被整理成一个演绎系统时，就会发现，情况总是如此。在这个系统中，最明显的，或者为我们提供相信这个系统的主要理由的那些命题，在逻辑上并不是最简单的。对于经验科学来说，这是显

> 然的。例如,电动力学能够被浓缩成麦克斯韦方程,但是,人们相信麦克斯韦方程是因为观察到它的某些逻辑推论的真理性。同样的情况也发生在纯逻辑领域中;就逻辑上来说,逻辑基本原则(至少是其中的某些原则)应该得到相信,这不是出于这些原则本身,而是因为它们的推论。'我为什么应该相信这个命题集呢?'这个认识论问题完全不同于这样一个逻辑问题,即'可以推出这个命题集的、最小的、逻辑上最简单的命题组是什么呢'? 我们相信逻辑和纯数学的部分理由只是归纳的和概率的,尽管事实上,就它们的**逻辑**顺序来说,逻辑和纯数学的命题是由逻辑前提出发,通过纯粹演绎的方法得出来的。我认为这是很重要的,因为错误多半是由于把逻辑顺序比作认识论顺序而产生的。反之,同样的错误也是由于把认识论顺序比作逻辑顺序而产生的。数理逻辑方面的工作阐明数学真假性所用的唯一方式是通过否证假设的自相矛盾。这表明数学**可能**是真的。可是,证明数学是真的却需要其他的方法和考虑。(Russell〔1924〕,pp. 325—326)

有趣的是,如此拘谨于严格性并企图达到绝对可靠性的那些数理逻辑学家,竟会滑到归纳主义的泥潭。例如,杰出的逻辑学家弗兰克尔敢于说明,有些逻辑公理是从"其推论的证据"得到"它们的全部分量"。(Fraenkel〔1926〕,p. 61)

像牛顿在天体力学方面那样,罗素不得不认识到,数学中欧几里得式的冒险行动的挫折。可是,他的一些追随者并没有正视这种挫折的重要意义,而认为这种挫折是一种优点。例如,罗塞尔说：

> 我希望对‘公理’一词的用法做一点澄清。原先欧几里得用这个词表示一种‘自明的真理’。在数学中，‘公理’一词的这种用法早已被完全废弃了。对我们来说，公理是一组任意选取的语句，从这组语句出发，加上肯定前件的假言推理规则，就足以推导出我们所要推导的全部语句。（Rosser〔1953〕，p.55）

18

罗塞尔的意思显然是指“全部”——因为他明显地不赞成不相容的公理系统。但是，我们要推导的语句是什么呢？那些语句是自明地真吗？在这种场合下，罗塞尔的陈述也只是把自明性问题从公理转移到“我们所要推导的那些语句”[①]罗素自己也像牛顿那样，从来不认为他的挫折是一种优点。他蔑视这类“公设”：“‘公设’我们所需要的这种方法有许多好处，就像偷盗的好处胜过诚实的辛苦一样”（Russell〔1919〕，p.71）。公设主义者并非必然是独裁主义者——他们可能是“自由主义的”，所以说他们的兴趣在于把相容的任意（真的或假的）语句集合“公理化”。因此，这种游戏自然与真值或真值传递没有任何联系。罗素从来也没有考虑到这种可能性。拒绝公设，使他对欧几里得式的希望产生动摇。他拼命抓住归纳法，希望它远离可谬性的幽灵，首先不靠近数学，然后远离科学：“我并没有从独断论的断言中发现我们认识归纳原则或

---

① 或者说，“把逻辑原则作为一种教规的需要来接受，既无任何根据，也不是以其内在根据为理由的，而是以它们有效地得到一些公设的结果为根据的”（E. Nagel〔1944〕，p.82.着重号是我加的）。

某个等价原则的任何方法；唯一可供选择的是，抛弃被科学和常识认为是知识的一切东西”(Russell〔1944〕,p. 683[①])。他从来没有考虑到，数学可以是猜测的这种可能性，以及这种猜测不一定意味着完全放弃推理。

追求罗素“放弃毕达哥拉斯”(Russell〔1959〕,XVII)的次要细节只具有历史的意义：“我总是希望在数学中找到令人满意的可靠性，但这种可靠性却消失在迷宫中”(Russell〔1959〕,p. 212)。他被迫放弃欧几里得主义，它是依赖“不受感觉束缚的思维……。寻求完美无缺、终极性和可靠性的希望已经消失了”(出处同上)。他被不顺从的数学推进混乱之中，再也没有真正清醒过来。他在《哲学问题》一书中，曾犹豫不决地提出自己的数学观点。由于他惊人而可以理解的 180 度大转弯，他转而相信康德，康德最后成为他为科学辩护和战胜怀疑论这个伟大任务的同盟者(参看 pp. 82—84，87，109)。他为《数学哲学导论》〔1919〕写了一个小心翼翼的前言，预先说明这本书不是关于数学哲学本身的，在那里，“还没有达到比较的可靠性”；它只是一篇序言。“在一些易受怀疑的问题上，已经作出最大努力来避免独断论”。在他〔1948〕著作中，数学知识——他早先认为数学知识是人类知识的典范——一点也没有得到讨论。罗素悖论直接使弗雷格放弃数学哲学*。罗素坚持了一个时期，最后还是追随弗雷格。

19

① 参看 Fries 的三个引理(Fries〔1831〕)，参看 Popper〔1959〕,p. 93 及其以后。

* 这是错误的。Lakatos 后来已经认识到了。(参见第 I 卷 p. 126 注释⑤)——编者

现在让我们引出一些罗素不愿意得出的结论。在数学的证明和定义中,无穷回归不可能为欧几里得式的逻辑所制止。逻辑可以说明数学,但不能证明数学。它产生的根本不是显然为真的高级思辨。平凡性的范围被限制在乏味的、可判定的算术和逻辑的核心——但这种普通的内核有时还可能为某种不平凡化的怀疑论批判所推翻。

数学的逻辑理论与任何科学理论一样,是一种振奋人心的、高深微妙的思辨,它是一种经验论者的理论,因此,只要没有表明它是假的,它就永远是推测性的。藐视纯粹推测的独断论者可能在希望最终平凡化和希望证明归纳法为合理之间进行选择[1]。怀疑论者将指出,罗素理论的这种确定的经验论特征只是说明,数学并不提供任何知识,而只是提供诡辩和错觉。赤裸裸的怀疑论者是罕见的:但我们发现,悲观的独断论者实际上是怀疑论者。这些悲观的独断论者要求我们必须抛弃思辨,并且把我们的注意力限制在他们认为是安全的(没有任何真正的正当理由)某个狭小范围。在现代数学哲学中,直觉主义带有破坏性的、怀疑论的独断论这种印记,像希尔伯特在〔1926〕中所说的,直觉主义是"对我们科学的一种背叛"。韦尔用非常类似于C.贝拉明诺的话描绘了罗素工作

[1] 另一种独断论者的出路是采取鸵鸟政策:假装看不见。在这一点上,逻辑实证主义者是特别突出的。他们以极大的兴趣掩盖罗素证明数学的可靠性这一冒险计划的失败,因为他们自称,借助"新逻辑的无情判断"来完成哲学史中最伟大的革命(Carnap,1930—1931)。"应该用新逻辑来代替旧哲学的重要地位"(出处同上)。不足为奇,这篇论文还小心地回避甚至暗示:"新逻辑"(逻辑实证主义哲学的坚强堡垒)可能是错误的。Hempel说,逻辑主义已经表明,"数学命题具有同样无可置疑的可靠性,这种可靠性就像'所有单身汉都是未结婚的'这个命题一样具有典型性"(Hempel〔1945*a*〕,p. 159)。

的特点。贝拉明诺把伽利略理论描绘成纯粹的"数学假设"。根据韦尔的观点,《数学原理》"不是把数学仅仅建立在逻辑基础上,而是建立在逻辑学家的乐园中,建立在一个具有相当复杂结构的'最终内容'的宇宙中……,任何具有现实主义头脑的人,难道竟敢说他相信这种超验世界吗?"(Weyl〔1949〕,p. 233)直觉主义者当然有理由断言,罗素的逻辑是反直觉的、可谬的,尽管如此,它还可能是真的。

但是,经验论者理论应该受到严格的检验。我们怎样检验罗素的逻辑呢? 所有真的基本语句——算术和逻辑的可判定内容——在罗素的逻辑系统中都是可推导的,因此,它好像没有什么潜在证伪者。所以,批判这种特殊的经验论者理论的唯一方法,显然是检验它的相容性[①]。这就把我们引到希尔伯特的观念体系。

3. 通过平凡的元理论制止无穷回归

希尔伯特的元数学"企图最终结束怀疑论"[②]。因此,它的目标是与逻辑主义者相一致的。

> 人们必须承认,在这些悖论面前,我们所处的这种状况是不能长期忍受下去的。试想:在数学这个可靠性和真理性的典范里,每个人所学的、所教的和所用的那些最普通的概念结

① 事实上,还有其他方法。例如,Rosser 和 Wang〔1950〕表明:只要 Quine 系统是相容的,它就是假的。

② 参看 Ramsey〔1926*b*〕,p. 68。

构和推理(方法)竟会导致荒谬。如果连数学也判断错误的话,那么我们应该到哪里去寻找可靠性和真理性呢?可是,仍然有一种完全令人满意的方法可以避免这些悖论。(Hilbert〔1926〕)

希尔伯特的理论是建立在形式公理化的观念上的。他声称:(a)所有从形式上被证明了的算术命题(算术定理)必定是真的,如果这个形式系统是相容的(在 A 和 $\bar{A}$ 两者并非都是定理这个意义上);(b)所有算术的真理性都可以得到形式上的证明;(c)元数学(建立这个新的数学分支是为了证明形式系统的相容性和完全性)将成为欧几里得式理论的一个特殊分支:"有穷"理论具有显然为真的公理,它只包含完全众所周知的一些词,并且具有通常的可靠推理。"坚信数学公理不会导致矛盾的这种元数学证明中所使用的那些原则,很显然是真的,就连怀疑论者也不能怀疑这些原则。"①元数学的论证是"一连串互相联系的、自明的直觉的(有内容的)见识"(Neumann〔1927〕,p. 2)。算术的真理性——因为已经完成了数学(乃至一切种类的数学真理)的算术化——将建立在一种牢固的、平凡的、"总体"的直觉上,从而建立在"绝对真理"上②。

哥德尔第二定理对欧几里得式元理论的这种希望是一种决定性的打击。证明的无穷回归不可能逐渐消失在平凡的"有穷的"元理论中:相容性的证明必定包含足够的深奥化,才可以表现这种元理论的相容性。而在这种理论中,相容性的证明必定是可疑的,因

---

① Ramsey〔1926*b*〕, p. 69.

② Hilbert〔1898〕. * 对 Hilbert 理论的更准确说明,可参见本书第二章 pp. 31—32。

而这种证明一定是可谬的。例如,哥德巴赫猜想(每个偶数等于两个素数之和)以后可能得到形式证明,但我们永远不会知道它是不是真的。因为,只有元数学、元元数学……以致无穷都是相容的,它才会是真的。这是我们所永远不会知道的。这种形式化完全有可能失败,而且我们的公理系统可能根本就没有模型。

21

哥德尔第一定理说明了一个形式系统可能失效的第二种方式是:既然形式系统全都有模型,那么它的模型比预期的更多。[①] 在一个相容的形式理论中,我们能够证明在所有模型中都是真的命题,而且只能证明那些命题;因此,我们不能形式地证明在非预期模型中是假的那些命题,尽管它们在预期模型中是真的。哥德尔第一定理表明,选择包含算术在内的形式系统是无可挽回的错误,因为我们在不相容的算术形式化过程中能够"造出"非预期模型,它们本质上不同于预期的模型[②]。结果在任何相容的形式化中,将存在形式上不可证明的算术真理。如果哥德巴赫猜想在其预期的解释中是真的,而在非预期的解释中则是假的,那么在任何形式化中,都不存在产生这一猜想的形式证明。

哥德尔发现ω-不相容系统是更糟糕的。结果是,"这个系统的相容性并没有防止结构上错误的可能性"(Tarski〔1933〕,p. 295)。形式化了的算术可能是相容的,也就是说,它可能有模型,但没有一个模型是预期的模型;每一个模型(如果它包含所有的自然数)

① Henkin〔1947〕.

② 我在这里使用 Kemeny 的专门用语:"如果在一个模型中有真语句,而在另一个模型中有假语句,那么这两个模型本质上是不同的(本质上是不同的这个要求,比这些模型是非同构的要求更强)"(Kemeny〔1958〕,p. 164。)

都可能包含一些“不同类的”其他元素，这些元素可以为在更狭小的预期解释范围内是真的那些命题提供反例。在一个相容的却又是 ω-不相容的系统中，我们可以证明哥德巴赫猜想的否命题，即使哥德巴赫猜想是真的。在以这种曲折的方式（或者某种类似曲折的方式）得不到预期结果的形式化中，“可证明性”与真理性失去联系。一个不相容的算术系统或逻辑系统没有模型，也就是不存在什么模型，而且 ω-不相容的算术系统或逻辑系统没有预期的模型，也就是不存在算术或逻辑的模型。

ω-不相容性和相关现象的发现，结束了希尔伯特的“形式主义”，这种形式主义的中心思想是，在“形式化”之后，“关于什么东西构成该理论的证明，就不再含糊了……。把一个理论形式化的目的是为了得到构成该理论的证明的一个明确定义。达到这个目的后，就不必总是直接求助于直觉”（Kleene〔1952〕，pp. 63，86）。驳斥这个猜想往往是由这样一种委婉说法来表达的，即“证明的句法概念让位于证明的语义观念”。这种婉言说法掩盖了独断论者企图把数学从怀疑论者手中挽救出来的重要事业的失败。

因此，希尔伯特在元一水平上平凡化纲领垮台了。不久，一个强大的运动开始填补这些缺口。根岑通过巧妙的*相容性*证明，为填补缺口作出了贡献。希尔伯特派所主张的相容性证明是按照哥德尔改进的最低标准，它并没有超出平凡化的范围。塔尔斯基的某些结果显示出一种填补*完全性*上的缺口的方法： 22

> 真理的定义，更一般地说，语义学的建立，使我们能够把演绎科学方法论中所得到的一些重要反面结果和相应的正面

> 结果相配对,因此,填补**几分**(重点是我加的)缺口展现在演绎方法中和演绎知识本身的大厦中。(Tarski〔1956〕,pp. 276—277)

不幸的是,有些逻辑学家往往会忽视 Tarski 小心翼翼的限制。在最近的一本教科书中,我们知道"哥德尔的'反面'(原文如此——Lakatos 注)结果是由 Tarski 的正面结果相配对的"(Stegmüller〔1957〕,p. 253)。没有像怀疑论者那样在"正面的"一词上加引号,这是对的,然而为什么把"反面的"一词放入贬义的引号中呢?

因此,有伸缩性的欧几里得主义这时作为希尔伯特以后新学派的路线再度出现了。令人奇怪的是,怎么能够把平凡性深奥化呢? 自明性(只要一旦承认)自然是可以延伸的,而且检验命题的自明真理与检验命题的真是一样的:证明命题是不相容的或者是假的。只要我们拒绝把我们的直觉无限延伸,就必须承认**元数学并没有阻止证明的无穷回归,它重新出现在不断丰富的元理论的无穷层次中**(哥德尔第一定理实际上是改进的守恒原理;或者是可谬性的守恒原理)。但是,这并不需要我们对数学怀疑论作出让步:我们只需承认大胆推测的可谬性。根岑的相容性证明和塔尔斯基的语义学结果都是真实的,而不是像韦尔所说的是"以重大的牺牲而获得的胜利"。[①] 即使人们不仅承认"实际上明显性的更低标准"[②],而且承认这些新方法之明确的猜测特征。随着元数学的发展,它的复杂的平凡性将变得比任何时候都更加复杂、更加不平

① Weyl〔1949〕,p. 220.

② 同上书。

凡。平凡性和可靠性是知识的两种儿童疾病。

我们再强调指出，欧几里得学派能够在遭受挫折之后始终坚持己见，不改变自己的目的：社会地位较高的人希望找到真正的第一原理，或者，由于逻辑上和认识论上的一百八十度转变，自欺地把实际上是可谬的推测确信为明显的真理。对于逻辑主义的纲领来说，特别爱大转变的是归纳法。希尔伯特派的大转变是为相信这种新启示所作的一种离奇辩解，是一种突然的和出人意料之外的对于元数学的有伸缩性直觉的推崇，最初只是有限性的布劳维尔派，随后是超限的根岑派，甚至是语义学的塔尔斯基派[①]。关于 23 这个问题，我们在一本最可信的书中看到"最终(原文如此——引者)检验一种方法在元数学中是不是可接受的，自然等于它在直观上是不是有说服力的"(Kleene〔1952〕, p. 63)。可是，我们为什么不早一点中止这一步呢？为什么不说，"最终检验一种算术方法是不是可接受的，必然等于它在直观上是不是有说服力的"，并且完全忽略了元数学，就像布尔巴基实际上所做的那样呢？[②] 元数学与罗素的逻辑一样，都是起源于对直觉的批判；现在元数学家(像逻辑主义者那样)要求我们承认他们的直觉是这种"最终的"检验；

---

① 当然，人们可以通过"假设"消除任何问题。如果人们放弃直觉、对可靠性丧失信心以及使知识等同于可靠性，那么就会丢弃真理，并且会玩弄这样的形式系统，这种系统"未受到力求'正确性'妨碍"，而且也未受到过时的罗素—希尔伯特思想的影响，例如，"一种新语言形式必须证明是'正确的'并且构成这种真逻辑的一种忠诚表现"(Carnap〔1937〕前言)。据说，许多"逻辑学家"还遵循这一忠告，不久便忘记逻辑是研究真值传递的，而不是研究符号串的——甚至在卡尔纳普开始认识到他的错误之后。在他们的工作中，逻辑技巧压倒逻辑的主题，而且开始其自身的反常生活。

② Bourbaki〔1949*b*〕, p. 8.

因此两者都求助于他们曾经抨击过的同一个主观主义的心理理论。但是,究竟为什么会有"最终的"检验或"最后的"权威呢[①]?如果公认数学基础都是主观的,为什么有数学基础的问题呢?为什么不老实地承认数学的可谬性,因而并尽力保护可谬知识的尊严不受犬儒学派怀疑论的伤害,而不是自我欺骗地认为,我们能够悄悄地用"最终"直觉这种织物来修补这个最后裂缝呢?

① 数学家"不应该忘记,他的直觉是最后的权威"(Rosser〔1953〕,p.11)。

第二章　经验论在最近数学哲学中的复兴*

24

引　　言

〔根据逻辑经验论者的正统观念，自然科学是一种后验的、内容丰富的、(至少在原则上)可谬的，而数学是先验的、同语反复的、不可谬的。〕①因此，当思想史家看到当代一些最著名的基础研究

---

* 本文是由 I. Lakatos 在 1965 年伦敦召开的科学哲学讨论会上所作的几次讲话发展而来的。这些讲话是以回答 Kalmár 教授的文章《数学基础——今向何方?》(1967)的形式出现，并且以同一标题发表在 Lakatos 编的《数学哲学问题》(英文版，阿姆斯特丹，北荷兰，1967 年)上。

Lakatos 于 1967 年把这些讲话扩展为一篇较长的论文。但是，因为他计划作进一步修改，所以没有发表。其他一些兴趣也使他未能重新修改这篇论文，这里发表的基本上是他 1967 年留下的文章。我们作了几处修辞上的改动，删去一些介绍性的句子。这些句子只涉及讨论 Kalmár 的文章。——编者

① 这种经验论观点及其主要困难之一，Ayer 在《语言、真理与逻辑》(1936 年)一书中已经描述得很清楚："鉴于科学概括很容易被承认是可谬的，而数学和逻辑学的真理在每一个人看来，似乎是必然的、可靠的。但是，如果经验论是正确的，那就没有一个具有事实内容的命题是必然的或可靠的。因此，经验论者必须以下列两种方式去处理数学和逻辑学的真理问题：他必须说，数学和逻辑学都不是必然真理，在这种情况下，他必须说明，为什么人们普遍相信它们是必然真理；否则，他必须说，它们并不具有事实内容，那么他就必须说明，没有一点事实内容的命题怎么能成为真实的、有用的和令人惊奇的"(pp. 72—73)。

专家的一些陈述时,可能会感到惊奇,〔因为〕这些陈述似乎宣布穆勒关于数学要彻底同化于自然科学这一主张的复兴。在下一节,我将大量列举这些陈述。然后,在第二节继续说明这些陈述的动机和理论基础。接着,在第三节中论证我称之为数学的“拟经验”(quasi-empirical)性质(作为总体来看)。这就提出一个问题,即什么样的陈述在数学中可以起着潜在证伪者(potential falsifier)的作用呢?我将在第四节研究这个问题。最后,我要在第五节简要地考察“拟经验”理论发展的停滞时期。

24

25

1. 经验论和归纳法:数学哲学的新时尚吗?

罗素也许是主张数学和逻辑学的证据可以是“归纳的”这一观点的第一个现代逻辑学家。他在1901年声称:“对于抱怀疑态度的犬儒哲学的一切斗争武器来说,数学真理的大厦是不可动摇的、坚不可摧的。”[①]他在1924年又认为,数学和逻辑学正好像麦克斯韦的电动力学方程一样:“相信二者是因为看到它们的某些逻辑结论的真理性。”[②]

1927年,弗兰克尔声称:

---

① Russell〔1901*a*〕, p. 57.

② Russell〔1924〕, pp. 325—326. 他显然在这样两种观点之间犹豫不决:一种观点是人们能容忍这种事态(并为《数学原理》设计出某种归纳逻辑),另一种观点认为,人们必须把研究自明性公理继续进行下去。在《数学原理》第二版的导言中,他说,人们不能以某个公理只具有归纳证据为满足(第xiv页),而在第59页上,他用一小部分篇幅专门说明“接受可约性公理的(归纳)理由”(虽然还没有放弃从某一自明性真理推出这个公理的希望)。

"选作(集合论)公理的原理在直观上或逻辑上的自明性,自然起到某种作用,但不是决定性的作用;有些公理反倒是从没有它们就不可能推导出结论的自明性而获得自己的全部力量。"①因此,他还把1927年集合论的情况与18世纪无穷小微积分加以比较,而回想起达朗贝尔的名言:"向前走,信仰等着你。"②

1930年,卡尔纳普在哥尼斯堡会议上仍然认为:"在'一切科学的最可靠'的基础中,任何不确定性都是非常令人不安的。"③可是,他在1958年又说:数学与物理学之间存在着某种类似性(只要一种隐约的类似就好了),即"不可能存在绝对可靠性"。④

1963年,柯里得出类似的结论:

> 追求绝对的可靠性显然是布劳维尔和希尔伯特的主要动机,然而,数学为了证明自身的正确性需要绝对的可靠性吗?尤其是,为什么我们在应用一个理论之前一定要肯定它是不矛盾的,或者它能够由纯粹时间的绝对可靠直观推出呢?在其他科学中,我们并不提出这个要求。物理学的所有定理都是假说性的;只要一个理论能够作出有用的预见,我们就采用它,一旦它不能做到这一点,我们就要修改它或放弃它。这就是过去的数学理论所发生过的事情,在那里,发现矛盾就导致修改到那时为止所接受的数学理论。为什么我们将来不应该这样做呢?当用形式主义的概念来说明一个理论是

---

① Fraenkel〔1927〕,p. 61.

② 同上书。

③ Carnap〔1931〕,p. 31. 另见 Benacerraf 和 Putnam 编〔1964〕的英译本。

④ Carnap〔1958〕,p. 240.

什么的时候，只要一个理论是有用的，并且满足合乎当时情理的自然性和简单性这些条件，同时人们也不知道它会把人引向错误，我们就接受它。我们必须把我们的理论置于这样的监督下，即看这些条件是否付诸实现，并且得到我们能够得到的一切足够的推断证据。哥德尔定理表明，这是我们所能做的一切事情；而经验的科学哲学表明，它是我们应当做的一切事情。①

26

用奎因的话来说：

我们可以用考察自然科学本身的理论部分的方法来更合理地考察集合论，并且一般地考察数学；包括真理或假说。对它们的证明不是靠纯粹推理的灵光，而是靠它们对组织自然科学的经验材料所作出的间接的系统的贡献。②

后来，他又说：

说数学已经普遍地被还原为逻辑学，这暗示着数学建立在某种新的牢固基础上，这是骗人的。集合论比能够建立在它上面的古典数学的上层建筑更不稳固、更具猜测性。③

罗塞尔也是属于新的可谬论阵营，他说：

根据哥德尔定理……，如果一个逻辑系统适用于对当代数学的合理摹写，那么就不可能充分地保证该系统是无矛盾

① Curry〔1963〕，p. 16. 又见〔1951〕，p. 61。

② Quine〔1958〕，p. 4.

③ Quine〔1965〕，p. 125.

的。不能推出已知的悖论这件事，充其量是一种十分消极的保证，并且也许只是表明我们缺乏这方面的技能。①

1939年，丘奇认为，"没有令人信服的根据相信要么罗素的要么策梅罗的系统的相容性，甚至是可能相容的。"②

1944年，哥德尔强调，在现代批判数学基础的影响下，数学已经失去许多"绝对可靠性"，而且将来由于出现集合论的深一层的公理，数学的可谬性将不断增加。③

哥德尔的这种思想在1947年得到进一步发展。他说：对于这种新公理来说，

> 甚至在根本不具有内在必然性的情况下，用别的方法（或然地）判定这个公理的真理性也是可能的，即通过归纳方法考察它的'成功'，也就是，在没有这个新公理的情况下，它的推论之成效是可证实的，但是，借助于这个新公理，这些推论的证明简单得多，也更容易发现，而且有可能把许多不同的证明凝聚为一个证明。在这个意义上，直觉主义者所抛弃的实数系统那些公理得到证实，在某种程度上是由于解析数论常常允许我们证明一些数论定理，这些定理以后能够用初等方法来证实。然而，比那种证实程度更高的证实是可以想象的。也许存在着这样一些公理，它们有许多可证实的推论，使整个学科清楚明白地显示出来，并且为解决已知问题提供了强有力

① Rosser〔1953〕，p. 207.

② Church〔1939〕.

③ Gödel〔1944〕，p. 213.

27 的方法(甚至尽可能用构造主义的方法来解决这些问题),完全不顾这些公理的内在必然性,至少必须在与任何恰当地建立起来的物理理论一样的意义上假定它们。[①]

据说,几年以后他还说过:

所谓'基础'的作用,相当于物理学理论中由说明性假说所履行的功能……。数论的或其他任何已经彻底建立起来的数学理论的所谓逻辑或集合论的'基础'是说明性的,而不是真正基础性的。正如在物理学中公理的实际功能是要说明这个系统的定理所描述的现象,而不是为这样一些定理提供真正的'基础'。[②]

韦尔说,人们可以检验非直觉主义的数学,但不能证明:

希尔伯特永远不能向我保证相容性;如果一个简单的数学公理系统经得起我们迄今所精心设计的数学实验的检验,那么我们一定会满意的……。像物理学那样,真正实在论的数学应该被设想为现实世界理论构造的一个分支,而且对于用假说扩充它的基础(像物理学所显示的那样),数学应该采用同样严肃谨慎的态度。[③]

1947年,冯·诺伊曼得出结论说:

即使古典数学的可靠性不再是绝对无疑的……,但它毕

---

① Gödel〔1947〕, p. 521. "或然"这个词出现在 Gödel〔1964〕再版的 p. 265 上。

② Mehlberg〔1962〕, p. 86.

③ Weyl〔1949〕, p. 235.

竟建立在一个至少像(例如)电子的存在那样健全的基础上。因此,如果人们愿意接受自然科学的话,那么他们也同样可以承认古典数学系统。①

伯奈斯的论证十分类似。他说,自然使人感到惊奇和困惑的是,数学方法越令人满意、越有效,它的自明性就越差。但是,"只要我们考虑到理论物理存在着类似的情况,就不会感到如此惊奇了。"②

按照莫斯托夫斯基的观点,数学就是一门自然科学。他说:

> 哥德尔和其他的一些否定结果,进一步证实了唯物主义哲学的论断:数学是作为最后手段的一种自然科学。数学的概念和方法都是扎根于经验之中的,不考虑数学起源于自然科学而试图建立数学基础是注定要失败的。③

因此,卡尔梅尔同意:"……大部分形式系统的相容性是一个经验事实;……为什么我们不承认,像其他科学那样,数学最终是建立在实践基础上的,并且必须在实践中得到检验呢?"④

这些陈述描绘了数学哲学中真正的革命转变。有些人用引人注目的话描述了它们个人的一百八十度大转变。罗素在他的自传中说:"我总是希望在数学中寻找非常令人满意的可靠性,然而这种可靠性却消失在迷宫中。"⑤冯·诺伊曼写道:"我知道,我自己 28

---

① Neumann〔1947〕, pp. 189—190.

② Bernays〔1939〕, p. 83.

③ Mostowski〔1955〕, p. 42.

④ Kalmár〔1967〕, pp. 192—193.

⑤ Russell〔1959〕, p. 212. 关于 Russell 思想转变的详细叙述,参见我的〔1962〕。

关于绝对的数学真理的观点已经轻易地改变了……，而且已经相继地改变了三次，这是多么丢脸啊！"[1]韦尔在哥德尔之前就认识到，古典数学可谬是不可挽救的，并且把这种情况叫做"铁一般的事实"。[2]

我们还可以继续引证，但这确实足以表明，数学经验论和归纳主义(不仅关于数学的起源和方法，而且也关于证明数学的正当性)比许多人所想象的更有生命力、流传更广。但是，这种新的经验论者—归纳主义者论式的基础是什么呢？它的基本原理又是什么呢？人们能够给予一种明确的、可批判的表述吗？

2. 拟经验理论与欧几里得理论

两千多年来，古典认识论依据它对欧几里得几何学的看法，仿造出一种科学理论或数学理论的理想模型。理想的理论是一个演绎系统，这个系统的顶部(有限个公理的合取)具有一个无可置疑的真值注入(truth-injection)，因此，真值通过正确推理这种保持真值的安全渠道向下流满整个系统。

不管科学的巨大成就如何，它都不可能用欧几里得理论的方式组织起来，这对过于乐观的理性主义是一个主要打击。科学理论原来是用演绎系统来组织的，在那里，决定性的真值注入处于底部，即处于一个特殊的定理集。但是，真值不能向上流。这种拟经

---

① Neumann〔1947〕, p. 190.

② Weyl〔1928〕, p. 87.

验理论中的重要逻辑流不是真值的传递，而是假值的返传递——从底部（“基本语句”）的特殊定理向公理集传递。[①]

这也许是表征拟经验理论（与欧几里得理论相对立）的最好方法。我们把演绎系统内最初注入真值的那些语句叫做“基本语句”，并且把得到特定真值的基本语句之子集叫做“真的基本语句”。因此，如果一个系统是由它的那些基本语句（假定为真的）所组成的封闭演绎系统，那么它就是欧几里得系统。否则，它就是拟经验系统。

欧几里得系统和拟经验系统的一个重要特征存在于一些特定的约定（通常不写出来）的集合，这些约定调节基本语句的真值注入。

人们可能认为，欧几里得式的理论是真的；而拟经验理论充其量不过是被充分地证实过的，但总是猜测性的。而且在欧几里得式的理论中，演绎系统的“顶部”的真的基本语句（通常称为“公理”）事实上证明该系统的其余部分；在拟经验理论中，（真的）基本语句是由该系统的其余部分来说明的。 29

一个演绎系统是欧几里得式系统还是拟经验系统，这个问题是由该系统的真值流向的模式来决定的。如果特有的流向是真值从公理集向下传递到系统的其余部分——这里的逻辑是一种证明的推理法，那么这个系统就是欧几里得式的；如果特有的流向是假值从假的基本语句向上重新传递到“前提”——这里的逻辑是一种批判的推理法[②]，那么这个系统就是拟经验的。但是，真值流模式

① 这一情节的解说见本卷第一章。“基本语句”这个概念和术语归功于 K. Popper（见 Popper〔1934〕，第5章）。

② 参见 Popper〔1963*a*〕，p. 64。

之间的这种划分不依赖于那些特定的约定，这些约定调节原始的真值注入基本语句中。例如，我认为是拟经验的一种理论，在通常意义上，它可能是经验的或非经验的：只有当它的基本定理在空间和时间上是单称的基本语句（其真值是由实验科学家的历史悠久而不成文的规则决定的）时，它才是经验的。[①]（甚至更一般地，我们可以说，欧几里得式的理论与拟经验理论的比较不依赖于逻辑渠道中流动的是什么：可靠的或可谬的真值和假值，可能性和不可能性、道德上的合意性或不合意性等。起决定作用的是如何流动。）

一种科学的方法论主要取决于它的目标是在于欧几里得式的理想还是拟经验的理想。采取前一目标的科学，其基本准则是寻求自明的公理——欧几里得式的方法论是非常严谨的、反对思辨的。后者的基本准则是寻求具有高度说明力和启发力的大胆而富有想象力的假说[②]。的确，它提倡通过严格的批判来消除互斥性假说的扩散——拟经验的方法论并不禁止思辨[③]。

欧几里得式理论的发展是由三个阶段构成的：第一个阶段是试错法这种朴素的前科学时期，它构成这个学科的史前史；第二个阶段是从事整理规则、修整模糊的界限、建立具有可靠核心的演绎结构，这是主要阶段；第三个阶段是解决系统内部的问题，主要是对有意义的猜测构造证明或否证（定理的判别方法的发现可以完

① 例如，第Ⅰ卷第3章的一个讨论。

② 后一概念，见第Ⅰ卷第1章。

③ 详细阐述经验的方法论应归功于K. Popper。当然，经验的方法论是拟经验方法论的范例。

全取消这一阶段，并且结束发展）。

拟经验理论的发展是完全不同的。它是从问题开始的、接着是大胆解决问题，然后是严格的检验、反驳。进步的媒介是大胆的推测、批判和对立理论的竞争、问题的转换。人们总是把注意力集中在那些含糊不清的界限上。口号的增长和不断革命不是永恒真理的建立和积累。 30

欧几里得式的批判，其主要模式是怀疑，即证明是真正的证明吗？所用的方法太死板，因而可谬吗？拟经验批判的主要模式是理论的扩散和反驳。

3. 数学是拟经验的

大约在19、20世纪之交，数学——“可靠性和真理性的典范”——似乎是正统的欧几里得学派的真正最后堡垒。但是，甚至欧几里得式的数学结构也必定存在一些缺点，这些缺点使人感到严重不安。因此，所有基础学派的中心问题是：“一劳永逸地建立数学方法的确实性。”①可是，基础研究却出乎意料地得出结论：作为总体来看，按照欧几里得方式重组数学也许是不可能的；至少最有意义的数学理论，像自然科学理论一样，是拟经验的。欧几里得主义在它的真正堡垒中遭到失败了。

在按照欧几里得方式重组古典数学方面的两个主要尝试——

① Hilbert〔1925〕，p. 35.

逻辑主义和形式主义[①]——是众所周知的。但是,从这一观点出发对它们作一简短说明也许是有帮助的。

(a) 弗雷格—罗素的方法　它的目的在于从无可置疑的真逻辑公理出发演绎出全部数学真理(借助于巧妙的定义)。结果是,有些逻辑公理(更确切地说,是集合论公理)不仅不是无可怀疑地真,而且甚至是不相容的。结果是,更高级的第二代(和以后几代)的逻辑公理(或集合论公理)——为避免已知悖论而设计出来的——即使是真的,也不是无可怀疑地真(甚至也不是无可置疑地相容);这些公理的关键性证据是古典数学可能为它们所说明,但绝不是证明。

在综合性的"大逻辑"(grandes logiques)方面工作的大多数数学家,对这一点认识得很清楚。我们已经提到过的有罗素、弗兰克尔、奎因和罗塞尔。他们转变到"经验论"实际上是转变到拟经验论:他们甚至不依赖于哥德尔的结果而认识到:《数学原理》以及像奎因的《新基础》和《数理逻辑》那样强的集合论都是拟经验的。

31

在这方面工作的一些人都认识到,他们所遵循的方法是:大胆的推测、假设的扩散、严格的检验和反驳。丘奇对建立在排中律的限制形式基础上的重要理论——最近克林和罗塞尔证明它是不相容的[②]——的描述,概括了拟经验方法的纲要:

---

① 这里略去直觉主义,因为它的目的不在于重组古典数学,而是删节古典数学。* 并非所有的直觉主义数学的定理都是古典数学的定理。在这个意义上,拉卡托斯错误地把直觉主义说成只是对古典数学的"删节"。不过,有一点还是重要的,即当罗素的逻辑主义和希尔伯特的形式主义都认为它们的任务是证明整个古典数学的合理性时,布劳维尔的直觉主义却要抛弃不符合它的合理性标准的那一大部分古典数学。——编者

② Kleene 和 Rosser〔1935〕.

由我们的公设所产生的逻辑系统对数学的发展是否足够，它是否完全摆脱了矛盾，对这些问题，我们除了猜测以外，现在还不能回答。我们建议，通过相当详细地从我们的公设中推导出一些结果来，对这些问题至少寻找一种经验的回答，而且，希望这个系统将被证明是满足充分性和无矛盾这些条件，或者希望通过修改或补充而使它能够做到这一点。[①]

奎因把他的《数理逻辑》一书的关键部分描写成一种“大胆的结构……加上构造者的冒险。”[②]不久，罗塞尔证明它是不相容的。以后，奎因自己把他早期的描写说成是“一种预言的信号”。[③]

人们从来没有能够驳斥欧几里得主义：即使被迫假设非常复杂的公理，人们总能寄希望于从某些自明性基础更深的层次把它们推导出来。[④] 对于简化罗素的《数学原理》和类似的逻辑主义系统，曾有过值得注意的和部分成功的艰难尝试。可是，虽然这些结果在数学上是有意义的、重要的，但是它们不可能弥补已经失去的哲学观点。人们不可能证明*大逻辑*是真的——甚或是相容的；而只能证明它们是假的——甚或是不相容的。

---

① Church〔1932〕，p. 348.

② Quine〔1941*a*〕，p. 122. 批评奎因的人可能会说，只有奎因用数学固有的简单性构造出一个“大胆的”结构。但是，康托尔的天堂确实是“大胆的理论结构，因而与分析的自明性相反”（Weyl〔1947〕，p. 64）。同时参见第二节 Weyl 的引文。

③ Quine〔1941*b*〕，p. 163. 另外，罗塞尔论文最有趣的特点是寻找检验 ML 相容性的方法。罗塞尔说明，“如果我们能够根据剩下的一些公理证明 * 201，那么这些剩下的公理就是不相容的”（Rosser〔1941〕，p. 97）。

④ 还有，人们可能愿意把拟经验理论缩小到它的欧几里得式的核心（这是直觉主义方案的主要方面）。

(b) 当弗雷格—罗素方法的目的在于把数学变成一种统一的古典欧几里得式的理论时，希尔伯特的方法对欧几里得式的纲领提出一种全新的修改，这种方法无论从数学还是从哲学的观点来看，都是振奋人心的。

希尔伯特学派声称，古典分析包含一种绝对真的欧几里得式的核心。〔但是，根据这种观点，存在一些"理想元素"和"理想语句"，虽然它们对于演绎—启发式方法是不可或缺的，但都不是绝对地真（事实上，它们既不真也不假）。〕但是，如果既包含有具体内容的语句，又包含理想语句的整个理论，在欧几里得式的元数学中能证明是相容的[①]，那么整个古典分析将得到挽救。也就是说，分析是一种拟经验的理论[②]，而欧几里得式的相容性证明则务必使它不应有证伪者。康托尔猜想在理智上的精深奥妙不应该由这个理论本身由来已久的那些欧几里得式公理来维护（罗素在这一冒险中已经失败了），而应该由朴素的欧几里得式的元理论来维护*。

① 本来，元理论不是被公理化的，而是由简单的、原始的有限步骤完成的思想实验构成的。1928年，冯·诺伊曼在博洛尼亚批评塔尔斯基把元理论公理化了。（"欧几里得式理论"这个概念推广到非形式的、非公理化的理论，并没有造成什么困难。）

② 再用韦尔的话来说："不管希尔伯特纲领的最终价值如何，他的大胆的事业可以要求承认有一个好处，即它向我们揭示了，数学具有高度复杂的、难以对付的逻辑结构，背后联系的迷宫。而这些背后联系导致它们的循环，以致不能一眼看出它们是否会产生明显的矛盾。"（前引书 p. 61）

* 希尔伯特的哲学，至少像这里所介绍的，不可能那么容易地归入欧几里得主义。元数学是一种非形式的、非公理化的理论，而且这些理论没有所需要的演绎结构来成为欧几里得身份的候补者。非形式理论显然是可以公理化的，但希尔伯特的主要主张之一是，在元数学的情况下，不需要公理化（见上页注释②）。在一个元数学证明中所假定的每一个原则都应该是非常明显地真，以致无须加以证明（更确切地说，通过所谓"总体直觉"而得到直接证明）。——编者

最后，希尔伯特学派把其真值能看作是直接给出的那些语句集合（有穷主义的真语句集）定义得非常清楚，以致他们的纲领可能受到反驳[①]。这种反驳是由哥德尔定理所提供的，这个定理意味着，对形式化算术进行有限的相容性证明是不可能的。〔柯里对形式主义者的反应作了很好的总结〕：

> 这种情况已经引起现代形式主义者的意见分歧。更确切地说，它加强了已经存在的意见分歧。有人认为数学的相容性不能只建立在*先验的*基础上，而必须用其他某种方法证明数学的正确性。另外一些人坚持认为，有些推理形式在更广泛的意义上是*先验的*和构造性的，利用这些推理形式就能够实现希尔伯特纲领。[②]

这就是说，或者元数学应该被认为是一种拟经验的理论，或者有限的或*先验的*概念必须扩大。希尔伯特选择了后一种观点。根据他的观点，*先验*方法的类现在应该包括（例如）根岑证明算术相容性时所使用的超限归纳（到ε_0）。

可是，并不是每个人都乐于这种推广的。卡尔梅尔把根岑的证明应用到希尔伯特—伯奈斯系统，他从来没有认为他的证明是欧几里得式的。根据克林的说法，"在什么程度上，可以认为根岑的证明使古典数论成为确实可靠的，这是一种个人判断的问题，它取决于个人怎样把归纳（到ε_0）看作是一种有限性的方法"。[③] 或者 33

① Herbrand〔1930〕，p. 248. 花了 30 年时间，才得到这个定义。

② Curry〔1963〕，p. 11.

③ Kleene〔1952〕，p. 479.

用塔尔斯基的话说：

> ……在数理逻辑学家中，似乎有一种倾向过分强调相容性问题的重要性，至今在这方面的一些结果的哲学意义，似乎有点可疑。根岑关于算术相容性的证明无可怀疑地是一个非常有意义的元数学结果，这一结果可能证明是非常振奋人心的、富有成效的。可是，我还不能说：对我来说，现在算术的相容性比给出证明以前更明显（无论如何，也许使用微分学术语比用 ε 更明显）。为了阐明我的一点反对意见，假设 G 是一个正好适合于把根岑证明形式化的形式系统，A 是算术的形式系统。有趣的是，A 的相容性能够在 G 中得到证明；假如结果应该是，G 的相容性可以在 A 中得到证明，那么这也许是同样有意义的。①

但是，甚至发现超限归纳（到 ε_0）不可谬的那些人，也不喜欢继续扩大非可谬性这个概念，以便适应较强理论的相容性证明。在这个意义上，“证明论的实际检验将是证明分析学的相容性”②，而这一点还必须等着瞧。

可是，哥德尔和塔尔斯基的不完全性结果，更加减少希尔伯特纲领最后成功的机会。因为如果现存的算术不可能为原来的希尔伯特标准所证明，那么用更多的公理来逐步无矛盾地（实际上是 ω-无矛盾）扩大包含算术在内的理论，只能通过更为可谬的方法来达到。也就是说，算术的进一步发展将增加它的可谬性。哥德尔本

---

① Tarski〔1954〕, p. 19.

② Bernays 和 Hilbert〔1939〕, p. vii。

人已经在他的论罗素的数理逻辑的论文中指出这一点。他说：

"〔罗素〕把逻辑和数学的公理与自然规律加以比较，并且把逻辑证据与感性知觉加以比较，使得公理不必是自明的，而只要这些公理之证明为正确（正像物理学那样）全在于，它们使得有可能演绎出这些'感性知觉'；当然这一事实并不排除这些公理像物理学一样也具有一种内在的似真性。我认为（如果在一种充分严格的意义上来理解'证据'的话），这种观点的正确性已经为以后的发展所充分证实了，人们可以期望将来更是如此。结果是（在现代数学是相容的这个前提下），解决某些算术问题实质上要求使用一些超算术的假设，即可与感性知觉进行最恰当地比较的基本的无可争辩的证据范围。此外，似乎很可能是，为了判定抽象集合论的某些问题和实数理论的某些有关问题，建立在某种迄今未知的观念上的一些新公理将是必要的。多年来，其他一些数学问题表现出不可克服的困难，可能也是由于人们还没有找到这些必要的公理。当然，在这种情况下，数学可能大大丧失它的'绝对可靠性'；但在现代批判数学基础的影响下，已经在更大范围内出现这种情况了。罗素的这种观念和希尔伯特用通过直观不能给定的那样一些公理（例如，排中律）来'补充数学直观论据'之间存在着相似性；但是，论据和这些假设之间的界限似乎是随着我们所遵循的是希尔伯特的观念还是罗素的观念而变化的"。[1] 34

奎因说，在大逻辑的结构方面，"这种自明之理的观念终于受到哥德尔不完全性定理的致命打击。可以认为，哥德尔不完全性

---

① Gödel〔1944〕, p. 213.

定理说明了，在没有处理矛盾的情况下，我们绝不可能接近基本公理的完全性”。①

有许多可能的方法把包含算术的系统加以扩充。第一种方法是通过把强的、算术上可检验的无穷公理加到大逻辑上②。第二种方法是通过构造强的序数逻辑。③ 第三种方法是允许非构造性的推理规则④（例如参见 Rosser〔1937〕；Tarski〔1939〕；Kleene〔1943〕）。第四种是模型理论的方法⑤（参见 Kemeny〔1958〕，第164页）。但是，所有这些方法都是可谬的，而且它们在可谬性方面（和拟经验方面）并不亚于缺乏基础的普通古典数学。这种看法（即不仅大逻辑是拟经验的，而且数学也是拟经验的）反映在哥德尔、冯·诺伊曼、卡尔梅尔、韦尔等人的“经验论”的陈述中。

然而，应该指出的是，有人认为在这些不同的方法中所使用的一些原则是先验的，并且它们是通过“反思”达到的。例如，哥德尔的经验论为某种希望所限制，即人们可能发现集合论的原则是先验地真。他声称马洛的“公理清楚地表明，不仅今天使用的集合论公理系统是不完全的，而且可以为一些新公理（并非任意的）所补充。这些新公理只是展开上面说明的集合概念的内容”。⑥ 可是，

---

① Quine〔1941*a*〕，p. 127.

② 这些强公理是由马洛、塔尔斯基和利维系统阐述的。关于这些公理在算术上的可检验性：“可以证明，它们在很大的超限数这个范围以外还有一些推论，超限数的范围是超限数的直接课题，在假设其相容性的条件下，可以证明每个超限数都增加可判定性命题的数目（甚至在丢番图方程领域内）”（Gödel〔1947〕，第520页）。

③ 这种研究路线是由 Turing〔1939〕开创的，后为 Feferman〔1968〕所发展。

④ 参见 Rosser〔1937〕；Tarski〔1939〕；Kleene〔1943〕。

⑤ 参见 Kemeny〔1958〕，p. 164。

⑥ Gödel〔1964〕，p. 264.（参见 Gödel〔1947〕，p. 520。）

哥德尔似乎并不完全相信集合概念的先验特性。这一点从业已引 35
用的他的拟经验论的话来看，是很明显的，而且从他在 1938 年著作中〔表现〕的犹豫不决来看，也是很明显的。他在那部著作中说："就其应用明确方法确定一任意无穷集合这一模糊概念而言，可构成性公理似乎使集合论公理自然地完成了。"①实际上，韦尔嘲笑哥德尔过于乐观地夸张这种先验知识的可能性：

> 由于哥德尔对超验逻辑的基本信赖，他喜欢认为，我们的逻辑视觉只是有点没有对准焦点，他希望通过稍微矫正以后，我们将看得格外清晰，那时大家都会同意我们看得很准确。但是，缺乏这种信赖的人将为包含在 Z 系统或者甚至希尔伯特系统中的更高程度的任意性所困扰。在爱因斯坦广义相对论或者海森伯—薛定谔的量子力学中，启发式证据和尔后的系统构造多么令人信服和接近事实。像物理学一样，真正实在论的数学应该被设想为同一实在世界的理论构造的一个分支，并且像物理学所表现出来的那样，对于数学基础的假设推广应该采取同样严肃谨慎的态度。②

可是，克赖塞耳却吹捧这种先验论的反思，他声称，人们通过这种先验论的反思获得集合论公理和"正确的"定义。他还把反先验论叫做"反哲学态度"，并且把通过试错法取得进步的思想称为经验上假的。③ 更有甚者，他在回答巴尔—希勒尔时，还想把这种

---

① Gödel〔1938〕, p. 557.

② Weyl，前引书，p. 235。

③ Kreisel〔1967*a*〕, p. 140.

方法推广到自然科学中去，因而重新发现亚里士多德的本质论。他补充说："假如真正使我相信这种反思是离奇的或者虚幻的，那么我一定不会选择哲学作为一种职业；或者选择以后，我会马上抛弃它。"[①]他在评论莫斯托夫斯基的论文时，竭力把哥德尔以前的犹豫不决贬低为陈腐之举。[②] 但是，正如哥德尔直接提到归纳证据那样，克赖塞耳在回答中也提到反思启发法的"局限性"。（因此，"反思"、"解释"归根到底都是可谬的。）

4. 数学的"潜在证伪者"

如果数学和自然科学都是拟经验的，那么它们之间的根本差别（如果有的话）必定存在于它们的"基本语句"（或者"潜在证伪者"）的性质之中。拟经验理论的"性质"决定于注入它的潜在证伪者的真值性质（见本书边码第 29 页）。在数学的潜在证伪者是单称的时空命题这个意义上，现在已经没有人认为数学是经验的。但是，数学的性质是什么呢？或者说，数学理论的潜在证伪者的性质是什么呢？[③] 正是这个问题对罗素或希尔伯特多年来精神上的蜜月是一种打击。《数学原理》或《数学基础》毕竟想要一劳永逸地结束数学中的反例和反驳。这个问题甚至现在还是使人瞠目结舌的。

36

① Kreisel〔1967*b*〕, p. 178.

② Kreisel〔1967*c*〕, pp. 97—98.

③ 人们希望，波普尔对这一古老问题的系统阐述将对数学哲学的某些问题作出新的说明。

〔但是,综合的公理集合论和元数学系统是能够被反驳的,而且确实被反驳了。〕首先,让我们选取综合的公理集合论。当然,它们具有潜在的逻辑证伪者:具有 $p \& \neg p$ 形式的语句。但是,还存在别的证伪者吗?粗略地说,自然科学的潜在证伪者表达了"铁一般的事实"。可是数学中存在着什么类似于"铁一般的事实"呢?如果我们接受形式公理理论蕴涵规定它的论题这一观点,那么除了逻辑的证伪者以外,就不存在数学的证伪者。但是,如果我们坚持认为,一个形式理论应该是某个非形式理论的形式化,那么就可以说,一个形式理论将被反驳,只要它的一个定理为非形式理论的相应定理所否定。我们可以把这样一个非形式定理叫做形式理论的启发式证伪者。①

在一定时期内,并不是所有的形式数学理论都存在同样的启发式反驳的危险。例如,初等群论就几乎没有什么危险:在这种情况下,公理化理论已经从根本上很好地代替了原来的非形式理论,以致启发式反驳似乎是不可想象的。

集合论是一个比较难以捉摸的问题。有人论证说,朴素集合论受到逻辑的证伪者的完全破坏以后,人们就不可能对集合论的一些事实再说些什么了,即人们不能对集合论的预期解释再说些

---

① 研究划分逻辑证伪者与启发式证伪者的界限在多大程度上对应于柯里划分数学真理与"拟真理"(或可接受性)的界限,可能是有意义的(参见 Curry 1951 年的著作,特别是第 XI 章)。柯里把他的哲学叫做"形式主义",作为与"有内容的(inhaltlich 或 contensive)(像柏拉图主义或直觉主义一样)哲学相对立"(Curry〔1965〕,p. 80)。但是,除了他的形式结构的哲学以外,他还有一种可接受性的哲学——当然,这种哲学在没有考虑可接受性的条件下,人们不可能说明形式数学的发展。所以,柯里毕竟提出一种"有内容的"(inhaltlich)哲学。

什么了。可是,甚至在不考虑集合论的直觉的那些人中,也可能有人仍然同意,公理化集合论履行着形成最主要的统一的数学理论的任务,在这种理论中,所有可以得到的数学事实(即非形式定理的某种特定子集)都必须得到说明。但另一方面,我们可以用两种方法来审查集合论,即检验集合论公理的相容性和检验集合论的定义对于各数学分支(像算术一样)的翻译的"正确性"。例如,我们总有一天会面临这样一种情况:在形式集合论中,机器给出一个公式的形式证明,而这个公式的预想含义是存在一个非哥德巴赫的偶数;同时,数论工作者能够非形式地证明,所有偶数都是哥德巴赫数。如果在我们的集合论系统内能够把他的证明形式化,那么我们的理论将是不相容的。但是,如果这个证明不能被形式化,那就不可能表明形式集合论是不相容的,而只能说明它是一种假的算术理论(然而仍然可能是一种与算术不同构的、真的数学结构理论)。因此,我们可以把非形式地证明了的哥德巴赫定理叫做启发式的证伪者,或者更明确地说,叫做形式集合论的算术证伪者[①]。形式理论就它表明要说明的非形式的被说明者而言,它是不正确的,这时,我们必须用一种更好的理论来代替它。首先,我们可逐步加以改进。导致错误的也许只是"自然数"的定义,因而可以修改定义使之"适应"于每个启发式的证伪者。公理系统本身(与它的形成规则、变形规则一起)作为一种算术说明,只有当它

---

① "ω-相容性"这个词正像 Quine 在〔1953a〕p. 117 中所指出的,是容易使人误解的。证实一个算术系统的"ω-相容性"实际上是对算术系统的启发式证伪。用反话来说,用词不当的历史根源是,哥德尔和塔尔斯基正好利用这种现象来使真理性("ω-相容性")与相容性相脱离。

“在数字上完全不分离”时[1]，也就是，当结果是校正定义的有限序列不能消除所有的启发式证伪者的时候，它才变成无用的。

现在的问题是：人们应该把什么样的非形式定理当作包含算术的形式理论的算术证伪者呢？

希尔伯特只承认有限的数字方程（无量词）是形式算术证伪者。但是，他可能容易地证明，在他的系统中所有真的有限数字方程都是可证的。由此得出结论，他的系统对于真的基本语句是完全的。因此，如果算术的证伪者能够证明该系统的一个定理是假的，那么这个系统就是不相容的。因为证伪者的形式变形已经是该系统的一个定理了。希尔伯特把证伪者还原为逻辑证伪者（因而把真理归结为相容性）是通过算术基本语句的一个非常狭隘的（“有限的”）定义来达到的。

哥德尔对哥德尔不可判定语句的真理性之非形式证明，提出如下问题：如果我们给《数学原理》或者希尔伯特的形式化算术（假定每一个都是无矛盾的）加上哥德尔语句的否定，那么它是真的还是假的呢？根据希尔伯特的观点，这个问题是无意义的，因为他在算术方面（除了有限核心以外）是工具主义者；同时，他没有看到算术系统与哥德尔语句（或者它的否定）之间的任何差别，只要它们都同样包含真的基本语句（顺便地说，他所蕴涵的意义和真理的定义只限于真的基本语句）。哥德尔提出[2]，把（富有意义和真的）基本语句的范围从有限的数字方程也扩大到具有量词的语句，并且 38

① 参见 Quine 前引文的 p. 118。

② 参见哥德尔在 1930 年哥尼斯堡的干预；记录在 Gödel〔1931〕上。

把确定基本语句真理性的证明范围，从“有限的”证明法扩大到更广泛的一类直觉主义方法。正是这种方法论上的建议，使得真理性与无矛盾性相脱离，并且在算术的可证伪性基础上，引进一种推测和反驳的新模式：当用非形式理论（具有弱的、较少的公理）从外部来批判它们时，这种建议考虑到大胆推测的理论（具有强的、较多的公理）。在这里，直觉主义不是用来提供基础，而是用来提供证伪者；不是阻止推测，而是鼓励推测和批判推测！

令人奇怪的是，构造性的甚至有限的证伪者在多大程度上能够检验综合的集合论。例如，强无穷公理在丢番图方程的范围内是可检验的。*

但是，综合的公理集合论不仅有算术的证伪者，而且它还有可能为朴素集合论的定理（或公理）所反驳。例如，施佩克“驳斥”奎因的《新基础》是在《新基础》中证明了序数不为“≤”所良序，而且必须放弃选择公理。[1] 这就是对《新基础》的反驳，甚至是一种启发式的反驳吗？破坏了的朴素集合论的良序定理会否定奎因系统吗？即使我们赞同哥德尔和克赖塞耳的意见，仍然把朴素集合论看作是由策梅罗的修改而重新建立的[2]，只有当我们再次把（直觉主义的）启发式证伪者的类扩大到修改了的朴素集合论的（几乎？）任何公理时，我们才能承认良序定理和选择公理是启发式证伪者。（我们可以把前者叫做强启发式证伪者的类，而把后者叫做弱启发

* 参看本书边码 p. 34 脚注③。——编者

① Specker〔1953〕；Quine〔1963〕，p. 294 及其以后。

② 参见 Gödel〔1947〕，p. 518 和 Kreisel〔1967〕。

式证伪者的类。)但是,这确实是不合理。不过,我们必须把它们看作两种对立的理论(严格地说,任何启发式证伪者都可能只是一个对立假设)。毕竟没有什么东西可以阻止我们忘记朴素集合,也没有什么东西能阻止我们把注意力集中到《新基础》的新的非预想模型上![1]

的确我们可以继续讨论下去。例如,只要结果是所有强集合论系统在算术上都是假的,我们就可以修改算术——这种新的非标准算术也许能为经验的自然科学服务得一样好。罗塞尔和王(在斯佩克结果发表的前3年)说明了,只要我们坚持"≤"的预想解释,在并非《新基础》的模型中"≤"使有限基数和无穷序数良序。他们讨论了这种可能性:

> 人们可能提出的问题是,已经知道没有标准模型的形式逻辑是不是数学推理的一个合适框架呢?要检查布丁,就要吃一吃。对古典数学分析的通常范围内的论题来说,奎因《新基础》的推理方法,像我们所知道的任何系统一样,接近于大家所接受的古典推理方法。然而,在一定范围内,尤其涉及特大序数时,奎因《新基础》的推理方法明显地反映出缺乏一种标准模型。这种推理方法对古典派数学家来说好像是陌生的。然而,既然这种序数理论在应用于特大序数时是可疑的,那么只要它突出这个事实,就未必是一种逻辑缺陷。
>
> 如果把逻辑学作为数学推理的框架来接受,那么它就必

39

① 对于波普尔以后的科学哲学来说,说明者和被说明者可能是对立的假说,这无论如何是一种陈腐之言。

须具有一种标准模型,我们觉得这种想法,只不过是存在绝对数学真理这种旧观念的残余。当然,对标准模型的要求是,这个模型反映按古典方式设想出来的结构概念(例如,相等、整数、序数、集合等)。也许按古典方式设想出来的这些概念与一种强数学系统的方法是不一致的。在这种情况下,强数学系统的形式逻辑就不可能有一种标准模型。①

这自然〔相当于这样的要求〕,即只有真正的证伪者才是逻辑的证伪者。但是,另一些数学家(例如,哥德尔)根据斯佩克的反驳(即对他来说,选择公理和序数的良序都是自明的真理),确实抛弃了《新基础》②。

无疑,数学中的基本语句问题,随着综合集合论的进一步发展将日益引起人们的注意。最近的工作表明,人们很可能立即发现一些非常抽象的公理在最意想不到的古典数学分支中是可检验的。例如,代数拓扑学中塔尔斯基的不可达序数公理③。连续统假说也将提供一种检验的根据:反对连续统假说的深一层直观证据的积累可能导致抛弃蕴涵它的强集合论。Gödel〔1964〕列举了连续统假说的好几个难以置信的结果:他的新欧几里得式的纲领的重要任务是,提供一种自明的集合论,由此可以推出连续统假说

---

① Rosser 和 Wang〔1950〕,p. 115。

② Gödel 在〔1947〕的原著中说,“在我们目前的知识状况下”(第 516 页),选择公理就像其他公理那样明显。而在他 1964 年的重印本〔1964〕中,他用“几乎每一种可能的观点”(第 259 页注释②)代替上面引号中的话。他在犹豫之后提出,把集合论基本语句的范围进一步扩大到实际上相当于新的欧几里得式的纲领——但是,在失败的情况下,他又直接提出拟经验的替换物。(尤其参见 Gödel〔1964〕的补充)

③ 参看 Myhill〔1960〕,p. 464。

的否定[①]。

如果我们把综合集合论以及一般地说数学理论看作是拟经验的 40 理论，那么就会出现许多有趣的新问题。直到现在，这种主要分界已经出现在已证明与未证明(或可证与不可证)之间。激进的证实主义者(实证论者)把这个分界等同于有意义与无意义之间的分界。但是，现在有个新的分界问题，即对于一个已知的基本语句集合，可检验的与不可检验的(形而上学的)数学理论之间的分界问题。集合论的一种奇怪现象是，关于这些具有很高基数的集合的理论，就比较适度的基本语句的核心而言，是可以检验的(因而具有算术的内容)[②]。这样一个标准将是有趣的、有教益的——但是，如果有人想再用它作为一种意义标准(像科学哲学所发生的那样)，那是不合适的。

另一个问题是，数学的可检验性依赖于启发式证伪者这个难以捉摸的概念。启发式证伪者归根到底只是皮克维克(Pickwick)意义上的一个证伪者，即它不证伪假设，而是建议证伪，因而这个建议可能被忽视。启发式证伪者只是一种对立的假设。然而，这并不像人们所想象的那样，把数学与物理学截然分开。波普尔的基本语句归根结底也只是假设罢了。启发式反驳的决定性作用是把问题变成

---

① Kreisel 在〔1967*a*〕中批评哥德尔不讨论自己从 1938 年提议可构成性公理作为完善集合论到 1947 年偷偷摸摸地收回这个提议的转变。人们也许认为这种转变的理由是明显的。在此期间，他研究了主要由卢辛和西尔宾斯基在连续统假说的结论方面所做的工作，并得出结论：如果连续统假说在某一集合论中是可演绎的(像他在 1938 年提出的那样)，那么这个集合论就是假的。特别提到，根据卢辛的观点，一简单命题在西尔宾斯基证明与连续统假说不一致的解析集合论中是"无可置疑地真"，这是有意义的。——他确实提出一个给人深刻印象的论证(Lusin〔1935〕和 Sierpinski〔1935〕)。

② 在这里，"内容"这个词是在波普尔的意义上使用的，即"算术内容"是算术的潜在证伪者的集合。

更重要的问题，以便促进内容更丰富的理论框架的发展。人们可以证明，科学史上和数学史上的大多数古典反驳都是启发式的证伪。对立数学理论之间的斗争往往是由它们的相对说明力来决定的①。

最后，我们来讨论这样的问题：数学的“性质”是什么，即我们根据什么把真值注入到数学的潜在证伪者呢？这个问题在某种程度上，可以归结为这样的问题：非形式理论的性质是什么呢？也就是说，什么是非形式理论的潜在证伪者的性质呢？我们在通过非形式的数学理论追溯问题转换时，即将到达经验论，以致数学最后将变成一种间接的经验理论，因而证明韦尔、冯·诺伊曼和（在某种意义上）莫斯托夫斯基、卡尔梅尔等人的观点是正确的吗？或者说，构造（或柏拉图主义的直觉，或者约定）是注入数学基本语句的唯一真值原吗？答案绝不是铁板一块的。细心的历史批判的案例41研究，也许会产生一种非常复杂的、混合式的解答。但不管这种解答可能怎样，像先验的与后验的、分析的与综合的那样静态理性这种朴素学派的概念，只会阻碍这种解答的出现。由经典认识论发明的这些概念把欧几里得式的可靠知识分成等级——它们对于拟经验知识发展中的问题转换并没有提供什么指导*。

---

① 参见下面第三章。

* 自从写完这篇文章以来，在检验已提出的集合论公理方面（像连续统假说和强无穷公理），已经作了大量深入的研究。（在 Fraenkel、Bar-Hillel 和 Levy〔1973〕以及 Shoenfield〔1971〕中，可以找到很好的综合评述。）Levy 和 Solovay 的工作〔1967〕表明，大基数公理并没有解决连续统问题。按照另一种研究路线，连续统假说的一些替换物已经得到表述和检验了。例如，“Martin”公理是连续统的一个推论，而与连续统假说的否命题相一致（参见 Martin 和 Solovay〔1970〕以及 Solovay 和 Tennenbaum〔1971〕）。在连续统假说的六个推论中（哥德尔认为是非常难以置信的），有三个是根据 Martin 公理得到的。可是，Martin 和 Solovay 采取与 Gödel 不同的态度。他们说，关于这三个推论的真假问题，他们懂得“实际上并非直观”。——编者

5. 拟经验理论发展的停滞时期

拟经验理论发展的历史是,大胆推测和戏剧性反驳的历史。但是,在拟经验(不管是自然科学的还是数学的)理论的发展中,并不是天天都出现新理论和引人瞩目的反驳(不管是逻辑的还是启发式的)。当一种唯一的理论支配着舞台而没有对立的或公认的反驳时,偶尔出现较长的停滞时期,这些时期使许多人忘记基本假设的可批判性。看起来反直观的或者最初提出时就被曲解的理论装出权威的样子。奇怪的方法论错觉传开了:有的人想象公理本身由于欧几里得式的可靠性而发出灿烂的光辉;另一些人想象初等逻辑的演绎渠道具有把真值(或概率)"归纳地"从基本语句重新传给现存公理的能力。

拟经验理论发展中的一个反常时期的典型例子是,牛顿力学和引力理论的长期统治。这个理论的自相矛盾和难以置信的特点使牛顿自己陷入绝境:但是,经过一个世纪的确认以后,康德认为它是自明的。休厄耳提出更高的要求:它为"一系列的直觉"所巩固[①],而穆勒认为它是被归纳地证明的。

因此,我们可以把这两种错觉叫做"康德—休厄耳错觉"和"归纳主义错觉"。第一种是回复到欧几里得主义的一种形式;第二种是建立演绎理论的新的(归纳主义)理想,其中演绎渠道还可以使真值(或者像概率那样的拟真值)从基本语句向上传到公理。　42

① 例如,Whewell〔1860〕,尤其是其中的第 XXIX 章。

这两种错觉的主要危险在于它们在方法论上的影响。它们都是用混合在持久批判拟经验理论的气氛中的挑战和冒险，换取欧几里得式理论或者归纳主义的理论的麻木和懒散，在那里，公理或多或少是确定的，而批判和对立的理论是得不到鼓励的。[①]

因此，现代数学哲学的最大危险在于，认识到数学的可谬性因而与自然科学相类似的那些人，同样转向一种对科学的错误观念。"一系列的直觉"和归纳法这对孪生错觉可以在当代数学哲学家的著作中被重新发现[②]。这些哲学家谨慎地注意到：可谬性的程度、在某种程度上是先验的方法以及甚至理性信仰的程度。但是，几乎没有什么人研究过数学中反驳的可能性[③]。尤其没有人研究过波普尔关于在经验科学中发现逻辑的概念框架在多大程度上可应用于一般的拟经验科学和具体的数学的发现逻辑这一问题。如果人们不认真地承认反驳的可能性，怎么能够严肃地承认可谬论呢？我们不应该只是在口头上承认可谬论，"对于哲学来说，不可能有什么绝对自明的东西。"于是继续说："可是，实际上当然有许多东西能够称为自明的，……每一种研究方法都预先假定某些自明性

① 例如，Kuhn 的著作，尤其是他的〔1963〕。

② 休厄耳一系列数学直觉的主要支持者是伯奈斯、哥德尔和克赖塞耳（见本书边码 pp. 34—35）。哥德尔还提供一种归纳主义的真理标准。——系列（或者像卡尔纳普称之为"被指引的"）直觉可能失败。如果公理集合论在非形式数学和物理学中得到充分证实，那么它就是真的。"当某个集合论公理具有一些数论的结果，而且这些结果可以通过计算到任意给定的整数来证实时，就出现应用讨论中的标准的最简单例子"（Gödel〔1964〕第 272 页的补充材料）。

③ 卡尔梅尔（因为他对丘奇论题的批评）是一个值得注意的例外（参见 Kalmár〔1959〕）。

结果。"[1]这种软弱的可谬论把可谬论与批判分开，并且表明欧几里得式的传统在数学哲学中是多么根深蒂固。它比悖论和哥德尔的结果更加促使哲学家认真地承认数学的经验方面，并且阐发一种批判可谬论的哲学，这种哲学不是从所谓基础获得灵感，而是从数学知识的增长中得到灵感。

① Bernays〔1965〕,p. 127.

43

第三章　柯西与连续统：非标准分析对数学史和数学哲学的意义[①]

非标准分析是数学史家和数学哲学家的一个迷人课题。首先，它彻底改变历史学家对微积分史的印象。其次，元数学正在脱离它原来的哲学的摇篮期，而发展成为数学的一个重要分支，这是最有趣的标志之一。

1. 非标准分析对微积分史提出一种根本性的重新评价

伪哲学歪曲数学史比歪曲科学史更厉害[②]。数学史仍然被许

---

① 作者感激 A. 罗宾孙教授的有教益的讨论。* 这篇论文是 1966 年提交在汉诺威召开的国际逻辑讨论会(符号逻辑协会召开的欧洲会议)的。《英国科学哲学杂志》同意在 1966 年发表该文，但拉卡托斯扣住不给。原打印稿上的许多边注表明，他对其中所作的某些陈述并不满意。可是，并没有迹象表明，拉卡托斯打算改变他的主要论点。——本章编辑的脚注

② 伪哲学对数学史的编纂工作的阴暗影响在我的〔1963—1964〕中已经讨论过，特别是在其中的 pp. 2—6 中到处可见。(对于伪科学哲学对科学史的编纂工作的影响，可参见 Agassi〔1963〕，特别是其中第 I 卷第 2 章。)

多人看作是永恒真理的积累①；假理论或假定理都被扔到黑暗的、无人问津的、存放史前期史的地方，或者作为一种令人遗憾的错误而记载下来，这只有对好奇事物的收藏家才有意义。根据某些数学史家的意见，“真正的”数学史是从符合他们认为是最终标准的那些著作开始的，其他数学史家屈尊地说到这些史前时期，从这些垃圾中只挑选出闪耀永恒真理的碎片。这两种人都漏掉数学思想史上猜想与反驳的最振奋人心的模式。更糟糕的是，有趣的、不相容的理论都被曲解为最新式理论的、“正确的”却又乏味的预兆。为了挽回历史巨人的威信，给他们披上华丽的时髦的外衣，这种努力比人们所想象的要走得更远。 44

这一切特别适用于微积分的编史工作。在魏尔斯特拉斯以前时代的一些最有趣的特征由于“理性重建”的缘故，一直没有人理睬，或者仍然未被人理解（如果不是被误解的话）。罗宾孙的工作彻底改变了我们对这个最有趣、最重要时期的看法。它为丧失了名誉的无穷小理论提供了一种理性重建，它满足现代对严格性的要求，而且不比魏尔斯特拉斯的理论弱。这种理性重建使无穷小理论成为完全成熟而强有力的现代理论的一个几乎可敬的祖宗，它把无穷小理论从前科学的胡言乱语的状态中解脱出来，恢复对

---

① 20世纪初最重要最有影响的科学史家 Duhem 的一句话是很有特色的。他在〔1906〕（英译本的 p. 269）中谈道，“物理学与几何学的巨大差别的另一个标志。”

“在几何学中，演绎方法的明晰性与常识的自明性直接融合在一起，可以用一种完全逻辑的方法来讲授。对于学生直接掌握这一判断所凝结的常识性的材料，陈述公设就足够了，他不必知道这条公设渗透到科学的途径。数学史自然是一种奇特的正当对象，但它对于理解数学来说，并不是必要的。”“它与物理学不一样……”

它的部分被忘却、部分被篡改的历史的兴趣。

罗宾孙本人在其〔1966〕著作的最后一章(“关于微积分的历史”)中概述了,他的非标准分析所提出的微积分编史工作的一些最重要变化。我只详细讨论一个例子:柯西和一致收敛性问题。我首先要说明,与出现一致收敛性有关的一些非常有趣的历史问题,从来就没有得到令人满意的解决(第二节:“柯西与一致收敛性问题”)。下一节概述,在罗宾孙的思想上,理性重建怎么能够阐明这些历史问题(第三节:“一种新的解决办法”)。然后,我要讨论,理性重建对理解真实历史的功绩和种种局限性(第4节:“理性重建与历史”)(下面第4节无此标题——译者)。在这之后,我要进一步讨论有关的问题(第5节:“莱布尼茨理论垮台的原因是什么”?)(此标题是属于第4节的——译注)。最后,有两节讨论数学史的一些哲学问题(第6节:“形而上学的对技术的”;第7节:“非形式数学理论的评价”)[①](下面第7节的标题是“数学理论的评价”——译注)。我将论证,罗宾孙研究微积分史的方法在形式主义的数学哲学框架内不可能得到充分的利用,今天,这一框架已经成为研究和理解数学史的主要障碍[②]。

45

---

① 在这里也许我应当提到,我第一次研究这些问题是在1957—1958年,而在我的博士论文《数学发展的逻辑》(1961年)中则相当详细地讨论了这些问题。我一直没有发表我的研究成果是因为,我对自己的讨论出了一点毛病感到不安。读了罗宾孙的著作之后,我认识到自己的错误:我错误地把柯西当作魏尔斯特拉斯的直接先驱者。(这些材料现在作为Lakatos〔1976*c*〕著作的附录1发表出来。——编者)

② “形式主义”这个词在这里并不是用来指称元数学中与希尔伯特有关的学派的,而是用来称呼把数学等同于它的形式化元数学的抽象(和把数学哲学等同于元数学)的那种数学哲学。参见Kreiser和Krivine〔1967〕的附录Ⅱ。

2. 柯西与一致收敛性问题

数学史家普遍认为,柯西是给微积分以"最后基础"[①]和把它放"在可靠的基础上"[②]的人。一位历史学家的颂词是值得全文引述的:

> 现代数学有两个重要成就要归功于柯西,其中每一个都标志着与18世纪数学的明显决裂。第一个是把严密性引进数学分析。对于这种巨大进步,很难找到一种适当的比喻;也许下面所述是个比喻。设想,几百年来全人类一直都在崇拜虚假的众神,突然间,这些神的过失暴露在他们面前。在引进严密性之前,数学分析就是虚假众神的一个完整的万神殿。[③]

最有害的"虚假众神"无疑是无穷小量。但是,那时柯西一直使用"无穷小量"这个词。历史学家们把柯西的反复亵渎神祇解释成一种谈话的方式。他们说,他用"无穷小量"表示"只不过收敛于零的一种变量"[④]。从柯西到魏尔斯特拉斯的进步是积累的:魏尔斯特拉斯在丝毫没有反驳柯西工作的情况下,把分析的算术化(也就是实数理论)加到柯西的理论上[⑤]。

---

① Klein〔1908〕,第Ⅰ卷第三部分,1.2(p.154)。

② Bourbaki〔1960〕,p.218.

③ Bell〔1937〕,p.271.

④ 参考 Boyer〔1939〕,p.273。Boyer 在这里意指魏尔斯特拉斯的实变量,从上下文来看是一清二楚的。

⑤ Cajori 甚至走得更远:"算术化"的进程是从柯西开始的(Cajori〔1919〕,p.369)。

可是，柯西的著名"错误"怎么样呢？他在备受赞美的《分析教程》(1821年，即在傅立叶级数发现14年之后)中怎么能够证明，任何收敛的连续函数级数总有一个连续的极限函数呢*？他怎么能够证明，任意连续函数的柯西积分的存在性呢？[①] 所有这一切只是粗心、疏忽、一系列"不幸的"技术性错误吗？[②]

46　但是，如果柯西的"这些错误"都是纯粹的疏忽，那么为什么其中一个错误直到1847年才(由赛德尔)纠正，而其他一些错误迟至1870年才(由海因)纠正呢？

还有其他一些古怪的事实。例如，当柯西写他的著作时，傅立叶的反例**已经是众所周知的了：据说，柯西证明的一个定理，许多人(包括柯西本人)都认为它是错误的或者至少是有疑问的。阿贝尔为柯西定理"遭受异议"[③]作脚注，只是有记载的专家的"民间传说"的一部分：正如他自己所说的，从傅立叶发表的著作举出一

---

* Cauchy〔1821〕，p. 131："当级数

$$u_0, u_1, u_2, \cdots u_n, u_{n+1}, \cdots$$

的各项都是同一变量 x 的函数，而且在级数的一个确定收敛点的领域内对此变量都是连续的，则这个级数的和，在这个确定点的领域内，也是 x 的连续函数"。——本章编辑的脚注(译者注：在法国的数学书内，一直到现在，都是用 $\{u_n\}$ 或 $u_0, u_1, u_2, \cdots, u_n \cdots$ 表示级数的，而用 $\sum_{n=0}^{\infty} u_n$ 表示级数的和。就是说，用同样的符号既表示序列又表示级数，这与我国及英美各国的表示法不同，请读者注意。)

① Cauchy〔1823〕，pp. 81—84.

② 根据布尔巴基的观点："他的不幸是，他要求证明(超过他已经证明的)……"但是，谈论柯西的"不幸错误"什么也没有说明，虽然它比有些史学家闭口不谈这位大数学家的"错误"，特别比一个数学史家(在介绍Cauchy〔1821〕著作的序言中)吹嘘他"消除一切不确定性"，要好一些。

** 也就是三角级数。参见第76页注③。——本章编辑的脚注

③ Abel〔1826*b*〕，p. 316.

个例子以后，“众所周知，有许多级数具有类似性质”。[①]

如果一个反例是众所周知的，为什么不直接检验这个证明，发现隐引理并使之成为显引理、恢复这个证明的正确性以及通过把这个引理结合到原来的定理中而表述一个更正确的证明呢？为什么阿贝尔不去努力找出这个证明的差错呢？他对于幂级数的可靠范围重申柯西定理时，为什么愿意只字不改地抄袭柯西原来的证明呢？典型的严密主义者阿贝尔宁愿抛弃艰难的领域，而不愿使他的严格性标准遭受风险；他大胆地提出，把分析学中所有定理的有效范围限制在幂级数上。当他撤出幂级数的可靠界线时，他把傅立叶级数作为一堆杂乱而无法支配的例外，从合理的研究领域中排除出去。[②]

面对柯西定理与傅立叶反例的冲击，表现出这样一种稀奇古怪的慌乱态度的，不只是阿贝尔一个人。狄利克雷自然一定看到这个问题；但他明确决定，在他的关于傅立叶级数收敛性的著名论文中不提这个问题，他在这篇论文中说明收敛的连续函数级数如何收敛于不连续函数（公然对抗柯西的证明）的某些微妙细节。柯西证明发表 26 周年之后，赛德尔由于发现一致收敛而最终解决这个问题[③]，他是狄利克雷的学生，可能从老师那里接受了这个问题。

为什么这件事延迟了 26 年呢？今天，如果人们向聪明的大学

① Abel〔1826*b*〕，p. 316.

② 这种在方法论上对“禁止反例”的令人费解态度，我在〔1963—1964〕著作第 124、234—235 页中已经作了详细叙述，“禁止反例”常常代替对隐引理的研究。参考 Lakatos〔1976*c*〕第 24—30，133—136 页。——编者

③ 我们现在从魏尔斯特拉斯的手稿知道，他从 1841 年起就已经知道一致收敛性，而且以一种教科书式的明晰性作了讲演。

47 生提出柯西的虚假证明，他就不会花那么长的时间来纠正它。的确，赛德尔本人一点也不觉得这个问题的困难①！是什么东西压制了整个一代最有才华的人解决一个容易的问题呢？

人们当然可以指出，许多问题只有在解决以后，看起来才是简单的。但是，甚至在赛德尔论文发表以后，为什么柯西还不能理解一致收敛呢？根据赛德尔的意见，一致收敛是柯西证明中的一个明显的隐引理，1853 年 3 月，柯西在一篇向科学院宣读的论文中②，顽固地重申他的定理，并且断言，难以驾驭的序列处处不收敛，特别是在间断点的无穷小邻域中不收敛。

柯西的经历是相当神秘的，处处充满着疑问。但是，罗宾孙的理论给我们一种解决问题的线索。

3. 一种新的解决办法

罗宾孙提出的解决办法的要点是，从莱布尼茨到魏尔斯特拉

---

① Seidel 在他〔1847〕的著作第 383 页中写道："随着发现这个定理不可能是普遍有效的（即在这个证明的某个地方必定存在某个隐引理），人们就仔细检查整个证明，这时，准确定出这个隐藏引理的位置就一点也不困难了。发现这个引理以后，人们就可能得出结论，如此发现的引理不可能满足于描述间断函数的级数，因为这是调和另一个正确证明与这些证实了的结果的唯一方式。"

② 柯西〔1853〕，p. 454。* 柯西说道："而且，容易看出，为了不再发生任何例外情况，我们应该如何修正定理的陈述。这正是我就要去简明说明的。""若级数

$$u_0, u_1, u_2, \cdots u_n, u_{n+1} \cdots \quad (1)$$

的各项都是实变量 x 的函数，在给定的范围内对此变量都是连续的，而且和

$$u_n + u_{n+1} + \cdots + u_{n'-1} \quad (2)$$

对于 n 和 $n' > n$ 的无穷大的值恒为无穷小，则级数(1)在给定范围内是变量 x 的连续函数。"参看 p. 52 脚注 *。——本章编辑注

斯的微积分史,存在着两个对立的连续统理论:一个是现在已经接受的魏尔斯特拉斯的连续统理论,另一个是莱布尼茨的连续统理论:阿基米德的连续统扩充到非阿基米德的连续统是通过增加无穷小量和无穷大的数。莱布尼茨理论在魏尔斯特拉斯的革命之前是占统治的理论,柯西本人完全属于莱布尼茨传统。魏尔斯特拉斯理论的革命性在于,只有用魏尔斯特拉斯的实数,已知的微积分才能得到充分说明和进一步发展——魏尔斯特拉斯的实数集只不过是莱布尼茨派认为是实数集的那种东西的骨干部分。柯西实"变量"的取值范围是,魏尔斯特拉斯实数和无穷小量以及与魏尔斯特拉斯实数相差无穷大与或无穷小量的那些数:后者的魏尔斯特拉斯点不包括其无穷小邻域的有限的莱布尼茨—柯西点*(或单子,使用罗宾孙的形象表达)。 48

按照这种见解,现在人们就可以了解到柯西"错误"的真相以及一致收敛和一致连续性等其他方面的真相。回想一些细节会是有益的。

任何收敛的连续函数序列的极限都是连续的,这个拟经验命题在整个18世纪被认为是理所当然的,而且被认为是无须证明的。它

* 严格地说,柯西的变量是魏尔斯特拉斯的实数序列。"变量是一个被设想为相继得到不同值的量。"他的无限数都是无限的实数序列。无限小量都是(在魏尔斯特拉斯意义上)收敛于零的序列:"当一个变量的相继数值无限地减少,以致小于任意给定的数时,这个变量就变成所谓的无穷小量,或者无限小的量"(Cauchy〔1821〕,pp. 4—5)。虽然柯西没有明确地用序列的概念来表示他的变量,但是,在他的实际使用中蕴涵着这个思想。

有趣的是,直到1878年,柯西的变量和无限小量这些概念才出现在微积分教科书中。例如,霍厄尔(Houël)于〔1878〕p. 106中写道:"一个无穷小的量本质上是一个变量,而不是一个固定的值,因此,它所取之值的大小与我们的实际判断丝毫没有关系。无穷小的实质是,它不是极其微小的量,而是能够如我们所希望的那样减小的量。"——本章编辑注

被看作是莱布尼茨的“连续性原则”(Principle de continuite)[1]的一种特殊情况，特别是，“如果一个变化的量在其变化的每一阶段都享有某一性质，那么它的极限也享有同一性质”[2]这一原则的特殊情况。柯西是试图证明这个命题的第一个人。也许这是因为，他把无理数解释成有理数收敛序列的极限，这已经是对莱布尼茨一般原则的一种反驳了，或者也许这是因为傅立叶在1807年似乎已经对这一命题提出一些反例了，所以，柯西可能认为，他的证明将表明傅立叶级数不可能真正收敛。[3]

49　事实上，柯西定理是成立的，而且他的证明能够与非形式证明

① Leibniz〔1687〕, p. 744.

② Lhuilies〔1787〕, p. 167. 有趣的是，Whewell 直到1858年才同意这个原则“包含在极限概念中”(Whewell〔1958〕, p. 152)。

③ “阿贝尔第一个指出，柯西宣布的定理不是普遍有效的”(Smith〔1929〕, p. 287)，这一通常说法显然是错误的，只是掩盖一个令人发生兴趣的事实：柯西证明了这个能识别这些反例的定理。

另一方面，人们很想知道，傅立叶是否曾经想到他的某些级数与这个原则相矛盾。他在〔1822〕著作中说，函数

$$\cos x-\frac{1}{3}\cos 3x+\frac{1}{5}\cos 5x-\cdots$$

“是由分立的直线组成的，其中每一条直线都与轴平行，并且等于周线。这些平行线交替地处于轴的上下方，在距离 $\pi/4$ 处用一些垂直线连接，这些垂直线本身又构成直线的一部分”(第178节)。也就是说，傅立叶可能已经把这个函数看作是连续的，垂直线构成它的一个部分。

但是，我的朋友 J. R. 拉维兹博士善意地把我的注意力引向未发表的 Fourier 手稿(注明时间为1809年)，这份手稿使用了现代意义上的“不连续”这个术语。难道那时他依据 Cauchy〔1821〕著作画这种垂直线只是为了遵守(有点天真地)柯西定理吗？或者，会不会当他想起温度时，在一种意义上使用“不连续”这个术语，而当他想起振动弦时，不在另一种意义上使用“不连续”这个术语呢？连续性的现代定义毕竟是强烈反直观的。例如，它对于旋转不是不变的！尽管有狄利克雷1829年的论文，傅立叶的垂直线还残存在这样一个概念中，即函数值在不连续点上是“不确定的”。狄利克雷在1870年还受到 Schläfli 的批评(Crellè杂志，p. 284)，又间接受到 Du Bois Reymond 的批评(1874年《数学年鉴》，p. 244)。还可参见 Grattan-Guinness, I. 和 J. R. Ravetz 1972。——编者

一样是正确的。仿效罗宾孙,[1]我们可以说明,如果不是把柯西的论证解释成一个原始的魏尔斯特拉斯论证,而是解释成一个真正的莱布尼茨—柯西的论证,那么柯西的论证就可以表述如下:

令 $\lim S_n(x)=S(x)$,其中 $S_n(x)$ 是连续函数。这时为了证明 $S(x)$ 在某一点 x_1 是连续的,我们就必须证明,$S(x_1+\alpha)-S(x_1)$ 对于所有无穷小量 α 来说都是无穷小的。(这里用到柯西的连续性概念,这个概念只有在如下情况下,才会等价于魏尔斯特拉斯的概念,即对所有无穷小量为真的任何命题,对充分小的有限量也成立,反之也一样。)[2]

现在

$$
\begin{aligned}
| S(x_1+\alpha)-S(x_1) | &= | S_n(x_1+\alpha)-S_n(x_1)+r_n(x_1+\alpha)-r_n(x_1) | \\
&\leqslant | S_n(x_1+\alpha)-S_n(x_1) | + | r_n(x_1+\alpha) | + | r_n(x_1) |
\end{aligned}
$$

其中 r_n 是余项。柯西认为,对于所有的无穷小量 α,左边是无穷小,因为对于所有的 n,$|S_n(x_1+\alpha)-S_n(x_1)|$ 是无穷小(根据柯西的连续性定义),而且,$|r_n(x_1+\alpha)|$ 和 $|r_n(x_1)|$ 对于所有的无穷大的 n,也是无穷小(根据柯西的极限定义:$a_n\to 0$,如果对于无穷大的 n,a_n 是无穷小)。

当然,这个论证隐含着:$S_n(x)$ 应该是确定的、连续的和收敛的

---

① Robinson〔1967〕,第 272 页。我的重构将与 Robinson 稍有不同。

② Pringsheim 在对微积分史的构成性说明中,认为柯西有魏尔斯特拉斯的连续性概念(《数学百科全书》第 2 卷 II. 1,第 17 页)。贝尔仿照前人说:"在周密著述的教科书中,现在流行的极限和连续性定义实质上都是柯西所阐述和应用的那些概念"(Bell〔1940〕,p. 292)。

（不仅在魏尔斯特拉斯的标准点上，而且在“稠密的”柯西连续统的每一个点上）；序列 $S_n(x)$ 对于无穷大的下标 n，应该是确定的，而且在这些下标上表示连续函数*。

柯西的“极限”和“收敛性”，对于定义在他的超稠密连续统上的“超穷”函数序列，才是有意义的。对于这样的函数序列，柯西定理的确是成立的，而且傅立叶—阿贝尔反例无论在无穷大下标上，还是在具有有限下标的非魏尔斯特拉斯的函数点上，都是不连续的。另一方面，这些难以对付的序列可以不 S-收敛于不连续点的整个单子，而且柯西很可能在 1821 年就已经怀疑到与此相似的情况[①]。的确，他在 1853 年的论文中，在不作任何改动的情况下，重

* 柯西的收敛性概念在罗宾孙的非标准分析中可以用下列方式来解释。令 $^*R$ 是实数系 R 的一个基本扩充，$^*N$ 是自然数 N 的相应扩充。柯西对他的“连续性”定理的证明要求“超穷的”(Lakatos)序列

$$\{S(n):n\in {}^*M\}\quad (\text{其中 } S(n)\in {}^*R)$$

的收敛性。也就是，通过沿着这个序列继续进行到充分（有限）远，$S(n)$ 的值变得与极限任意接近。因此，这个序列 $\{S(n):n\in {}^*N\}$（其中 $S(n)\in {}^*R$）柯西—收敛于极限 $t(\in {}^*R)$，只要在 R 中存在一个函数 $M(n)$，使得对于 N 中的所有 M 和 $^*N$ 中的 n

$$n>M(m)\rightarrow|S(n)-t|<m^{-1}$$

根据这个定义，柯西的定理是正确的（关于 $^*R$，而不是关于 R）。这种要注意的情况是，柯西假定这个函数在 x_1 的无穷小领域中是收敛的（在这个意义上），对柯西来说，这个定理中的“领域”表示“无穷小的领域”。——本章编辑的脚注

① 傅立叶本人怀疑他的级数在这些关键性场合的收敛性。他注意到：“这种收敛性对于产生一个宽容的近似值不是充分迅速的，而对于这个方程的真理性是足够的。”(Fourier〔1822〕，第 177 节)（这些评论当然与斯托克斯的发现大不相同，这个发现是，在这些地方收敛是非常缓慢的，只是 40 年后在计算傅立叶级数时，才体验到这种缓慢。因此，在狄利克雷对傅立叶猜想作出决定性的改进（1829 年）之前，不可能产生这个发现，它表明，只有在不连续点上取值为 $\frac{1}{2}\{f(x+o)+f(x-o)\}$ 的那些函数，才能用傅立叶级数表示。）

申他的定理，他直截了当地强调，函数序列在每一点上必须收敛！

这种解释对柯西的著名"错误"作出完全新的阐述：柯西绝对没有搞错，他只是证明一个全然不同的定理，即一个关于超限函数序列在莱布尼茨连续统上柯西一收敛的定理。

因此，F. 克莱因、普林舍姆、卡约里、博耶、布尔巴基、贝尔①等人把发动魏尔斯特拉斯革命归功于柯西的评价是完全错误的，而且只不过是根据最新派别的路线按 1984 年的方向改写历史罢了。因此，责怪柯西的"不幸错误"又一次完全忽略了这一点：这个"错误"只是出现在赛德尔把柯西的证明"翻译"成魏尔斯特拉斯理论的过程中。

然而，即使柯西在魏尔斯特拉斯的理论框架内设计他的证明，说他作出这样一个"错误"假设，即点态收敛自明地表示有一致点态收敛的意思②，这仍然是证明主义重构的一个特有部分。这种说 51

---

① 我们发现 E. T. Bell〔1940〕著作第 292 页的一个有代表性的错误评价。他说："表示一贯思考无限和连续统的固有精明，即使如此谨慎，一旦思想屈服于直观，它就会像柯西一样走入迷途。"

② A. Pringsheim〔1916〕第 34 页。* 如果根据非标准分析的解释（正像第 78 页带星号 * 的注释所给出的那样）是正确的，那么可以证明：柯西的收敛性概念在下述意义上，隐含着一致收敛。

设 $\{f(n,x):n=0,1,2\cdots\}$ 是 R 中的一个函数序列。$\{{}^*f(n,x):n\in{}^*N\}$ 是该函数序列在 $^*R$ 中的扩充（所以，$^*f(n,x)=F(n,x)$，对于 $n\in N,x\in R$）。如果 $\{{}^*f(n,x):n\in{}^*N\}$ 在 x_0 的领域中柯西一收敛于函数 $^*F(x)$（其中 $F(x)$ 是 R 中的一个函数），那么 x_0 就是 $\{f(n,x)\}$ 的一个一致收敛点。

证明　当 $\{{}^*f(n,x)\}$ 柯西一收敛于 $^*F(x)$ 时，根据柯西一收敛的定义（第 78 页带星号 * 的注释），在 $^*R$ 中存在一个 $r>0$，使得对于满足 $|x-x_0|<r$ 的每一个 x，R 中有一个函数 $M_x(n)$，这个函数对于所有的 $m\in N$ 和所有的 $n>m$（在 $^*R$ 中），有

$n>M_x(m)\rightarrow|{}^*f(m,x)-{}^*F(x)|<m^{-1}$　（接下页注）

法出自广泛流传的观点，根据这种观点，非形式证明是有缺陷的形式证明，由于不小心地忽略了“隐引理”。这种观点没有考虑到概念框架的任何真正演变，这种观点对数学编史工作产生的破坏，就像类似的观点（小孩是小型的成人）在教育理论中引起的破坏一样大。

我们现在也就能够理解，为什么阿贝尔没有发现一致收敛的隐引理，因为他从来没有从莱布尼茨—柯西的概念框架摆脱出来。如果我们检查他的受限制的定理，就会发现，他与柯西一样用无穷小量（即“小于任意给定的量的那些量”）进行演算*。他用“angebar”（可指明的）这个词[①]来表示“给定的”。这当然表明，魏尔斯特拉斯数的确在莱布尼茨连续统中是唯一“可指明的”量（或者像波尔查诺所说的是“可测的”量）。阿贝尔在这里用字母 ω 表示无穷小量。阿贝尔全集第二版（1881 年）的编者西罗对阿贝尔

（续前页注文）特别是，对于每一个无穷整数∞和 R 中的每一个正数 ε，有

$$|x-x_0|<r\rightarrow|{}^*f(\infty,x)-{}^*F(x)|<\varepsilon。$$

确定一个无穷大整数 ∞_0 后，对于所有的 $n\in{}^*N$ 和所有 $x\in{}^*R$，有

$$n>\infty_0 \text{ 并且 } |x-x_0|<r\rightarrow|{}^*f(n,x)-{}^*F(x)|<\varepsilon$$

因此，对于 R 中的每一个正数 ε，

$$(Em\in{}^*N)(Er\in{}^*R)(n\in{}^*N)(x\in{}^*R)(n>m\,\&\,r>0\,\&\,|x-x_0|<r\rightarrow|{}^*f(n,x)-{}^*F(x)|<\varepsilon)$$

在 ${}^*R$ 中成立。因为 ${}^*R$ 是 R 的一个基本扩充，所以，对于 R 中的每一个正整数 ε，

$$(Em\in N)(Er\in R)(n\in R)(x\in R)(n>m\,\&\,r>0\,\&\,|x-x_0|<r\rightarrow|f(n,x)-F(x)|<\varepsilon)$$

在 R 中成立。因此，x_0 是序列 $\{f(n,x):n\in N\}$ 的一个一致收敛点。——本章编辑的脚注

*　这在霍艾尔对“无穷小量”的说明中（第 78 页，带星号 * 的注释）是特别清楚的。它启发了第 78 页带星号 * 的注释中柯西—收敛定义：能够使 $S(n)-t$ 小于 m^{-1}，对于任意通过取 n 大于可指明的（即在 N 中）数值 $M(n)$ 而给定的数 m（即 $m\in N$）——因此，M 是 R 中的一个函数。——本章编辑的脚注

① 据说，这个德文词汇是克赖莱从法文译它时使用的。

的证明很不满意，因为他用 ω 表示一个魏尔斯特拉斯的 ε①。普林舍姆以特有的自信说，阿贝尔在一个特例中“为现在称为一致收敛这个性质的存在性提供了一个直截了当的证明”。② 哈代跟着说：“这个思想不明显地存在于备受赞美的阿贝尔定理的证明中”③布尔巴基提出一个类似的错误说明：

> 柯西一开始没有注意到简单收敛和一致收敛的区别……，这个错误几乎立即被阿贝尔发现了。阿贝尔证明，所有幂级数在其收敛的开区间中都是连续的……。对于这种特殊情况，他主要利用了一致收敛这个概念。剩下所要做的一切就是普遍应用这个概念；斯托克和赛德尔在 1847—1848 年以及本人柯西在 1853 年都独立地完成这项工作。④

52

真糟，每一句话都是历史的大错。阿贝尔无论如何也不可能“揭露”柯西的“错误”。他的证明并不“利用”与他的无穷小理论不相容的“一致收敛概念”。阿贝尔和赛德尔的结果作为完全不同的理论的“特殊”部分和“一般”部分（它们属于完全不同的层次）是没有联系的。附带说一句，甚至连布尔巴基也没有注意到，阿贝尔限制了合格函数的范围，而不限制它们的收敛方式（像赛德尔所做的那样！）。最后说，柯西 1853 年的论文包含着重新独立发现一致收

① 参考他在第二卷第 303 页的分析。

② 上述引文 p. 35。

③ Hardy〔1918〕, p. 148.

④ Bourbaki〔1949*b*〕，第 65 页，另参见 Bourbaki〔1960〕，第 228 页。

敛，这种说法可不是随便就能作出的评论*。

我们现在还发现，为什么赛德尔感到在他认为是柯西的证明中发现隐引理是如此容易，因为他仔细检查了自己对柯西定理和证明的魏尔斯特拉斯重构。在这个重构中的这一定理是错误的，而且这个有过失的引理实际上是能够容易被发现的。

53　最后，我们懂得了，为什么直到 1853 年柯西还不理解一致收敛，即使他知道赛德尔的结果(因为他很可能听说了)也罢，因为他不了解魏尔斯特拉斯的理论，就像未想到莱布尼茨—柯西的无穷小理论的赛德尔误解柯西的证明一样。

---

* Cauchy 证明他 1853 年的定理(参见本书边码 p. 47 注②)，是用下面的话表达的括号〔　〕、{　}是编者加的)："于是设

S 是级数的和，

S_n 是级数的前 n 项之和，

而 $r_n = S - S_n = u_n + u_{n+1} + \cdots$ 是从一般项 u_n 起无限延伸的级数的余部。

若令 n' 是一个大于 n 的整数，则余部 r_n 便只是差

$$S'_n - S_n = u_n + u_{n+1} + \cdots + u_{n'-1} \tag{3}$$

当 n' 增大时所趋向的极限。〔现在，我们想到，当给予 n 一个充分大的值时，对于包含在已给范围内的所有 x 的值，我们能使表达式(3)的模(不论 n' 取什么值)，从而也使 r_n 的模，小于一个我们所希望的小数 ε。〕因为还可假定，给予 x 一个足够接近于零的增量能使 S_n 的相应增量的模小于一个我们所希望的小数，{所以，为了证明函数

$S = S_n + r_n$

在已给范围内连续，显然，只要给予 n 一个无穷大的值，给予 x 的增量一个无穷小的值，就足够了。}可是，这个证明显然假定表达式(3)满足以上所述条件，就是说，这个表达式对于整数 n 的一个无穷大的值恒为无穷小。此外，若这个条件被满足，则级数(1)显然是收敛的。"

〔　〕中的句子表明，柯西认识到一致收敛足以保证 S 的连续性。但在{　}中的一段话却说明，柯西认为这个条件是他关于在某一邻域内收敛(取 n 为无限)这一思想的一个普通结果。(这一步类似于边码 p. 47 注释②中证明的第一步。)因此，一致收敛是隐含在柯西 1821 年的思想中的，而不是 1853 年增加的一个额外条件。——本章编辑的脚注

看来每件事都好像很慢才会清楚起来。两个抗争的微积分理论的激动人心的经历,无论如何还是被揭露出来了,虽然清晰度低得惊人。一个最有趣的历史事实是,该时代最好的逻辑思想家玻尔查诺作出真正努力来阐明这些问题。他可能是看到这些问题与两种连续统之间的差别有关的唯一的一个人,这两种连续统是:有丰富内容的莱布尼茨连续统和它的"可测"子集(正如他所称呼的那样)——魏尔斯特拉斯的实数集。玻尔查诺对这一点弄得很清楚,即"可测的数"仅仅构成连续统的一个阿基米德子集,这个连续统为不可测的——无限小的或无限大的——量所充实①。〔Bolzano 手稿的〕编者作了一种误入歧途的尝试,把玻尔查诺的理论设想成为康托尔实数理论的唯一先兆(参考他在 p. 98 上对这两个理论的说明);人们不知道他是不是删去了试图建立一个首尾一贯的莱布尼茨—柯西连续统理论那部分手稿的某些重要章节。无疑,既然罗宾孙重新阐明后者,历史学家就会以新的眼光来探讨玻尔查诺的手稿,澄清玻尔查诺的可测度量和不可测度量之间的关系,罗宾孙的标准数和非标准数之间的关系。

4. 莱布尼茨理论垮台的原因是什么?

但是,有一些问题还没有得到说明。首先,阿贝尔为什么"防止例外"呢?如果存在非形式的莱布尼茨连续统理论,难道它就没

---

① Bolzano 在 1830—1835 年研究这种分析("量的理论"),但从来没有完成。一部分手稿目前以一种使人误解的标题《实数理论》发表出来(K. Rychlik〔1962〕)。

有足够的力量提出可以说明反例的适当的隐引理吗？为什么阿贝尔不说，反例说明反常的函数序列在其不连续点的单子中无论如何也不可能收敛呢？这是因为会出现在非标准点上定义函数的问题吗？在各种情况下，可以用许多不同的方法做出这种扩充！但是即使如此，阿贝尔至少应该得出结论：在这些例外的情况下，绝无可能出现不断扩大定义在标准点上的函数，使得这些函数在非标准点上也收敛。这时，他可以满怀信心地重申柯西的定理，简单地强调这些函数序列必定处处收敛（即在整个莱布尼茨连续统上收敛）。为什么他不这样做呢？回答可能是，如果隐引理是不可检验的话，使它明确起来，肯定没有什么价值。不可检验的，在数学的意义上就是说，可能的反例（在某种意义上）应该是可构造的或可确定的，因而能开拓新的研究领域，就像在具有能够容易指明的非一致收敛序列的魏尔斯特拉斯理论中所发生的那种情况。莱布尼茨与罗宾孙的无穷小理论之间的决定性区别正是：罗宾孙设计了一个特定的非标准分析，它是实分析的一个基本扩充（在塔尔斯基意义上），在这两种分析学之间有一些重要联系，使非标准分析变成可检验的。但是，如果没有魏尔斯特拉斯和塔尔斯基，就不可能取得这种进步*。

---

* Chwistek 在〔1948〕著作中给出非标准分析的一种构造，它是从一篇发表于 1926 年的论文中推导出来的。它基本上等于降幂 R^N/F，其中 F 是自然数上的弗雷谢滤子（自然数的上有限集合的集体）（参见 Frayne、Morel 和 Scott〔1962—1963〕）。对于 R^N/F，不难证明边码第 47 页带星号 * 注释的定理。这种特殊的构造不是 R 的一个基本扩充，但有足够大的力量来传递这些性质，以便使某种非标准分析得以进行。可以看到，R^N/F 的元素都是实数序列的等价类，如果对于某个 n，$S_m=t_m$（对于所有的 $m\geqslant n$），那么序列 $S_1, S_2, \cdots$ 和 $t_1, t_2, \cdots$ 就被看作相等。这些类与柯西变量的关系是显然的。——本章编辑的脚注

莱布尼茨理论的垮台不是因为它事实上是不相容的[1],而是它的发展是有限的。它是魏尔斯特拉斯理论的发展(和说明力)的启发式潜在力量,这种潜力造成了无穷小量的垮台。在批判它的证明这种压力下出现的那些关键性隐引理,都不是独立可检验的。这件事使无穷小量的鼓吹者们丧失勇气,以致其中的一些人(就像柯西那样)认为,无穷小量在证明中(而不是在定理的表述中)是可接受的,而且最后使无穷小量从数学史上消失大约一百年[2]。

5. 柯西是罗宾孙的先驱者吗?

55

无可怀疑,罗宾孙对微积分的编史工作的贡献将会是划时代的。但必须告诫两点:

第一点是,我们已经看到把柯西说成是魏尔斯特拉斯的信徒的危险性。这一告诫是,应该把过去的理论看作是可尊重的,即使它们败给现代理论的竞争者,历史地位的标准不应当是与当今的

---

① 甚至魏尔斯特拉斯之后有能力的数学家(像杜波伊斯—雷蒙德和斯托尔兹)也认为,微积分的一个首尾一致的无穷小量理论是完全可能的。用F.克莱因的话说,就是"出现的问题自然是,……是否能够修改传统的微积分基础,以便用一种能满足现代关于严格性要求的方式包含无穷小量。换句话说,构造一个非阿基米德的分析学。我不是说,在这个方向上不可能取得进展,而是说,事实上那些忙于研究实无穷小量的人,没有一个人得到任何积极的成果"(Klein〔1908〕,p. 219)。我认为,罗宾孙凭借无穷小量理论的不相容性来说明无穷小量理论的缺点,是站不住脚的。(他在其〔1966〕著作的序言中说,"莱布尼茨及其信徒和继承者都不能够作出一种合理的发展",而逐渐引出一个相容的非阿基米德系统。"结果,无穷小量理论逐渐变成名声扫地,终于为古典的极限理论所代替。")

② 这节表明,关于非形式数学理论发展的理论是如何可以受到适当使用的波普尔思想的启发的。

理论的连续性。只把注意力放在这个无穷小量理论上，将是一种错误，因为罗宾孙只是为无穷小量理论提供一种重新构造（按照今天的标准，它是应受尊重的），而且它不是把柯西作为表达不清楚的魏尔斯特拉斯来看待，现在把他作为表达不清楚的罗宾孙来看待。这会改变证明主义编史工作的模式，并不会改变其基本原则——重新把历史构造成无意义的喋喋不休和朝着现代理论不断发展的一种混合物。这还会使历史学家看不见历史进步的、猜测—证明—反驳的以及竞争理论的互相斗争的真正辩证法的（即批判的）模式。罗宾孙本人似乎偶尔不幸地被诱导到错误的方向。他说，现代的非标准分析为柯西的一些概念提供了"精确的说明"。他在其著作的导言中声称，已经表明"莱布尼茨的一些思想完全可以证明是正确的"。这种过分强调莱布尼茨—柯西理论与他的理论之间的连续性，无论如何也使得他对柯西 1821 年的证明作出一个错误的重构，就此，我们来看看他著作中的一段叙述：

〔柯西的证明〕可以用非标准分析的术语来解释，其论证如下：设 x_1 是一个标准数（$a<x_1<b$）。为了证明 $S(x)$ 在 x_1 是处处连续的，我们设法证明，对于所有的无穷小量 α，$S(x_1+\alpha)-S(x_1)$ 是无穷小量。因为

(10.5.3)　$S(x_1+\alpha)-S(x_1)=(S_n(x_1+\alpha)-S_n(x_1))+(r_n(x_1+\alpha)-r_n(x_1))$ 仿照柯西的论证，我们也许倾向于断言：等式左边是无穷小量，因为，对于所有的 n，$S_n(x_1+\alpha)-S_n(x_1)$ 是无穷小量，而且 $r_n(x_1+\alpha)-r_n(x_1)$ 对于所有的无穷大 n，也是无穷小量。不过，这个断言是错误的，因为，虽然

$r_n(x_1)$对于所有无穷大n,是无穷小量,但$r_n(x_1+\alpha)$只有对充分高的无穷大n,才一定是无穷小量;而$S_n(x_1+\alpha)-S_n(x_1)$只有对所有有限的n,才是无穷小,因此,根据我们的一个基本引理,它对于充分小的无限大n,也是无限小的。为了证明(10.5.3)式左边是无穷小,我们必须保证,存在一个n,对于这个n来说,$r_n(x_1+\alpha)$和$S_n(x_1+\alpha)-S_n(x_1)$是无穷小。为此,自然提出两个可供选择的条件:(i)假设$u_0(x)+u_1(x)+\cdots$在$a<x<b$区间内是一致收敛的,于是$r_n(x_1+\alpha)$对于所有无穷大n,是无穷小;或者(ii)假设函数簇$\{S_n(x)\}$在该区间内是同等连续的,于是,$S_n(x_1+\alpha)-S_n(x_1)$对于所有无穷大n,是无穷小(Robinsow〔1966〕,p. 272)。

根据这个说明,柯西原来的定理只涉及标准点上的收敛性;因此,他的定理是假的,而且在他的证明中的确犯了一个错误[①]。但是,这个错误只是在罗宾孙重构框架内,这个框架假定了一个特定的非标准分析,而这是柯西做梦也绝不会想到的。例如,为什么柯西不能想到$S_n(x_1+\alpha)-S_n(x_1)$或$r_n(x_1+\alpha)$对于所有无穷大的下标是无穷小,就没有任何理由。罗宾孙对柯西"错误"的分析确实使人联想到H. 利布曼(在1900年)[②]对同一错误的分析,在那里,他在魏尔斯特拉斯框架内——仿照赛德尔——仔细重构了柯西的错误。 56

---

① 如果柯西只允许在证明中(而不是在定理中)使用无穷小量,那么情况确实是这样的。

② 在Ostwald's Klassiker版本p. 51上对Dirichlet〔1929〕和Seidel〔1947〕两篇文章的编者评注中。

但是,柯西与罗宾孙之间的连续性比柯西与魏尔斯特拉斯之间的连续性小多了。

到目前为止,我们假定,微积分的无穷小理论具有单独一个学派的性质,根据这个学派的观点,连续性是实数域的一个非阿基米德扩充(借助于无穷小量和无穷大数)。我们假定,这个连续统在量上是固定的这个意义上是静态的,而且变量只是描述现代意义的函数之一种(不太幸运的)用语方式。特别是,我们假定,柯西理论在这个意义上是静态的,而且我们是根据这种解释来分析他的工作的。

但是,对柯西的"变量"一词作更仔细的分析就立即打破了我们的设想。结果判明,不可能坚持"变量"只是有利于柯西的一种说话方式[①],罗宾孙[②]正确地指出,它表示一种有计划地努力来摆脱实无穷小和无穷大,实无穷小和无穷大在逻辑上的弱点是由贝克莱充分揭露的。但是,这就戏剧性地扩大了罗宾孙理论与柯西理论的鸿沟。要完全理解这一点,我们还必须分析柯西1853年的论文。根据历史教科书,柯西在这篇论文(在他的《分析教程》发表32年之后)中发现一致收敛概念。按照罗宾孙的观点,他在这篇论文中正确地断言,他的这个定理是完美无缺的,只要序列处处(即在非标准点上)收敛这个条件得到满足[③]。谁正确呢?这些经

---

① 根据F. Klein的意见,"ε变成无限地小"这个说法,"自从柯西以来只是对意指量无限地减少而趋近于零的一种方便说法"(上述引文中的第219页)。这当然是倒过来把魏尔斯特拉斯的思想设想成是柯西的另一个例子。

② Robinson〔1967〕,p. 35.

③ 参看Robinson〔1966〕,p. 273。

院历史学家几乎不可能是正确的，因为一致收敛是魏尔斯特拉斯理论的一个理论上的概念。没有魏尔斯特拉斯就没有一致收敛。然而，罗宾孙是对的吗？如果他是对的，柯西就必须在1853年就改变他关于从定理中取缔理论的（非标准的）术语的思想，因为处处是一个术语，根据他的哲学，这个术语只能应用于证明，而不能应用于定理。然而，罗宾孙是错误的。为了理解这一点，让我们引用柯西为他的定理辩护而提出的理由。他举出傅立叶的一个反例，并证明它并不处处收敛。他的例子是这个级数： 57

$$\sin x+\frac{1}{2}\sin 2x+\frac{1}{3}\sin 3x+\cdots$$

他证明，在零的邻域中（极限函数在其中不连续），"对于非常接近于零的那些 x，例如对于 $x=\frac{1}{n}$（其中 n 是一个很大的数），余项的值能够明显地异于零"，也就是，这个函数在非常接近于零的点上不连续。$\left(\right.$柯西指出，余项在 $x=\frac{1}{n}$ 处趋于

$$\left.\int_{1}^{\infty}\frac{1}{x}\sin x\mathrm{d}x\right)$$

这是一个奇妙的论证。它说明，我们对柯西连续统的罗宾孙式的解释不是完全正确的。柯西的连续统（也许与莱布尼茨的连续统不同）不是实在点的集合，而是动点的集合。他的"变量"不是魏尔斯特拉斯的"变量"，后者可能被消除而无任何损失，因为魏尔斯特拉斯的运动理论用实在量的无穷论代数来说明运动、变化、变量，这是它的最重要成就之一。柯西理论不是如此，柯西理论中

"变量"不单是一种说法方式，而且是该理论的一个不可缺少的部分。他证明

$$\sin x+\frac{1}{2}\sin 2x+\cdots$$

在其上不收敛的那个"点"，是一动点 $x=\frac{1}{n}$，(其中 $n\rightarrow\infty$)。该序列在这个动点上不收敛，实际上等于后来称为吉布斯现象及其对应条件(即 $\sum f_n(x)$ 在 I 中一致收敛，如果对 I 中的所有 $\{x_n\}$，相应的余项 $r_n(x_n)$ 趋于零)，可以证明等价于魏尔斯特拉斯的一致收敛。但是，另一方面，柯西定理中的"处处"并不是指"在所有点上，无论是标准点还是非标准点"(像罗宾孙所理解的那样)，而是指"在所有标准点和所有柯西式的动点上"。所以，柯西的连续统相当于"动态的"一种连续统。(研究布尔查诺的连续统是不是更类似于罗宾孙的连续统，以及研究阿贝尔和狄利克雷的概念有什么相像的地方，这可能是很有意思的事。)①

结论：罗宾孙的非标准分析有力地激励历史学家以清新的眼58光考察历史。希望微积分的连续历史现在会判明是集中到罗宾孙，而不是像迄今所接受的集中到魏尔斯特拉斯，这可能是个错误。总之，我们的历史学家倒应该放弃他那连续的、各种潮流统一的历史之理论。

---

① 因为这一切，人们不得不受普林舍姆解释的欺骗，根据这种解释，"柯西本人后来独立地纠正了自己的错误定理，这时，他清楚地刻画了一致收敛的性质"(上述引文中的 p. 35)。关于普林舍姆为什么如此确信柯西的发现是独立的，人们也是受骗的。事实上，这是非常靠不住的假设。

6. 形而上学的对技术的

正像我们已经说过的那样,证明主义的编史工作乐意把数学史描写成永恒真理的积累。这使人们或者认为数学的历史是从上次"严格性革命"开始的,或者窜改数学史,用现代的模式来重构数学史。试图最大限度地扩大连续性的一种流传甚广的方法,是要在数学理论中划分出硬性的形式核心和形式主义的形而上学解释,前者是无可争议的、毋庸置疑的、永恒的;后者是有争议的、软性的、正在变化的。这是对详细研究这种理论起源的那些思想史家的一种有魅力的挑战。这大概起源于17、18世纪,那时,杰出的数学家能掌握运用分析学中的公式,获得一些正确的结果(他们能够卓有成效地进行微分和积分运算),可是,一旦开始解释他们的公式时,他们就陷入重重的矛盾。所以,他们断言,成功而巧妙地使用公式就成了确实可靠的数学之本质,而解释、"基础"则属于不可检验的、容易出错的、有争议的、哲学的信念。因此,鲍曼在1869年通过这种划分而保全了莱布尼茨微积分的体面:"因此,我们抛弃莱布尼茨为微积分提供的逻辑证明和形而上学的辩护,但是,我们拒绝触犯微积分本身。"[①]这就是,柯西等人看法的源头,

---

① Baumann〔1869〕第2卷p.55。这种划界如何被广泛接受是有趣的事。例如,罗素也认为它是不成问题的。他说:"对无穷小微积分的解释是近两千年来数学家和哲学家争论的问题;莱布尼茨认为,它包含实在无穷小量,这种观点只是到了魏尔斯特拉斯才被明确地反驳。举一个更重要的例子:在初等算术方面,未曾有过任何质疑,然而,自然数的定义仍然是一个有争议的问题。"(Russell〔1948〕,p.362)所以,罗素认为,微积分像初等算术一样并不是毫无破绽的理论。

他们认为，无穷小理论在证明中可以作为一种工具来使用，但它的术语不能出现在定理中。人们不难说明，在日益增长的非形式数学中，几乎不可能通过考察数学中一个简单而富有特色的增长模式来实现这种分离。这种（三合一的）模式是由作为第一步的“朴素猜想”（可以称之为命题），作为第二步的“证明”和“反例”（可以称之为对立命题的两极）以及作为最后一步的“定理”（可以称之为这种三合一的综合）组成的。例如，把柯西的原命题作为朴素猜想；把（比如说）魏尔斯特拉斯的证明和傅立叶的反例作为对立命题。综合（改进的猜想）则是魏尔斯特拉斯—赛德尔定理，人们通过找出非形式证明中“有过错的引理”，并且把它并入这个命题中，就可以得到这个定理。现在，这种三合一表明，引理—并入的标准程序把证明的理论概念带入定理：通过引理—并入的改进意味着理论—饱和。还有，我们不难看到，在不同概念框架内证明原命题产生不同的定理[①]。因此，我们在非形式数学中不可能把“形而上学”与“技术性”分开。（在“形式”数学中我们也不可能把这两者分开，但是，这不是我们现在关心的事。）

所有这些考虑都不构成对罗宾孙研究方法的任何批判——它们只是暗示强调的重点有微小的变化。

① 这种三合一在我〔1963—1964〕著作中得到详细讨论，特别是在其中的 pp. 130—139、318—323 中。在 pp. 236—245 着重讨论了不同的证明如何得到不同的定理。*见 Lakatos〔1976c〕，pp. 144—145、149、65—66。——编者

7. 数学理论的评价

重新评价微积分的无穷小理论提出了这样一个问题:如何评价非形式理论以及如何评价像莱布尼茨的微积分、弗雷格的逻辑、狄拉克的δ-函数这样一些不相容的理论。难道不完善的理论不值得一顾吗?所有不相容理论虽然对合理论证完全无效,难道就必须无情地连根铲除吗?难道只有在作者身后的重构挽救了它们,并且证明它们如果不是可尊敬的,至少根据今天的标准看来是相容的、严密的那些可尊敬的理论之可谅解的祖先的时候,它们才可能加以评价吗?对于评价非形式的和不相容的*数学理论,的确是有合理的标准;但是,对于这些标准,我们需要某种哲学,这种哲学的灵感来自对非形式数学发展的研究,而不是来自对基础和形式系统的研究(这种研究是当前数学哲学的趋势)。还有,根据逻辑实证主义的观点,非形式数学,既不是分析的也不是经验的,它必定是无意义的乱语;所以,逻辑实证主义不可能成为一种为这种历史学家提供指导的哲学。

数学史家和数学哲学家的确要注意非标准分析,这不仅是因为它是对重新评价微积分史的有力挑战和有力促进从哲学上研究数学的发展,而且是因为非标准分析以及非标准算术代表着元数学的目的和作用的根本转变。

---

* 关于这一点,Lakatos的手稿有以下亲笔写下的评语:"如果不相容的系统都不适合于合理讨论,那么自然语言的情况又怎么样呢?"——本章编辑的脚注

60 直到最近,大多数人一直认为元数学是与数学基础研究同义的。不带哲学倾向性的一般从事数学工作的人,过去对元数学是不感兴趣的。它原来的目标是有限的:〔只是〕证明古典数学的相容性。它原来的方法只限于严格而简单的工具。现在,元数学已经变得很有生气,并且发展成具有无限目标和工具的数学学科*。它在古典数学各学科的发展中正在产生一种比以往任何时候都更重要的,也许是决定性的影响。非标准分析意味着,要为整个数学建立最终的、可靠的基础的元数学没有达到它原来预期的目的,而现在则可以凭借它对难免有错的数学发展所作的那些迷人的非预期的贡献,来弥补它那令人迷惑的失败。通过各种有限的方法企图获得确实可靠的基础,现在已经让道于未有效利用的、难免出错的却有丰富内容的知识增长。

基础研究因为没有达到目的(即最终的严格性)而终止,但却促进了和启发了进一步的知识增长,这已经不是第一次了。这种"理性的诡诈"把严格性的每一增长都转化成内容上的增长。这种情况也发生在魏尔斯特拉斯的实数理论中:直到它经过尖锐的斗争而变成一种具有巨大启发力的理论,一种对于有创造力的数学家必不可少的理论,以前绝大多数从事数学工作的人,首先是把它当作无趣味的卖弄学问。①

---

* G. Sacks 在〔1972〕著作中已经表达了现代对元数学意义的看法:"数理逻辑学科分成四部分:递归函数(这个学科的核心部分)、证明论(包括这个学科中的最佳定理)、集合和类(它们的浪漫主义要求远远超过它们的数学本质)、模型论(其价值在于它适用于代数),并扎根于代数。"一个更早更透彻的评价元数学方法在数学中的重要意义,包含在 G. Kreisel 的一篇评论文中(〔1956—1957〕)。——本章编辑的脚注

① 参见前面第一章。

应该提到，根据这种观点，可以看作是非标准分析的一个“缺点”的就是，依据卢森堡定理，凡是能用非标准分析证明的，也都能够用古典分析来证明。于是，这两种理论的天地是完全相同的：非标准分析开辟了一条新〔知识〕增长的渠道，但只是在古老的知识领域内。伯恩斯坦—罗宾孙定理有一天也能用古典方法来证明。在这个方向上，非标准算术似乎更有希望：(它的直接目标是〔指望获取〕超出古典算术范围的结果)①。虽然非标准算术这种胜过非标准分析的优点，可能导致某种引人注目的增长(超出它现在的范围)，另一方面，古典算术仍然可能提出引向超出现在戴德金—皮亚诺框架的非形式证明。至于这些理论的相对力量在它们的发展过程中会有怎样变化，那是无法预言的。

① 拉卡托斯后来用铅笔在括号内的这段话下面画了横线，并在手稿边缘着重写下一个“不”(“No”)字。——本章编辑的脚注

第四章 数学证明究竟证明什么?*

从表面上看,对数学证明不应该有不同的意见。每个人都以羡慕的眼光注视着全体数学家的所谓一致意见。但事实上,在数学中存在着大量的争论。纯粹数学家否认应用数学家的证明;而逻辑学家同样也不承认纯粹数学家的证明。逻辑主义者瞧不起形式主义者的证明,有些直觉主义者又以蔑视的态度拒绝逻辑主义者和形式主义者的证明。

我首先对数学证明作一粗略的分类;我把名副其实的数学工作者或逻辑学工作者所接受的所有证明分为三类:

(1) 前形式证明;

(2) 形式证明;

(3) 后形式证明。

其中(1)、(3)属于非形式证明的类型。

不瞒你说,我看有的狂热的波普尔主义者可能因为我的分类

---

* 这篇论文看起来是在1959—1961年期间为剑桥的T.J.斯迈利博士的讨论班而作的。拉卡托斯自己的副本包含几处修改的笔迹;有的是他自己修改的,有的是斯迈利博士修改的。我们把这些订正一起编入正文。没有迹象表明拉卡托斯在1961年以后再谈到这篇论文。其后,他在本文所提到的一些论点上改变了主意,而且他自己并没有打算发表这篇论文。——编者

已经在反驳我要说的话了。他会说，这些使用不当的名词清楚地证明了，我确实认为数学具有某种必然的（或者至少是标准的）历史发展模式——前形式证明、形式证明、后形式证明三个阶段，而且还会说，我已经在表明态度——要把引起灾难的历史主义注入见解正确的数学哲学中。

事实将证明，这正是我在这篇文章中想做的。我深信，甚至贫乏的历史主义也比完全没有它要好一些——当然，始终要在这样的条件下，就是在处理任何爆炸性问题时都必须小心谨慎地对待历史主义。

作为“形式理论”这个非历史的概念的结果，关于根据什么从大量的随意提出的相容的形式系统（其中大部分是无意义的游戏）选出一个值得尊重的形式系统的问题，已经有了许多论述。形式主义者必须从这些困难中解脱出来。当然他们可以抛弃他们的基本观点来达到这个目的，但是，他们往往宁愿要种种复杂的特定修正。他们寻找识别哪些是“有趣味的”或“可接受的”等形式系统的标准，从而流露出他们在接受纯粹形式主义看法方面深感内疚，而根据这种形式主义看法，数学是所有相容的形式系统的集合。克尼阿勒说，数学系统应该是“有趣味的”。他的定义如下：“可能的〔possible 一词的意思与现代严格性的某种常见概念是一致的，即相容的〕系统在数学上是有趣味的，如果它有丰富的定理，而与数学的其他部分，特别是与自然数算术，有着许多联系。”[①]柯里是一个极端的形式主义的代表人物，他曾引进“可接受性”概念。他说：

62

① Kneale〔1955〕，p. 106.

“可接受性的最初标准是经验的;因而最重要的考虑是恰当性和简单性。”[①]恐怕有一点我不太同意他们的看法:他们从先前给定的形式系统集合中选出那些有趣味的或可接受的系统,而我倒想把这个顺序倒过来:只有当形式系统是已建立的非形式数学理论的形式化时,我们才能说到形式系统。更深一层的标准是不必要的。事实上,不存在任何值得尊重的形式系统,〔如果〕它没有这样那样的一个值得尊重的非形式的原型的话。

现在,我回到原来的主题:证明。研究现代数学哲学的大部分学者都会本能地根据他们褊狭的形式主义数学观来给证明下定义。这就是,他们会说:证明是某个已知系统的有限公式序列,该序列的每一个公式或者是该系统的一个公理,或者是根据该系统的某一规则,从前面的某些公式推导出来的一个公式。“纯粹的”形式主义承认任何形式系统,所以,我们始终必须规定我们是在哪个系统 S 中进行运算的;这样,我们只能说 S-证明。逻辑主义基本上只承认一个非常著名的系统,所以实质上只承认一个证明概念。

这样一种形式证明的最显著特征之一是,我们可以机械地判定任何给定的所谓证明是否真的是一个证明。

但是,非形式证明怎么样呢?最近有些逻辑学家已经作了努力,试图分析非形式理论中证明的一些特点。例如,一本著名的现代逻辑教科书说,“非形式证明”是禁止提出逻辑推理规则和逻辑公理的形式证明,它只表明这些特殊要求的每一种用法。[②]

① Curry〔1958〕,p. 62.

② Suppes〔1957〕,p. 128.

现在,这种所谓"非形式证明"不过是公理化数学理论中的一个证明,这种数学理论已经呈现出假说—演绎系统的形式,但却留下未特别指出的它的基础逻辑。在数理逻辑发展的现阶段上,一个有能力的逻辑学家很快就会抓住,一个理论的必要基础逻辑是什么,而且不用太伤脑筋就能把任何这样的证明形式化。 63

但是,把这种证明叫做非形式证明是用词不当,而且是使人误解的。它也许可以叫做拟形式证明,或"有缺陷的形式证明"。但是,提出非形式证明正是一种不完全的形式证明,在我看来,似乎与早期教育学家犯了同样的错误,他们假定小孩只是小型的成年人,而忽视了直接研究小孩行为有利于在与成人行为的简单类比的基础上建立起理论。

现在,我想展示一些真正的非形式证明,或者更确切地说,前形式证明。

我的第一个例子是,欧拉关于简单多面体的著名定理的证明。[①] 这个定理是:设 V 表示简单多面体的顶点数,E 表示棱数,F 表示面数;那么总有

$$V-E+F=2$$

所谓多面体是指一种立方体,它的表面是由许多多边形的面组成的,而简单的多面体是无"洞"的多面体,所以它的表面可以连续地变形为一个球面。这个定理的证明如下:

我们想象一个"空心的"简单多面体,它的表面是由很薄的橡皮做成的(见图Ⅰ(a))。然后,如果切掉这个空心多面体的一个

① 关于这个定理的完整讨论,参见 Lakatos〔1976*c*〕。

面，我们就可以使剩下的表面变形，直到它在平面上展平为止(见图Ⅰ(b))。当然，这个多面体的面积和棱角在这个过程中会发生变化。但是，在这个平面上顶点和棱组成的网络包含与原先的多面体一样多的顶点数和棱数，而多边形的数目则比在原来的多面体中少一个，因为已经去掉一个面。我们现在要证明，对于这个平面网络，$V-E+F=1$，于是，如果把去掉的这个面计算在内，对于原来的多面体，结果则是 $V-E+F=2$。

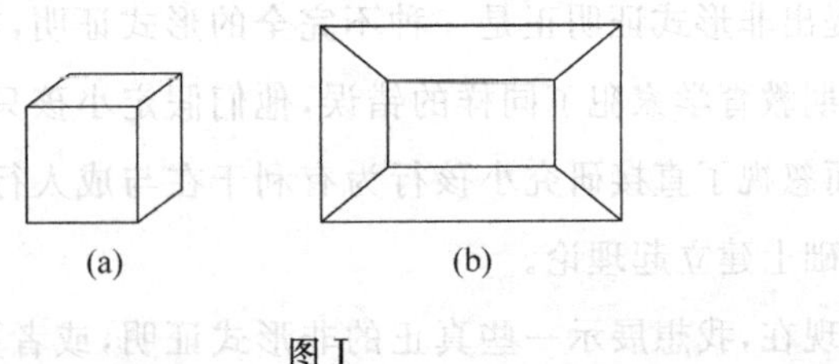
(a)　　(b)

图Ⅰ

64　我们用下面的方法把这个平面网络"分成三角形"：在这个网络的某个已经不是三角形的多边形中，我们画一条对角线。这样做的结果是 E 和 F 都增加 1，从而保持 $V-E+F$ 的值。我们不断地画连接点对的对角线，直到这个图形最后必定是完全由三角形组成为止(见图Ⅱ(a))。在这个分成三角形的网络中，$V-E+F$ 的值等于它在分成三角形之前的值，因为画对角线并没有改变 $V-E+F$ 的值。〔在这些三角形中，〕有的三角形的边在这个平面网络的边界上。有的三角形(例如 ABC)只有一条边在边界上，而其他三角形则可能有两条边在边界上。我们任取一个边界三角形，并且去掉其中不属于其他某个三角形的那一部分。例如，我们去掉三角形 ABC 的 AC 边和面，留下顶点 A、B、C 和两条边 AB

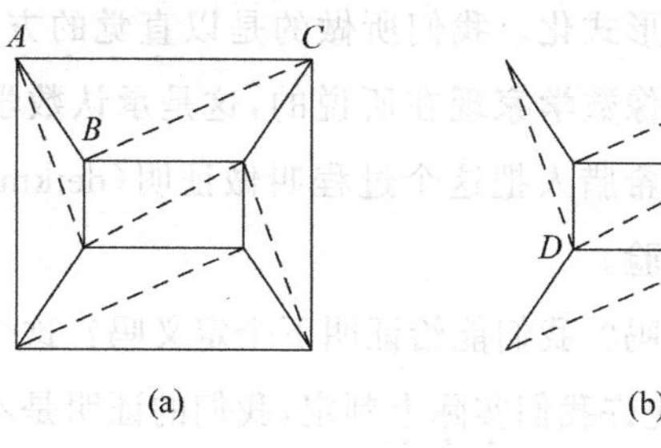

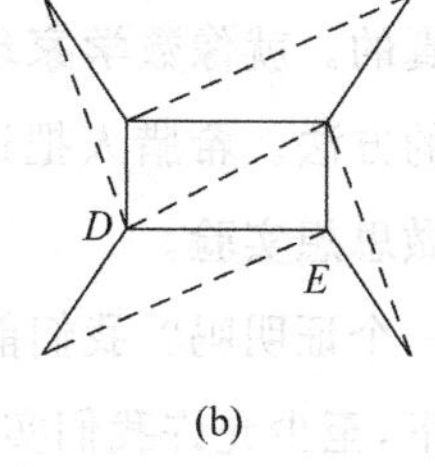

图Ⅱ

和 BC(见图Ⅱ(a))；而从 DEF 去掉面和两条边 DF 和 FE 以及顶点 F(见图Ⅱ(b))。切除 ABC 型三角形使 E 和 F 的数目减少 1，而 V 的数目未受影响，所以，$V-E+F$ 仍然相同。切除 DEF 型三角形使 V 的数目减少 1，E 减少 2，F 减少 1，所以 $V-E+F$ 的值还是保持不变。根据这些操作的某个适当的选择序列，我们可以去掉其边在边界上的三角形(边界随着每次切除而变化)，直到最后只剩下一个具有三条边、三个顶点、一个面的三角形为止。对于这种简单的网络，$V-E+F=3-3+1=1$。但是，我们已经看到，$V-E+F$ 的值不会因为不断切除三角形而改变。因此，在最初的平面网络中，$V-E+F$ 边必须等于 1，因而对于失去一个面的多面体来说，$V-E+F$ 也必须等于 1。我们得出结论：对于完全的多面体，$V-E+F=2$。

我认为，数学家会承认这是一个证明，而且有的人还会说，它是一个漂亮的证明。这当然是非常令人信服的。但是，在无论怎样的任意解释的逻辑意义上，我们什么也没有证明。这里既没有公设，也没有意义明确的基础逻辑，看来好像这里没有任何可行的方法能把这种推理形式化。我们所做的是以直觉的方式表明，这65个定理是真的。就像数学家现在所说的，这是承认数学事实的一种很普通的方法。希腊人把这个过程叫做证明(deikmyne)，而我们把它叫做思想实验。

这是一个证明吗？我们能给证明下个定义吗？这个定义在大多数情况下，至少允许我们实际上判定，我们的证明是不是真正的证明。恐怕答案是"否定的"。在一个真正的低层次的前形式理论中，证明是无法定义的；定理也是无法定义的。不存在任何证实的方法。像尼迪奇这样一个严格的逻辑学家肯定会说：证实方法"只不过是有说服力的论证，修辞学上的魅力，对直觉见识的信赖或更坏的事情"。[①]

但是，如果没有证实方法，必定有一种证伪的方法。我们可以指出几种迄今没有想到的可能性。例如，假定我们忘记了规定这个多面体是简单的多面体。我们还可能没有想到这个多面体可能会有一个洞(在这种情况下，这个定理常遇到许多反例)*。实际上，柯西就是犯了这种"错误"。[②] 在"用不正确的一般原则陈述"数学定理时，这是经常出现的现象。

为了更好更简单地说明问题，我引用另一个著名的证伪的思想实验。问题是，在任何三角形的面和边上找出两个尽量远离的点 P、Q。答案是容易猜中的：P 和 Q 是在最大边的端点。运用我们刚才使用的思想实验就能轻而易举地予以证明：没有公理，没有

① Nidditch〔1957〕, p. 5.

* 这个"框图"就是这样一个反例(Lakatos〔1976*c*〕，第19页)。——编者

② Cauchy〔1813〕.

规则，但有说服力。请看：

如果两点中有一点，比如说 P，在这个三角形的里边，那么 PQ 显然就不具有最大长度。对于在 PQ 的延长线上，显然存在一点 P'，它与 Q 的距离比 P 与 Q 的距离更远，而且它仍在三角形的里边。如果 P 和 Q 都在三角形的边上，但其中有一点，比如说 P，不是顶点，那么我们显然可以在该边上找到一个靠近的点 P'，它与 Q 的距离比 PQ 的距离更远。因此，只有当 P 和 Q 都是顶点时，PQ 才可能成为极大值；否则，它一定不是极大值。所以，PQ 是三角形的一条边，而且显然必定是最大的边。

显然，对于多边形可以做出同样的思想实验来“证明”下面的定理：为了使多边形面上的两点成为最远的，它们必须是相距最远的两个顶点。

我想，这应该是完全令人信服的。尽管有一种想不到的可能性，它可能使我们扫兴。请把同样的思想实验过程应用于下面这个图形：

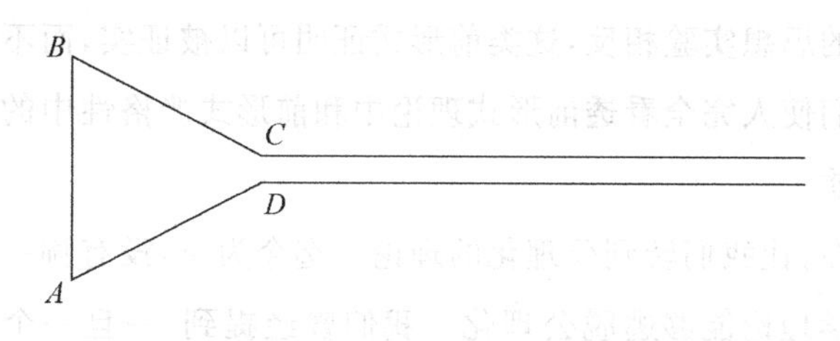

图Ⅲ

66

假设，P 和 Q 落在这个图形里面或边上的任何地方，甚至包括这种可能性，它们可能是在四个顶点 A、B、C、D 的任何一点上。〔除非 PQ 正好是 AB 边，在这个图形内可以找到一个靠近的点 P'，使得

$P'Q$ 的距离大于 PQ 的距离。〕正如前面的情况，对于每一对点 P、Q，我们在任何情况下（除非这一对点正好是 A、B）都可以找到相距更远的一对邻近的点。只有 A、B 这一对点可能提供最大值。如果我们现在严格地遵守前面的论证，我们必定得出这样的结论：AB 是最大值。

以前证伪我们的论证曾采用与欧拉关于任意多面体的定理相同的办法。我们认为，我们证明的比实际上所做的更多。在第二个例子中，我们只是证明了，既然最大值存在，它必须是如此这般。在欧拉定理的例子中，我们只是证明了，在我们的橡皮薄膜确实能延展成没有任何空洞的平面这种情况下，这个定理才是真的。

我要强调〔指出〕，纠正这些错误可以在前形式理论的层次上，通过一种新的前形式理论来完成。

我们刚才提出的思想实验只构成前形式证明的一种类型。还有其他种种根本不同的类型。例如，有些类型的前形式证明具有相当振奋人心的性质，以致在某种意义上我们可以说，与我们刚才考察过的思想实验相反，这类前形式证明可以被证实，而不能被证伪。它们使人完全看透前形式理论中和前形式严格性中的一些规则的性质*。

现在，让我们转到公理化的理论。迄今为止，没有哪一个非形式的数学理论能够逃脱公理化。我们曾经提到，一旦一个理论完成了公理化，任何有能力的逻辑学家就能够把它形式化。但是，这就意味着，在公理化的理论中，证明能遵循判决性的证实程序，而

* 我们无法弄清楚，在这里，拉卡托斯心里想什么。——编者

且这一点可以用一种连傻瓜也明白的机械的方法来实现。这是否意味着，例如，如果我们在斯廷罗德和艾勒贝格的完全形式化的公理系统中证明欧拉定理[①]，就不可能出现任何反例？不错！肯定我们不会在该系统（假定这个系统是相容的）中遇到任何可以形式化的反例；但是，我们根本无法保证，我们的形式系统包含全部的经验的或拟经验的材料，而这些材料是我们真正感兴趣的，并且在这个非形式理论中已经处理过的。至于形式化的正确性，并不存在有任何形式标准。 67

"被证伪了的"形式化的一些著名例子有：(1)黎曼流形理论的形式化，那是，没有考虑到麦比乌斯带。(2)概率论的柯尔莫哥洛夫公理化，在公理化的概率论中，你不可能把"每一个数都以相同的概率出现在自然数集合中"这类直观陈述形式化。[②] 我应该提到的最后一个最有趣的例子是。(3)哥德尔主张：形式化集合论的策梅罗—弗兰克尔系统和类似的系统都不是前形式集合论的恰当形式化，因为不可能在其中否证康托尔的连续统假说[③]。

我要用一个普通的例子来说明，形式化可能给非形式思想实验增加的证明力和说服力是多么地小。你还记得欧拉定理的证明吗？形式主义者一定会拒绝它。但是，他要拒绝下面这个"证明"却是不容易的。这个证明是：建立一个形式系统，它有一个公理A，没有规则〔除了所有公理都是定理以外！〕。A的解释是欧拉定理。我认为，这个系统遵守形式主义的最严格要求。

---

① Eilerberge 和 Steenrod〔1952〕。

② 参见 Renyi〔1955〕。——编者

③ 关于这一点的更详细论述和提到的哥德尔的主张，见本书第二章。——编者

这一切是否意味着，形式理论中的证明对于所包含的定理之可靠性不会增加任何东西呢？完全不是。在非形式证明中，结果可能是，我们不能使某个产生该定理的反例之假设变得更明显。但另一方面，如果我们设法把我们在一个形式系统内定理的证明〔予以〕形式化，那么我们知道，只要该系统是相容的，这个定理就绝不会有一个反例，而这个反例本身又可以在该系统内被形式化。例如，如果我们有费尔马大定理的一个形式证明，而且假定形式化的数论又是相容的，那么对该系统中可形式化的定理来说，就不可能存在一个反例。

现在我们看到，如果形式化（我们从现在起将把形式化这个词作为本质上具有与公理化同一意义来使用）与某些非形式的要求相一致。例如，足够直观的反例在系统中得到形式化，等等，我们就得到非常有价值的证明。可是，如果我们过早地企图把一个前形式理论予以形式化，那就可能出现不幸的结果。我很想知道，如果只是为了要给概率论提供“基础”，在勒贝格测度发现之前概率论就已经被公理化了，我真不知那会出现什么样的后果。或者举另外一个例子，很明显，在有限的幻想主义时代要把元数学加以形式化那是浪费时间和精力的，因为后来的发展证明，这些唯一有效的方法不仅必须超出有限工具的范围，而且甚至超出所讨论的对象理论的范围。在未完成公理化的代数中——也就是说，其公理化还没有达到考虑复数的程度——，例如，我们绝不可能证明，n阶方程不可能有多于n个实根。有时，理论T的一个合式公式在该理论中也许是不可判定的，但是，如果在不同的理论（甚至可能不是原来理论的一个扩充）中作适当的解释，它很可能就被判定。

很难判定在哪一种理论中一个数学命题是真正可证的：例如，在实函数论中可形式化的某些定理，只有在复变函数论中才是可证的；在测度论中可形式化的定理，只有在广义函数论中才是可证的；等等。甚至在一个理论已经富有成效地被公理化以后，也可能出现种种问题，引起公理化过程的变化。这种情况现在正在概率论中出现。在一个理论的发展过程中，公理化是一个重大的转折点，而且它的重要性超过它对证明的影响；但它本身对证明的影响是巨大的。虽然在一个非形式理论中，对于以新的所谓"明显的"洞察形式来引进越来越多的术语、越来越多的迄今还隐藏的公理和规则，确实有着无限的可能性，但是，在一个形式化的理论中，想象力受到贫乏的递归公理集和数量有些不足的规则的束缚。

最后，我转到我们分类的第三部分：后形式证明。在这里，我只是讲几点纲领性的意见。

后形式证明的两种类型是众所周知的。第一种类型是由射影几何的对偶原理来代表的。对偶原理是说：论及射影平面上点和线之关联的任何一个措辞恰当而有效的语句，一旦交换"点"和"线"这些词，就会产生第二个有效的语句。例如，如果"同一平面上的任何两条不同的直线确定唯一的一点"这个语句是正确的，那么"同一平面上的任何两个不同的点确定唯一的一条直线"这个语句也同样是正确的。但是，在证明第二个语句时，我们使用了该系统的一个定理和另外一个定理，即我们无法具体规定的元定理，更不用说在没有详细说明该系统中可证性概念的情况下证明该系统的定理，等等。我们在非形式数学理论的证明中像引理一样来使用这个元定理，不仅涉及线或点，而且涉及线、点、可证性、定理之类，等等。虽然射影几何是一个完全公理化了的系统，但是，既然有关的元理论是非形式的，我们就不能具体说明这些用来证明对偶原理的公理和规则。

我应该提到的第二类后形式证明是那类不可判定性证明。正69 像数理逻辑的学者所说的，前几年已经证明，形式证明所证明的东西确实比我们希望它证明的东西多得多。这就是，当然是极粗略地讲，最重要的数学理论中的公理，含蓄地定义的不仅是一个结构，而且是一簇结构。例如，皮亚诺公理不仅为我们熟知的自然数所满足，而且为一些十分稀奇古怪的结构所满足。例如，斯科莱姆函数完全不与自然数集合同构，却满足皮亚诺公理。由此表明，当我们为证明一个算术定理而打硬战时，我们同时证明在另一个完全没有想到的结构中的某一定理。现在，总有一些语句，它们在一个结构中是真的，而在另一个结构中是假的。这样的语言在普通的形式结构中是不可判定的。难道在这样的情况下，我们就无依无靠了吗？为了更好地理解这一点，我们举一个具体的例子，虽然是假设性的。假定我们能够证明费尔马定理是不可判定的，那么关于费尔马定理的真理性，我们就永远得不到帮助来说它点什么吗？完全不是的。我们还可以求助于非形式推理，并且在预期的模型中努力只按照非形式操作。一个具体的例子就是哥德尔的证明〔他的不可判定语句都是真的，也就是在标准模型上是真的〕。但是，这样一些后形式证明肯定是非形式的，所以，它们容易受到后来发现的意想不到的可能性的证伪。

在数学知识发展的现阶段上，不可判定语句只出现在一些相当矫揉造作的例子中，而且对大部分数学没有任何影响。而这种情况的结果可能与超越数的情况相似。超越数开始出现的时候颇像是例外，而后来才发展成为更加普遍的情况。所以，随着不可判定性侵占越来越多的数学领地，后形式证明的重要性也可能增加。

现在作一简要总结。我们看到，数学证明本质上具有三种不同类型：前形式的、形式的、后形式的。粗略地说，第一种和第三种所证明的，有时同清晰的和经验的材料有关，有时同模糊的和“拟经验”的材料有关，这些材料虽然有点不可捉摸，但却是实际的数学主题。这种证明总是因为迄今种种意料不到的可能性，而易于陷入某种不确定性。第二种数学证明是绝对可靠的；遗憾的是，它关于什么是可靠的，并不是完全肯定的——尽管接近肯定。

70

第五章　分析—综合的方法*

1. 分析—综合：欧几里得启发式方法的一个模式及其批判

(a) 论及分析与综合的开场白

甲：老师，我想回到您对笛卡儿—欧拉猜想的证明。在我看来好像您刚才漏掉一些步骤。

---

* 这一章的标题是我们加的，它是由两篇写于不同时间的论文组成的。第一节是拉卡托斯剑桥哲学博士论文（写于 1956—1961 年）的最后一章。第二节是根据 1973 年他在芬兰 Jyväskylä 会议上为答复欣提卡教授的一篇论文（见 Hintikka 和 Reme〔1974〕）而作的发言。拉卡托斯在 Jyväskylä 发言的打印稿的一些部分是以评注形式出现的。在这些地方，我们作了多方面的增补（它们出现在〔 〕内。第一、二部分有些重复）。

拉卡托斯在他哲学博士论文的致谢中说："这篇论文的三个主要——显然完全不协调——'思想'来源是：波利亚的数学启发式方法、黑格尔的辩证法和波普尔的批判哲学。"此外，他还对提过有益的意见和批评的那些人表示感谢。这些人是 J. Agassi，W. W. Bartlex，R. B. Braithwaite，Lucien Foldes，R. Gandy，J. Giedymin，I. Jarvie，W. C. Kneale，Margaret Masterman，G. Morton，G. Polya，K. R. Popper，H. Post，J. Ravetz，J. E. Reeve，T. J. Smiley，R. C. H. Tanner 和 J. W. N. Watkins。

第一节第一部分像拉卡托斯哲学博士论文的前几章一样，是以对话的形式出现的。该论文的前几章构成《证明与反驳》一书的基础，在那本书中讨论了柯西关于笛卡儿—欧拉猜想的证明。而在本文中，这个证明遵循一条新的研究路线。（这个证明的简要说明，见第 2 节边码 p. 94 以下各页。）——编者教师:真的吗?

甲:您曾说,您证明笛卡儿—欧拉猜想是根据"所有多面体都是简单的多面体"和"所有多面体只有一些单连通的面"这些低层次的猜想。虽然您没有用到这些字眼,但是,您实际上批评了那些为可以证明这个猜想的人,而且说明,这个猜想不可能被证明,而只能从某些低层次的猜想演绎出来。这个定理(您改进的猜想)只不过是一种佯装的推理:"原猜想是根据一些引理得出来的。"我承认您的补充说明,即如果我们扩展它的某些概念,就可以认为这个推理是无效的,但是,这是一个次要问题。您一定坚持说,您的"证明"是原来猜想根据某些引理的一种演绎——并不是所有的引理都可以得到具体规定的。

乙:你说的到底是什么意思?说说要点吧——如果你真正有一个论点的话。

甲:你的主张是错误的。实际上你是根据这个主要猜想和这些引理演绎出一个三角形的 $V-E+F=1$ 的。可是,无论如何,这是我们早就知道的! 71

乙:什么?

甲:首先假定(P):"对于所有的多面体,$V-E+F=2$。"这正是我们所要证明的断言。我们根据这个假设推断(P_1):"对于所有平展的多边形网络,$V-E+F=1$。"我们注意到,在这个推理中我们还用引理 Q_1:"所有多面体都是简单的多面体,"作为一个前提。然后,我们根据 Q_1 推断(P_2):"对于所有的三角形网络,$V-E+F=1$。"在这个推理中我们还用到引理 Q_2:"所有的面都是单连通的。"由此,我们最后推断出(P_3):"对于一个三角形,$V-E+F=1$。"于是，这种平凡的发现被欣然接受了。我很想知道为什么。是因为我们得到某种无可置疑地真的东西吗？但是，我们根据一些错误的前提能够正确地演绎出一些真的结论，我们同样不可能推断出有关这些前提真实性的任何东西。无论如何，我们知道，在我们的例子中，所有的前提都是假的。

乙：老实说，你的论证给我留下深刻的印象。

丙：〔但是，在这里确实没有真正的困难。〕这个推理链条——我称之为“分析”——通常可以倒转过来，而且我们可以用这种办法从无可置疑地真的前提 P_3 以及假的引理 Q_1 和 Q_2，正确地演绎出 P。也就是，我们可以证明 $(Q_1 \& Q_2) \rightarrow P$[①]。这种倒转我们叫做“综合”。下面的图解也许对你有帮助：

$$\text{分析：} \quad P \rightarrow P_1 \rightarrow P_2 \rightarrow P_3 \quad (Q_1 \uparrow P_1,\ Q_2 \uparrow P_2)$$

$$\text{综合：} \quad P_3 \rightarrow P_2 \rightarrow P_1 \rightarrow P \quad (Q_3' \uparrow P_2,\ Q_2' \uparrow P_1)$$

乙：这个倒转并不是如此无足轻重的。这种倒推不同于我们原先的推理。例如，我们根据 P 和 Q_1 推断 P_1。但是，我们根据 P

① 在我们看来，拉卡托斯在这里似乎错误地描绘了他自己的“证明与反驳”的方法。假定所证明的并不是真值函项的复合‘$(Q_1 \& Q_2) \rightarrow P$’（其真值无论如何是由 $(Q \& Q_2)$ 的假值自动确定的），相反倒宁可说是真值函项的简单语句“$\forall x$（如果 x 是一个简单的多面体，并且 x 的面都是单连通的，那么对于 x，$V-E+F=2$ 成立）”。把这两个假定 Q_1 和 Q_2 翻译成这样的谓词，它们辨别出改进了的证明所适用的多面体。（这实质上就是拉卡托斯在第二节所说的，见边码 p. 95。）——编者

和 Q_1 能够推断出 P_1 这个事实就保证，我们能够根据 P_1 和 Q_1 推断出 P 吗？根本不能。如果 P 假，而 P_1 真并且 Q_1 真，我们无论如何也不可能由 P_1 和 Q_1 推断 P，即使我们能够由 P 假和 Q_1 真，正当地推断 P_1 真。所以，这种倒转不是无足轻重的。①

丁：所以在证明这个定理时，我们必须试着把这个"证明"颠倒过来，而我们非常可能失败。 72

甲：确实我们可能失败。

教师：当你们的科学老师由他的科学理论演绎出无可争议的事实，来向你"证明"他的科学理论时，这遵循这种相同的模式。我感到奇怪，你们为什么也不向他提出异议呢？

甲：我们会的。②

(b) 分析—综合与启发式方法

欧几里得的启发式方法把寻求真值与证明真值的过程分开来*。这既不排除启发式方法在发现过程中的作用，也不排除启

---

① 乙断言，这种颠倒未必是无足轻重的，这当然是正确的。使 $P \rightarrow P_1$ 的推理成为正确的那些相同的引理，并不会始终保证 $P_1 \rightarrow P$ 这个逆推理的有效性。（虽然，Q_i 起到这个作用，当且仅当 $Q_i \mid -P \leftrightarrow P_1$）。可是，在我们看来，乙对这个正确结论的论证好像是无效的。基于上述脚注指出的同一理由，问题不是由 P_1 和 Q_1 推断（公认为假的）P，更确切地说，它是如此地推断 P 的一种适当的变形，这种变形一般并不知道是假的。——编者

② 甲是一个高年级的学生。大多数物理学家不会反对——他们是证实主义者，因为他们对逻辑全然无知。这些"证明"当然构成演绎主义描述中的严重缺陷。检查教科书和期刊中有多少像这样的证明，那是有趣的事。值得注意的是，这一切既没有为柯西，也没有为他的任何一个继承者（包括库兰特和罗宾孙在内）所注意。

* Lakatos〔1976*c*〕第 137—138 页讨论了这种区分。——编者

发式方法在证明过程中的作用。[①]

证明含有发现引理的意思。可是，这些引理来自何处呢？原始人的思想并不喜欢那种要求跳到未知引理的证明——即使这些引理都是某一理论已列出的公理，因为人们怎么能够知道哪一个普通真值隐含着可疑的真值呢？人们不得不猜想，不得不求助于试错法。但是，原始人害怕猜想。他厌恶自由，他如果超越宗教仪式的界限，就会感到不安全。如果他猜想的话，也只是偷偷摸摸的[②]。

原始人喜欢判定方法。人们借助于某一判定方法，可以机械地决定一个猜想的真假。原始人崇拜算法。他们对合理性的看法像莱布尼茨、维特根斯坦以及现代形式主义者一样，本质上是算法的。

可是，希腊人并没有为他们的几何学找到某种判定方法，虽然他们一定梦想有一种判定方法。但是，他们毕竟找到一种折中的解决办法：启发式方法。它不是真正的算法，并不总是产生所需要的结果，但它却是一种启发式的规则，发现逻辑的一种标准模式。

这种启发式方法就是分析和综合的方法。我们把它陈述为一个规则：

分析和综合的规则：由您的猜想一个接一个地得出一些结论，假定它是真的话。如果您得出一个假的结论，那么您的猜想就是假的。如果您得到一个无可置疑地真结论，您的猜想就可能是真的。在这种情况下，颠倒这个过程（即倒着进行），并

73

① 事实上，这些过程相当于波普尔启发式方法的两个分支：理论上的和或然性的（参见边码第73页）。但这种区分实际上并不像理论上那样严格。

② 这种原始的传统成为启发式风格的主要障碍。参见 Lakatos〔1976c〕附录2。——编者

且设法通过从无可置疑的真到可疑的猜想的相反路线，演绎出您原来的猜想。如果成功的话，您就证明了您的猜想。

第一部分叫做分析，第二部分叫做综合。这种启发式规则同时说明，为什么希腊人如此特别地尊重归谬法：它为他们节省了综合的工作，仅仅分析就已经证明了这个情况。

这种方法的特点可以在欧几里得的《原本》第Ⅲ卷中找到。正文转述错了，但跟在这个定义后面的分析的一些例子都使得这种方法变得更清楚。古老解说保存得最好的是帕普斯收藏的。它由T. L. 希思爵士译成英文（Heath〔1925〕第一卷第138—139页）：

> 所谓ἀναλνόμενος（"分析的珍品"），简而言之，就是学说的一个特殊部分，它提供给那些学完普通的《原本》之后，想获得解决某些问题能力的人使用的，这些可能向他们提出的问题涉及（直）线（的作图），所以，它只是在这一点上是有用的。它是三个人的劳动成果：《原本》的作者欧几里得、珀加的阿波洛尼乌斯和老阿利斯蒂乌斯。它作为分析和综合而继续下来。
>
> 因此，分析仿佛得到承认似的，得到所寻求的东西，而且通过它的相继结果，变成被承认是综合结果的某种东西：因为我们在分析中假定，所寻求的仿佛已经得到，然后追究它究竟是什么东西造成这种结果。还有，后者的前因是什么，等等，我们这样折回直到遇上某种已经知道的东西或者属于第一原则之类的东西，像这种倒退解决问题的方法，我们叫做分析。
>
> 但在综合（即相反过程）中，我们把这一分析中最后得到

的那个结果当作已经给予的，并且按照它们的自然顺序把那些在分析中先于前件的东西作为结果加以编排。这种过程称为综合。

分析有两类：一类指点人探求真理性，称为理论上的；另一类指点人去发现那个指示我们去寻求的东西，称为或然性的。(1)在这种理论分析中，我们假定，所寻求的东西好像是存在的，并且是真的，随后我们逐一通过它的那些结果(好像它们也是真的，而且是根据我们的假设确定的)，直到某个被承认的东西。这时(a)，如果那个被承认的东西是真的，那么，所寻求的那个东西也是真的，而且这种证明社会以相反的顺序与这个分析相对应。但是，(b)如果我们遇到的某个东西公认是假的，那么所寻求的那个东西也是假的。(2)在或然性分析中，我们假定，所提出的那个东西俨然是已知的，随后，我们逐一通过它的那些结果(把它们作为真的)直到某个被承认的东西：这时，(a)如果所承认的东西是可能存在的、可得到的，也就是数学家称为已知的，那么原先提出的东西，也就是可能存在的，而且这种证明也会以相反的顺序与这个分析相对应。但是，(b)如果遇到某个公认是不可能存在的东西，那么这个问题也就是不可能的。

74　这种方法具有若干特性。其一是，假的猜想是能够被否证的，但不能为这种方法所改进。其二是，从表面上看，应用这种方法所能得到的那些最适当的证明，包含单独一个公理或单独一个已经证明了的命题。但这不是一种严格的限制，因为希腊随意地把任何公理或任何已证明了的命题引入分析和综合的两种演绎论证之中。[①] 这种方法的主要限制在于下面的考虑：如果我们由 C 演绎出基本陈述[②] P，又由 P 演绎出 C，那么 P 是 C 的充分必要条件，反之亦然。可是，情况并不总是这样。例如，有些公理可能需要所讨论的猜想，而这个猜想却可能不需要这些公理。在这些情况下，分析—综合的方法就不起作用。可是，自古以来，关于在这些情况下这种方法可能失效这一点，我们就没有明确的陈述。[③]

没有强调这种方法的明显局限性是需要说明的。希腊人必定无意中发现许多通过分析—综合不能证明的定理（虽然具有必要和充分条件的定理的比例在《原本》中高得惊人）。汉克耳已经注意到下面的例子：

定理："顶角相等的所有同底三角形的顶点都在一个圆周上。"这个定理不能反演成这样一个陈述：即"所有顶点在一个圆周上的

① 参见（例如）Richard Robinson〔1966〕pp. 470—471 关于欧几里得式分析的讨论。偷偷摸摸地引进这些辅助公理和引理（省略三段论），与单独一个始基（arche）足以演绎出整个知识这种思想，如何连接起来是一个微妙的问题。关于这个问题，罗宾孙在〔1953〕pp. 168—169 的讨论中阐述得很好，不过，我认为并不令人满意。罗宾孙似乎没有认识到，例如，《数学原理》的所有定理都可以从单独一个公理演绎出来，而这个公理我们可以通过用"一些并且"连接所有的公理构造出来。

② 在这种场合下，所谓基本陈述或者是指一个无可置疑的真陈述，如欧几里得公理，或者是指一个已经被证明了的陈述，或者原来承认是一个条件的陈述。后一种情况在几何作图中经常出现。

③ Robinson 在〔1936〕著作的脚注中说："我注意到，有两段可能论及这点（着重号是我加的）。我还可以补充第三种可能的关系。"当吉米努斯反对普罗克拉斯而辩论几何学的确是探究原因的时候，说："当几何学家靠不可能性进行推理时，他们满足于发现这个性质。但当他们通过直接证明来论证时，如果这个证明只是部分的，这就不能充分说明原因，可是如果它是全面的，而且适用于所有类似的情况，那么同时立刻使这个原因变得显而易见"（参见 Heath〔1925〕第一卷第 150 页）。

同底三角形具有相同的角”。因为,一方面只有当这个圆周通过底边的端点时,另一方面只对于底的同一侧面上的那些角来说,这个反演才有效。如果我们把这些条件加到前一定理,那么它必然是可反演的。这类似于定理:“如果 A、B、D、F 在圆周上,那么 $EA:EB=ED:EF$(其中 E 是 AB 和 DF 的交点)”,这个定理的反演条件是,如果 A 和 B 在 E 的同一侧或相反的侧面上,那么 ED 和 EF 具有同一方向或相反方向。①

75　希腊人对这些不足之处感到困难而保持沉默,我猜想,至少部分地归因于亚里士多德本质论这个主要学说,即真正的证明(或说明)必须是最终的、确定的(例如《后分析篇》第一卷第六章),这与主张精心设计这些证明的启发式方法非常一致。② 要求最终性和确定性就像要求充分与必要条件那样,至今还继续存在于数学中。

我们在这里还得提出另一个问题:为什么希腊人不在数学中采用启发式方法呢?为什么他们把分析隐藏起来,而只提综合呢?③ 我们不知道。可能笛卡儿猜到了几分。他说:“古代几何学家在他们的著作中只使用综合,不是因为他们完全不理解分析方

① Hankel〔1874〕,p. 139. 这段译自德文原文。——编者

② 对于最终性和确定性与充分必要条件的等价性,参见我〔1963—1964〕第 66 节。

③ 这里应该提到,我们在欧几里得《原本》第八卷第一部分找到启发式方法。按照布雷特施奈德和海伯格的观点,这部分很可能不是欧几里得写的(参看 Heath〔1925〕,p. 137)。启发式方法的另一个例子是阿基米德的《论球面和圆柱体》,他在解决这些问题时,提出分析和综合。(阿基米德的分析迷人之处是,如果我们把问题转化成猜想,那么他的方法看起来就很像证明程序。阿基米德的分析经常以“διορισμός”来结束,它好像与变成某个条件的引理相当。)根据希思的观点,这在解题的分析中是普遍的:“在διορισμός是必要的情况下,也就是,在某些条件下,只可以允许一种解法的情况中,分析使这些条件能够得到确定。”(所引著作第一卷 p. 142。)

法，在我看来，而是因为他们把它的价值抬得很高，作为个重要秘密想要归他们自己保留下来。①

(c) 笛卡儿回路及其失败

古典的欧几里得纲领是反经验主义的；它极力非难感觉。无可置疑的命题只能由理智的可靠直觉来保证。事实上必须由无可怀疑的基始原则和基本定义来证明。分析—综合在这样一种框架中就像在欧几里得几何学中一样，可以起到很好的作用。

但是，在现代科学中加进了两个新的因素。其一是，一种新的无可置疑的真命题，即推断的事实。推断的事实可能违反感觉经验。像伽利略所说的，它们"强劫感觉"。推断之事实的例子是"地球是圆形的"；"在真空中，一切物体都以同一加速度下落"；等等。76 现代科学引进的另一种新因素是，一种新的不可靠的命题，即玄妙的假说，例如，"所有物体都互相吸引"。

对于那些喜欢把分析—综合的方法、玄妙的假说和原则应用于事实的人，这两个新的因素引起了相当多的疑问。

古典的分析—综合的要点在于，它以演绎的链条或者以真值与/或假值的回路，而把已知和未知连在一起。我们在某个地方注入真值或假值以后，它就通过这个循环系统传到每一部分。在接

---

① Haldane 和 Ross，〔1912〕，p. 49。汉克耳把希腊的演绎主义风格解释成"希腊人的一种民族特点"（所引著作 p. 148）。我猜想，有力的解释是反对纯粹猜想的不可谬主义偏见。分析只是探索，而综合则是证明；分析是可谬的，综合是"不可谬的"。可谬那是被认为"有损自己的尊严"，所以分析被删略了*。拉卡托斯的这些引文出自笛卡儿，它们全是以法文或拉丁文的原文出现的。除了拉卡托斯表示不赞成他们的译文之处，我们都用了 Haldane 和 Ross 的英译本来代替。——编者

近推断的事实和接近玄妙的假说的地方，现在出现了循环上的故障。

〔事实和推理的事实在演绎上并没有联系。推断的事实正直接需要玄妙的假说，虽然在后一种情况下，从玄妙的假说到推断的事实，这种相反方向上的限定继承关系可能是真实的。〕

可是，如果我们坚持科学的一贯正确论这种观念，那么真值从事实到推断的事实、从推断的事实到玄妙的假说、从玄妙的假说到基始原则这种自由而安全的传递以及相反过程都必须恢复。我们必须使所有这些不同种类的陈述都处于确定性的同一水平上。

所以，一贯正确论通过引进一种新的真值传递——归纳推理——来越过这些缺口。〔因此，上面提到的帕普斯回路可以用下图来表示。〕

帕普斯回路

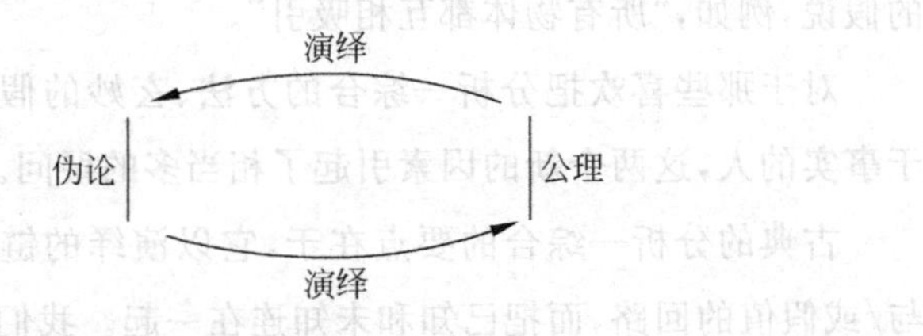

〔笛卡儿回路可以表示如下：〕

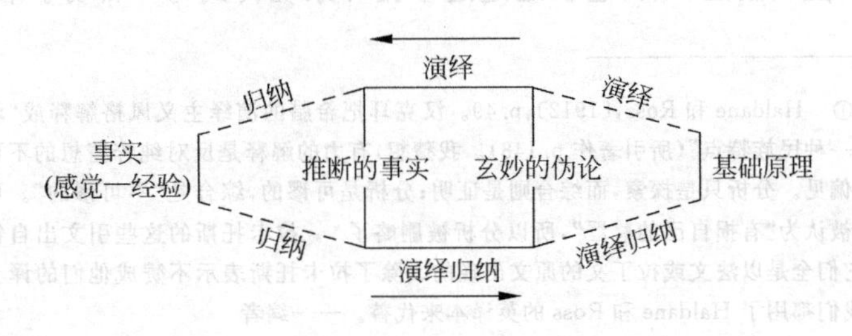

这是分析—综合的一种扩大形式。这种扩大是由笛卡儿力图使古代的分析—综合适应现代科学而引起的。它与帕普斯的图式是很不相同的：它有拟经验的基本陈述[①]，而且它还有归纳推理以及演绎推理。

这一节的主题在于，现代科学方法这段史话的主要特点是，古代帕普斯回路变成笛卡儿回路的这种批判性的精益求精——尽管它有部分成功，而且有一些动人的挽救行动——跟着就是它的失败。 77

让我们先阐明关于笛卡儿回路的一些问题。

(c1) 这种回路既不是经验论的也不是唯理智论的，知识的来源是整个回路

在传统的哲学史中，经验论与唯理智论形成鲜明的对照。据说，经验论者把真值注入事实陈述的层次，唯理智论者把真值注入基始原理；经验论者赞成感觉的权威，唯理智论者赞成理智的权威。

事实上，如果真有赤裸裸的经验论者和赤裸裸的唯理智论者的话，那也是极其稀少的。笛卡儿、牛顿、莱布尼茨当然都同意，人们能够在事实的层次上和基始原理的层次上可靠地直觉到真值与/或假值。这两个层次都可以起到基本陈述的作用。可是，每个人也都同意，人们不能够孤立地谈论真的事实陈述或真的基始原理；只有蠢人才会相信感觉经验，而且从天而降的基始原理只是一些臆测——在科学知识的完美可靠实体中也没有地位，如果它们

① 在整个这一段中，我们把某一真值通过它们注入回路的命题称为“基本命题”。

已经嵌入分析—综合的循环系统中，那么它们就是对于真值或假值的唯一可敬的和适当的候选者。“基本陈述”超出分析—综合的范围是没有意义的。

笛卡儿和牛顿两人对于从事实开始分析的必要性，态度是很明确的，人们从事实出发进到“中间原因”，再从中间原因进到基始原理。他们藐视那些靠“轻率的预感”，而不是靠艰苦的分析，就不顾事实地企图达到基始原理的人。

笛卡儿和牛顿有一些表面上看来“莫名其妙的”段落，就应该用这种观点来解释。例如：

> 因此，我没有把它们命名为假说，只是因为大家知道，虽然我认为自己能从我上面解释的初始真值演绎出它们，然而，我过去特别不想要这样做，目的就在于，某些人不会因为这个理由，乘机根据他们认为是我的原理，构造出某种过分的哲学系统，从而把引起过失的原因加在我身上。[①]

这一段话非常符合牛顿的“Hypotheses non fingo”。它的意思是，假说必须嵌在笛卡儿的回路中，因此，就不再是假说。

78　笛卡儿回路的目的是要把真值传到该回路的各个地方，因而把假说变成事实，并且证明亚里士多德的古老主张是正确的，即“对纯科学的深信必须是不可动摇的”。[②] 这个回路不允许与一贯正确的科学的尊严不相容的、无确实根据的幻想。在这种方案中，结果与原因、事实与理论都是在同一逻辑水平上，因而也是在同一

---

① Descartes〔1637〕，p. 129. 最后这些话反映出伽利略信念的影响。

② Posterior Analysis(《后分析篇》)，72^b。

认识论的〔尽管不是启发式的〕水平上(Causa aequat effectu)，这一点从下面克拉尔克《对莱布尼茨的第五次答复》中的这段话来看也是很明白的：

> 现象本身、物体的互相吸引、引力或倾向，……现在是从观察和实验而充分知道的。如果这位或者任何其他有学问的作者能够用力学定律说明这些现象，那么他就不仅不会受到反驳，而且还会非常感谢这个有学问的知识界。但在当时，把万有引力或确凿的事实与伊壁鸠鲁的原子倾斜作比较，好像是一种非常离奇的推理方法，因为，万有引力是一种现象或者确凿的事实，而根据伊壁鸠鲁以无神论者的态度对远古的、也许是更好的哲学作了错误转述和曲解，原子倾斜只是一个假说或虚构，而且在假定没有智力存在的世界中也是不可能的一个假说。①

演绎链条应该从事实开始，这一启发式法则是笛卡儿和牛顿的一种绝对法则。这点必须反复强调，因为它在过分鼓励猜测的波普尔时代是如此违反直观的。这个法则正确地解释了(比如)这一陈述："正像在数学中一样，在自然哲学中也这样，用分析方法研究难题总是应该先于综合方法。"②它还正确地解释了笛卡儿《规则(Regulae)》中的第五个法则：

> 一个想要探究真理的人必须紧紧地掌握这个法则，就像

① Alexander〔1959〕, p. 119.

② Newton〔1717〕, Query 31.

他走进迷宫必须循着指引提修斯的路线一样。可是,许多人根本不深思这个格言,或者完全不理它,或者以为不需要它。结果,他们常常研究最困难的问题而又这样不考虑条理,在我看来,他们的行动就像一个人硬要从地面上一跃跳到房顶上一样,既不重视供他攀登的梯子,也没有留心这些梯子。因此,所有占星术家尽管对天空的性质全然无知,甚至对天体运动也没有作出正确的观察,就期望能够指出天体的影响。这也就是许多人所做的,他们撇开物理学来研究力学,而且性急地着手设计一些产生运动的新装置。追随他们的还有那些忽视经验的哲学家,他们想象真理会从他们的头脑中蹦出来,就像智慧女神雅典娜从宙斯的头颅里神奇地跳出来一样。[①]

79 在另一段里,即法则4,笛卡儿比较了两种人。一种人不用这种费力的回路方法去寻找近在咫尺的明显真理;"另一种人燃炽着一股非理智的欲望,想要发现财宝,不断在街上徘徊,图谋找到过路人可能偶然丢失的东西。"笛卡儿承认,"大多数化学家、许多几何学家和哲学家"所追求的这种"方法",可能会导致种种意外的收获。然而,为此必须付出极大的代价,因为"不规则的探究和这类混乱的考虑只是破坏天赋的良知,而且使我们失去心智的才能"。[②] 这就是笛卡儿对后来归功于他的唯理智论烙印的真实看法!

虽然从这个回路中排除了孤立使用基始原理,可是,笛卡儿和

---

① Descartes〔1628〕, pp. 14—15.

② 同上书, p. 9。

牛顿却认为它们是这个回路的主要部分，而这个回路对这种认识论结构的稳定性曾有过决定性的贡献。大家知道，关于万有引力这种玄妙的性质，牛顿是感到不满意的，他试图通过"伞形效应"理论从笛卡儿的基始原理演绎出它。

笛卡儿尖锐地批评了伽利略忽略了基始原理，"这样构造〔理论〕就没有基础"[①]，而他有一个非常合理的论点，即仅有事实并不能充分可靠地保证回路的真理性。默森和罗科简单地拒绝接受伽利略的"事实"。（在阿特伍德—机[*]之前，关于自由落体的种种事实的确是非常可疑的）牛顿的工作受到错误的天文学资料的阻碍。经验证据的不可靠性，当时并没有为统计决定方法的程式所掩盖。

(c2) 回路中的归纳与演绎

另一个值得澄清的事实是，在笛卡儿逻辑中归纳与演绎的关系。二者都是建立在直观基础上的推理。这些推理把真值从前提传递到结论，并且把假值从结论返传递到前提。在笛卡儿的方案中，它们本质上没有什么区别。对笛卡儿和牛顿来说，归纳推理确实是演绎推理的孪生兄弟。归纳与可谬的猜想毫无关系，这一点在牛顿给科茨的著名信中说得很清楚：

> 对于任何从现象推不出来的东西都应该叫做假说，而且这类假说，无论是形而上学的还是物理学的，不管是有玄妙性质的还是机械的，在经验哲学中都是没有地位的。在这种哲

① Descartes〔1638〕.

* Atwood, George(1746—1807)是英国的数学家兼物理学家。他发明一种测量落体的加速度和速度的仪器，这就是阿特伍德—机。——译者

学中，命题是从现象演绎出来的，往后由归纳使之成为一般〔命题〕。①

还有，在同一封信中，他把归纳等同于演绎："经验哲学只根据现象开始进行研究，并且只用归纳从现象推演出一般命题。"②

80　亚里士多德的形式逻辑（具有19个有效的推理形式）与必须依靠直观的归纳（法）之间，当然是有差别的。但是，笛卡儿以轻蔑的态度把亚里士多德的逻辑学丢在一边③，并且用无限丰富的直观演绎代替贫乏的三段论逻辑，这种直观演绎的不可谬性是由上帝保证的。可是，如果是这样的话，为什么上帝不像确保演绎推理那样确保归纳推理呢？④

常常被误解的笛卡儿回路的另一个特点是，在把真值从事实传递到玄妙的假说这一推理链条中，演绎通道和归纳通道的相对长度和相对重要性。

牛顿的确很想完全从事实演绎出他的理论。在他与胡克争吵优先权时，他反复强调，胡克只是猜到平方反比定律，而他（Newton）却是从开普勒的经验定律演绎出平方反比定律的。他鄙视胡克的猜想：他怎么知道，半径的指数等于2呢？也许它是一个接近于2的数呢！但他（Newton）知道这个指数等于2，因为他把它演绎出来了。⑤

① Newton〔1713〕，p. 155.

② 出处同上。

③ Descartes〔1637〕，p. 91.

④ 在笛卡儿的《Regulae》中，演绎法和归纳法是处于同一等级的，这显然完全是由Joachim认识到的（见Joachim〔1906〕，p. 71—72）。

⑤ Newton〔1686〕，见Brewster〔1855〕第一卷，p. 441。

牛顿声称，他的理论是从事实演绎出来的。他的这种说法自迪昂起就受到哲学家们的嘲笑。为牛顿辩护的只有一位物理学家，那就是玻恩，他是科学史上第一个重新构造牛顿演绎法的人。[①] 遗憾的是，玻恩漏掉了重要的一点，即牛顿的演绎链条没有也不可能引导到万有引力定律，而只是导致平方反比定律[②]。从平方反比定律到万有引力定律，存在一个小小的但又是决定性的归纳缺口。可是，不应该过高地估价这个缺口。牛顿几乎从事实演绎出他的理论，而且，如果能说明同一演绎，对普朗克、爱因斯坦或者薛丁谔的结果来说，也是正确的，我绝不会感到惊讶。

当今，人们普遍接受，虽然演绎法把理论引向事实，但是，它在从事实到理论的过程中一点也不起作用。帕普斯和笛卡儿的回路已经湮没绝迹。J. M. C. 杜哈梅尔是十分严肃认真地理解帕普斯回路，并在各方面对它进行批判的最后一位哲学家。他略带轻蔑地把这种古老的方法作为某种已经过时而广为更替的东西来对待。他主张，现代的分析方法不是演绎的，而是还原的，从所讨论的一个命题转到从中得出它的那些命题，直到我们得到一个无可怀疑的真命题。（在这个意义上，杜哈梅尔仍然属于笛卡儿派）当然，在这个模式中综合与分析是同时完成的；任何分析都可以机械地转变的。[③] 不过，而今这种方法不仅没有受到批判，而且几乎完全被人遗忘了。只有一个偶然研究几何学史的人才回想起它。[④] 81

① Born〔1949〕，附录2。

② 这是由 Popper 指出的。见 Popper〔1957〕，p. 198 注⑧。

③ Duhamel〔1865〕，pp. 37—57 和 62—68.

④ 参见 Heath〔1925〕第一卷，p. 137—142。

如果一个学者不时地碰到它,并且了解到希腊人从事实演绎出数学理论(即由猜想演绎出公理)的方法,他就很可能不相信自己的眼睛。因此,F. M. 康福德不仅像杜哈梅尔一样地认为,这种方法是过时的,而且他还坚持认为,它是一种自相矛盾的、"荒谬的"方法,希腊人无论如何也不可能遵循它。他争辩说,帕普斯的分析实际上等于杜哈梅尔所说的现代还原分析[①]。根据康福德的意见,凡是用演绎的方式解释帕普斯的人,都"令人痛惜地曲解他"。他还说:"你不可能首先用一种方式追求一组步骤,接着又用相反的方式追求同一组步骤,并且在两个方向上得到逻辑结论。"[②]

变化多大啊！几个世纪以前,凡是真正的证明(或说明)理所当然地都是可逆的,而且人们勉勉强强才去注意这些难以对付的情况。今天,有些人认为,根本不可能存在可逆的证明,才是理所当然的。[③]

这一切只是想表明,现代启发式方法的衰落。实际上,欧几里得就是用这种方法演绎出他的大部分定理,而且像柯西证明欧拉

① Cornford〔1932〕p. 37 及其后诸页和 p. 173 及其后诸页。Robinson 对 Cornford 论点的反驳是四年后发表的(Robinson〔1936〕)。

② 鉴于康福德完全被误解,克尼阿勒正确地强调,(完全)不存在从事实到超验假说的演绎路线。可是,他没有认识到,一段很长的路线能够被演绎地覆盖:"人们会注意到,牛顿以一种非常奇妙的方式谈到从现象演绎出命题。〔如果〕这种说法出现在其他地方,我们必定会设想,牛顿审慎地使用它;但是,它显然不可能是指通常称为演绎法的那种东西。所以,我只能得出这样的结论:牛顿是指,使他感兴趣的那些命题都是以一种非常严格的方式由观察结果而来的。但是,撇开它的措辞的奇特不说,这段话的意思是相当清楚的。牛顿好像实际上是在说,他认为为引力寻求一种说明应该是可能的,但这必须根据经验中已经查明的事实,用通常的归纳法来发现。因为在自然科学中,任何其他方法都是不可接受的。"(Kneale〔1949〕,pp. 98—99. 着重号是我加的)

③ 对于笛卡儿来说,主要的认识论结构就是这个回路,对布拉思韦特来说,则是拉链(〔1953〕,p. 352)。应该强调的是,在这个回路中,不仅像一般所设想的,综合有认识论的现实意义,而且分析也有认识论的作用,真理的来源和保证就是整个回路。

公式所表明的那样，它仍然是数学启发式方法的一种主要模式。

我们回过来再说笛卡儿和牛顿。牛顿无疑在某些地方论证：他从事实演绎出他的理论。这可以用两种看来同样有理的方法来解释：第一种，他认为，归纳法的缺陷可以忽略不计；第二种，演绎法和归纳法这两种直观真理—推理的分类在笛卡儿哲学中被弄得相当模糊了。

在笛卡儿回路中，对于事实与理论的"相互可演绎性"，事实上，根本没有什么费解之处。相反，它倒是笛卡儿回路的最明显特点。

我引用笛卡儿在其《方法论》一书结尾对"屈光学"和"流星"的说明作为一个例证：　82

我认为，那些理由是如此有力地相互交织着，以至于当后一些理由被作为其原因的前一些理由所证明时，前一些理由反过来又被作为其结果的后一些理由所证明，而且不要以为我在这里犯了逻辑学者们所说的循环论证的错误，因为，由于经验表明这些结果的绝大部分非常可靠，据以推出这些结果的那些原因与其说足以证明这些结果存在倒不如说只用于说明这些结果；而且完全相反，那些原因正是被这些结果证明的。[①]

---

① Adam 和 Tanney〔1897—1913〕第六卷，p. 76。《笛卡儿哲学著作》的霍尔丹和罗斯的英译本，由于用"被说明了的"翻译"prouuées"而犯了一个大错误。他们可能误解了 1638 年莫林和笛卡儿对这个问题的争论，而且误解了后来拉丁文版本中由这个争论引起的改变。* 霍尔丹和罗斯把这段文字译成："在我看来，这些推理是互相交织在一起的，以致既然后者是由前者来证明的（前者是后者的原因），那么反过来，前者是由后者来证明（后者是前者的结果）。因此，不应当设想，我在这一点上犯了逻辑学家称为循环论证的错误，因为，既然经验使这些结果的大部分变得非常可靠，那么我演绎这些结果所依据的理由，与其说是用来证明它们的存在，不如说是用来证明它们；相反，原因是由结果说明的。"（Descartes〔1637〕，pp. 128—129）——编者

笛卡儿自己经常用亚里士多德的形式术语"演绎法"和"归纳法"替换"非形式推理"。例如,当他在《思想的指导法则》一文的法则Ⅲ中说,获得知识只有两种确实可靠的方式——直觉和归纳——的时候,他的意思是,我们能够借以确实可靠地认识真理的直观和我们能够借以确实可靠地传递真理的推理。他在法则Ⅳ中又再次用到"演绎"这个词。几位笛卡儿注释者(高希尔、勒鲁瓦等人)[①]把这种交替使用看成是抄稿人的疏忽,而在我看来,倒是这些注释者的大错。

笛卡儿的演绎概念使人困惑的另一个有趣例子也是霍尔丹和罗斯翻译法则ⅩⅢ中那段话,译文说,笛卡儿像牛顿那样,想要从事实"演绎出"理论,而拉丁文原文是:"但是为了使问题得到完善,我们愿意加以绝对的肯定,以致再没有什么可探究的,这样,胜过从事实所可能演绎出来的东西。"(着重号是我加的)。[②] 霍尔丹和罗斯常常用"演绎"来译"deducere"这个词,这次却译成"推论"。[③]

83 (c3) 帕普斯与笛卡儿之间的连续性

我的介绍有两点可能引起评论家的怀疑。这两点是:

---

① 见Beck〔1951〕,p. 84。

② Adam和Tannery编〔1897—1913〕第十卷,p. 431。

③ Haldane和Ross〔1911〕p. 49。(*他们把整个句子译成:"但是,除此之外,如果这个问题要得到圆满的表述,我们就要求它应当是完全确定的,所以,我们必须探求的只是能够根据这些事实材料推论出来的东西。"——编者)

乔基姆正确地强调,对笛卡儿来说,"演绎"和"归纳"的差别是很小的,它们的逻辑性质是相同的,即"从直观理解的一个内容或一些内容到另一个从初始原则内容根据直接的逻辑必然性而得出的内容的推论的运动"(Joachim〔1906〕,pp. 71—72)。如果逻辑有效性是心理学主义的一个概念,那么为什么关于演绎或归纳的有效性的那些可靠感觉之间,存在着明显的差别呢?

(1) 笛卡儿的分析—综合真的是起源于帕普斯的回路吗？或者说，这种联系只是一种理性的重建呢？

(2) 笛卡儿回路是笛卡儿思想的真实描述吗？或者说，它也是这些思想的一种理性的重建呢？

我们的介绍确实已经变成一种理性重建。我们强调思想的客观联系和发展，而不探究它们最初变成主观心灵中的自觉或半自觉的那种笨手笨脚的摸索方式。

尽管如此，我们的介绍并没有背离真实的历史过程。这一小节的要点是，笛卡儿及其同时代的人充分认识到，他们正在恢复帕普斯的传统，并且使它适应于现代科学。

笛卡儿的主要兴趣是要找出发现确实可靠知识的方法——一种不可谬的启发式方法。确实可靠的知识的典范当然是欧几里得几何学。而在欧几里得几何学中唯一尚存的发现方法就是帕普斯回路。这是笛卡儿的天然出发点。他的计划是把欧几里得数学的发现逻辑贯彻到人类知识的各个领域。

可以轻而易举地说明，这是对笛卡儿研究方法的一种很好描述。笛卡儿在《法则》的法则Ⅳ中以异乎寻常的说服力和清晰性说明了他的研究方法。甚至连这个法则的标题也是独特的：我们需要启发式方法[①]。这一章从猛烈攻击单纯猜想入手。我们只能依靠绝不会把我们引入歧途的直观和演绎。这两者——如果不是乱糟糟地与任何其他东西搅杂成一团的话——把我们引向确实可靠的、类似神授的知识。接着出现这个决定性的段落。笛卡儿寻找

① “需要一种发现真理的方法”(Descartes〔1628〕,p. 9)。

那些也曾共同享有他的方法的前辈，并且寻找第一个贬低亚里士多德逻辑的人[①]，他提到帕普斯：

> 我非常愿意相信，以前更伟大的思想家具有这种方法的某些知识……。算术和几何这些最简单的科学给我们提供了这方面的例子，因为我们有充分的证据，古代几何学家曾利用某种他们加以推广的分析来解决所有的问题，虽然他们不愿意向后代提供这个诀窍，现在也有某一类的算术兴旺起来，它叫做代数，它企图在处理数字时，实现古人在计算方面所达到的成就。这两种方法正好是这里所讨论的学科的先天原则的自然产物。因此，这些具有非常简单的题材的学科，比起其他那些有更大障碍抑制全面发展的学科来，应该得到更加令人满意的结果，我是不会感到奇怪的。但是，即使在后一种情况下，只要我们孜孜不倦地注意培育它们，结果肯定能够达到完全成熟。
>
> 这是我在写这篇论文时已经考虑到的主要结果。[②]

84

这种方法就是帕普斯的方法，没有什么比这更清楚了。困难是，那种探究通常不考虑像几何学问题那样简单的、无障碍的、完全规定清楚的问题。代数所表示的意义是值得说明的。

代数在这里并没有被看作是数学的一个分支，而是分析方法的

① “可是，就其他智力活动而论，辩证法尽力通过使用这些在先的智力活动来指导它们，在这里，它们却是完全无用的，更确切地说，它们被认为是一些障碍。因为纯粹理性之光不能附加任何东西，它也不以某种方式使辩证法难以理解。”（同上书，p.10）

② Descartes〔1628〕，p.10.（着重号是引者加的）

孪生方法。而且事实上，代数在帕普斯意义上是同样高明的“分析”：

> 这里揭示的整个方法，在于把未知项作为好像它们是已知项来处理，因此，甚至在那些涉及大量难以分解的复杂性的问题中，也能够采用这种容易而直接的研究方法。没有任何东西阻挡我们达到这个结果，因为从我们工作的这一节开始，我们就已经假定，我们承认在探究中的未知项依赖于已知项，前者由后者来确定。这种确定同样是如此：如果我们承认它的话，我们首先考虑出现在眼前的那些项，并且对它们进行计算，即使在已知项中包含未知项，于是根据一个真正的前后关系一步步地演绎出所有其他的项，甚至那些是已知的项，也把它们作为好像是未知的项来处理，那么我们将完全实现这个法则的目的。〔法则 XVII〕[①]

因此，

> 使用这种推理方法，我们就必须找出与我们掌握的未知项一样多的项，而这些未知项作为好像它们是已知项来处理，以便直接地处理这个问题；而且，这些项应该用两种不同的方式来表达。因为这种表达会给我们提供与存在的未知项个数一样多的方程。〔法则 XIX〕[②]

看一看帕普斯的经典原文就可以充分确定，代数的确是“分析的”。笛卡儿的不同看法倒是与这种解题的模式一致的，而不是符

---

① Descartes〔1628〕, p. 71.

② Descartes〔1628〕, p. 77.

合证明的模式。

笛卡儿说明,他对于为数学而数学并不感兴趣:他感兴趣的是宇宙的重要秘密,而不是"几何学的琐琐碎碎"[①]:"密切注视我的动向的读者会容易发现,在我的心目中比普通数学更不重要的东西是没有的,而且我真的正在阐述另一门科学,它的这些实例与其说是组成要素,不如说是无价值的外壳。"[②]他研究数学主要是因为:"没有别的科学能够为我们提供这种自明性和可靠性的实例。"[③]可是,这并没有使笛卡儿感到满足。他在几何学中发现可靠性,但是,没有发现如何获得可靠性。"他们自己在思想上似乎并不十分清楚:那些事物为什么如此,以及他们是如何发现它们的。"[④]这一段落包含着对欧几里得综合方法的最猛烈批判。[⑤] 他说:"欧几里得的综合方法窒息了思想。[⑥] 可是,只要是数学窒息思想,那么为什么柏拉图拒绝不精通数学的人加入他的学派呢?这个问题使笛卡儿更加坚定地怀疑古代几何学家有一种与我们时代迥然不同的数学知识。"[⑦]正是在这个关键地方,他实际上认为代数学的创立者是帕普斯和丢番图。他说:"的确,我好像清楚地

① 他不知道,欧几里得的《原本》本来是要成为一种宇宙论(见 Popper〔1952〕,pp. 147—148)。

② Popper〔1952〕,p. 11.

③ Popper〔1952〕.

④ Popper〔1952〕.

⑤ "他更喜欢展现……某些贫乏无聊的真理,这些真理是用演绎方式证明的,作为他们的技巧成果充分表明独创性,才赢得我们对这些成就的赞美"(同上书,p. 12)。

⑥ "机会比技巧更经常发现那些浅薄的论证……,从某种意义上说,人们终止使用自己的理性"(同上书,p. 11)。

⑦ 同上书,p. 12。

认识到在帕普斯和丢番图那里有这种真实数学的某种痕迹。”①

此后，他重复他的《宇宙数学化》(*Mathesos Universalis*)纲领，他感到奇怪的是，“虽然人们懂得数学的意义和重要性，可是，当他们努力从事于实际上依赖于数学的那些学科时，怎么还忽视了数学呢?”②

在笛卡儿〔著作〕中还有许多别的段落，他提到帕普斯的分析学，而且还把代数称做他的方法的出发点。例如，他在《方法论》中反复说他研究三个学科，“这三个学科看来好像是，它们对我思想上的构思应该有所贡献。”③接着，他说，这三个学科没有一个令人满意。逻辑学只是说明人们不管用什么方式知道的东西，在其中好的东西和坏的东西不可分离地搅在一起。

因此，关于古代的分析学和现代的代数学，除了它们在事实上只包含最抽象的内容看起来犹如没有实际用途以外，前者只是限于考虑种种符号，以致它在不付出巨大的想象力的情况下，不可能训练理解力；在后者，人们受到一些法则和公式的约束，以致得到的结果成了一种混乱和费解的技巧结构，而且这种技术使人的思想困惑，而不是对技巧的培养有贡献的一种科学。这使我感到必须寻找某种别的方法，它既包含这三个学科的优点，又克服了它们的缺点。④

---

① Popper〔1952〕.

② “那么多人努力从事另一些相依的学科，又没有人愿意精通这个学科”(同上，p. 13)。

③ Descartes〔1637〕，p. 91.

④ Descartes〔1637〕，p. 92.

尽管进行这种批判(他对强调自己方法新奇性的热忱至少可以部分地说明这种批判),笛卡儿还是非常仔细地研究了分析和代数,花了两三个月的时间模仿几何分析和代数中所有最好的东西,并纠正了一个个错误。①

86 法则Ⅳ的基本特性和《方法论》的主要部分是引人注目的:这两部分包含着笛卡儿对他的《方法》的三个来源的说明。

这里应该提到的至少有两点。其一是笛卡儿对阿基米德的兴趣,另一是对阿波洛尼乌斯的兴趣。阿基米德和阿波洛尼乌斯都用到帕普斯的方法和术语。

结论:如果人们忽视帕普斯回路,就不可能理解《法则》和《方法论》以及笛卡儿思想发展的历史。②

---

① Descartes〔1637〕,p. 93.

② A. Robert〔1937〕成了好像已经评价了帕普斯的启发式方法传统的影响的唯一一个笛卡儿学派的学者。不幸的是,甚至罗伯特也错误地解释了这种影响。他假定,笛卡儿的问题是要去掉综合,得到一种本质上是论证性的分析。现在,罗伯特认为,(a)代数中的证明是可逆的,(b)因此,几何代数化和科学代数化使我们能够得到完美的论证性分析。用他的话说就是:(a)"代数中的分析不再只是虚构证明,而是一种证明。事实上,所有代数性质,纯粹是量的性质,也总是互反的。因此,它对于验证从两个简单元素(方程组的根)开始到重建人们由之出发的、这些复杂关系(方程)所得到的那些结果,是无用的。综合变成无效的。分析就够了:它既是发明的方法又是证明的方法。它正是笛卡儿所寻求的。"(第242页)(b)"代数的引进表明,笛卡儿认为,分析是有证明价值的,而希腊人曾否认它。"(p. 230)

现在,第一个论点显然是错误的,当然,代数证明的可逆性这个神话流传甚广。(根据L. 布鲁施维克的观点,希腊的分析"并不是自足的:因为古人选作他们的〔思想活动〕的范围的,不是代数领域〔在其中,命题一般是由方程表示的,而且是互反的〕,而是几何领域(在其中,命题通常是按等级安排的)"〔(1912),p. 54. 着重号是引者加的〕。在Robinson的〔1936〕,pp. 465、469出现同样的错误。) (接下页注)

帕普斯的回路——康曼丁乌斯在1566年和哈雷在1706年分别从阿拉伯文译成拉丁文——在17世纪讨论得最多。它出现在伽利略的《关于两大世界体系的对话》一书中：

辛普里休斯(Simplicius)：亚里士多德首先先验地为他的论点打下基础，利用自然的、明显的和清晰的原理证明天是必然不变的。接着，他用感觉和古人的传统后验地支持同一论点。 87

萨特维亚蒂(Satviati)：你指的是他著书立说时所用的方法，但是，我不相信这就是他研究所用的方法。更确切地说，我认为，无疑他首先是依靠感觉、实验和观察来得到它，尽可能确信他的那些结论。以后，他才设法使这些结论变成可论证的。实验科学中，大部分都是这样做的；所以如此是因为，当结论为真时，人们使用分析方法想出某些已证实的命题，或得出某些公理性原理；但是，

(续前页注文)遗憾的是，第二个论点又直接同《法则》的几段相抵触。依据法则Ⅳ，代数"企图在研究数的时候，实现古人在计算方面所达到的成就"。这就是说，笛卡儿把代数和几何放在同等地位上。于是，人们可能会感到怀疑，他的法则XX是否没有告诫我们无论如何不要沉迷于不可逆的代数运算，他已经充分认识到存在这种不可逆的运算："我们已经得到了我们的方程，就应当着手完成我们漏做的运算，在我们能够进行除法运算的地方，一定不要进行乘法运算。"

罗伯特原先的问题——这是对原来问题的一种错误解释——是，为什么笛卡儿在他的《沉思录》中说，分析和综合是彼此独立可论证的。此外，〔比较起来〕他更喜欢分析，因为根据他的看法，只有浅薄和粗心的人才需要综合；而深刻细心的人需要分析，需要较正确的论证。

这种偏爱的理由是笛卡儿在这里从推理的事实而不是从玄妙的假说开始分析的。所以，他实际上与帕普斯不同，他是从基本陈述入手的。因此，他主张分析是论证的，一点也不奇怪。需要说明的恰恰是相反的问题，他为什么认为，在这种情况下，综合也是论证的。被罗伯特遗漏了的这个问题的回答，就在于笛卡儿回路的性质：玄妙假说也接受与事实的基本陈述(即基始原理)无关的真值注入。(* 我们根据 Robert 和 Brunschvicg 从法文译出上面这些段落。——编者)

如果这个结论为假，人们在没有发现任何已知的真值以前可以一直探索下去——如果人们确实没有遇到某种不可能之事或明显的谬误的话。①

或者，我们引用阿诺的说法：

> 因此，我们懂得，这是几何学家的分析；因为其过程是：向他们提出一个问题，关于这个问题，他们并不了解——如果它是一个定理，他们不了解它的真假；如果它是一个令人困惑的情况，他们不了解它的可能性或不可能性——他们假定，它就是像所提出的那样；然后审查由此得出的结果，如果他们在检验中达到相当明确的真实性，据此，向他们提出的就是一个必然的结论，那么他们由此得出结论：向他们提出的就是真的；接着，沿着原来的路线返回去，他们用另外一种称为合成的方法来证实它。但是，如果他们由于从向他们提出的问题得到一必然结论，而陷入某种荒谬或不可能的情况之中，那么他们由此得出结论：向他们提出的就是假的和不可能的。
>
> 也许这就是一般所说的动人的分析，它较多地存在于心智的判断与洞察力之中，而较少地存在于具体法则中。②

现在去研究这些或多或少转述错了的说法是不必要的。我们的唯一目的是要说明，帕普斯回路是17世纪讨论启发式方法的重要论题：它确实是高等逻辑教程的组成部分。现在我们也没有必

① Galileo〔1630〕，pp. 50—51. * 我们已经用德雷克的译文（它后来变成通用的）代替拉卡托斯引用的桑蒂拉纳的译文。——编者

② Arnauld 和 Nicole〔1702〕，p. 315.

要去深入研究帕普斯传统在中世纪逻辑学中的连续性，或者帕普斯传统在帕杜安(Paduan)方法论中的地位这些问题。

但是，姑且承认，笛卡儿是从帕普斯回路开始〔研究〕的——那么他保留了帕普斯回路的什么东西呢？他实际上把它发展成所谓笛卡儿回路吗？或者，这是一项合理的历史重建吗？

在这篇论文中，当撇开这些问题时，我们宁愿主张，笛卡儿回路实际上是对所讨论的问题的合理重建，而且历史只是借助于这些重建才得到合理的理解。

(c4) 数学中的笛卡儿回路

88

有些人跟笛卡儿一样，把数学等同于欧几里得几何学和初等代数，他们认为，在数学中事实都是推论的事实，而且玄妙假说不存在。

在17、18世纪的微积分中，“不合逻辑的”事实侵入了数学。如何把它们合理化，怎样把它们提高到“推论的”事实的水平，不久便成了一个主要问题。柯西及其追随者用“翻译程序”* 解决了这个问题。翻译程序相当于笛卡儿回路中从事实到推论事实的归纳渠道。同时还出现玄妙的假说。用复函数理论说明某些关于实践的事实，类似于物理学的超验假说。由基始原理演绎出这些假说，是数学算术化和逻辑化企图解决的问题之一。

详细讨论数学上的笛卡儿回路的特殊辩证法，可能使数学史和数学哲学的某些方面披露出来，而这些方面过去却一直没有被发觉。

---

* 参看 Lakatos〔1976*c*〕，p. 121。——编者

(c5) 笛卡儿回路的失败

(i) 归纳法并不传递真值。一股重要的批判潮流曾针对着沿笛卡儿回路传递直观真值的可靠性，首先受到攻击的是归纳渠道，尤其是通向玄妙假说的归纳渠道。孤立地取出从推论的事实到玄妙假说那个渠道，这些批判家[①]否认，在推论的事实上注入的真值在任何情况下都能传到玄妙的假说。

89　如果我们接受这种批判，那么我们可能或者是(a)：放弃一贯正确论，承认科学假说的猜测性质；或者是(b)：用确实可靠的分组方法[②]代替具体的归纳渠道。存在第三条道路，即中间道路：(c)引进科学假说的概率论(然而这种理论一定导致逻辑上站不住脚的

---

① 最初的一些批判家是莱布尼茨和惠更斯(见 Kneale〔1949〕第 97—98 页)。莱布尼茨发现帕普斯回路在科学中的失败。他知道，它起作用的条件是："命题必须是互反的，以便综合论证能够以相反的方向重复分析的步骤。"可是，这个条件在科学中并不满足，"在天文学的假说和物理学的假说中并不出现折回这些步骤的情况。"(Leibniz〔1704〕第Ⅳ、ⅩⅦ章第 6 节。我们的译文出自法文。——编者)

Huygens 在他〔1690〕著作的前言中叙述了相同的情况："这里将会发现有一种论证，它并不产生一种像几何学那样真正的可靠性，它确实与几何学家使用的那种论证大不相同。因为他们通过可靠的、无可争辩的原则证明命题，而这里的原则却受到由它们推出的结论的检验。这个学科的性质不允许任何其他的处理〔方法〕。"(着重号是引者加的)

牛顿也同样意识到这个问题，但他认为，人们能够用一贯正确的直觉推理来弥补这个缺陷。他说："在这种哲学中，命题都是从现象演绎出来的，而且通过归纳法变成一般命题。"(《原理》末尾的总评注)

② 分组方法(例如，在 Descartes〔1628〕中处处可见和〔1664〕的 ⅩⅧ)是一种求助于归纳法而证明玄妙假说的方法。我们枚举所有可能的猜想，根据这些猜想可以推导出要加以说明的事实；我们只通过分析证明除了一个猜想以外，其余猜想都是假的(即由这些猜想推导出错误的事实命题)；因此，我们证明了这个未证伪的猜想。

这种分组方法当然依赖于发明这种完全枚举的直觉的绝对可靠性，也依赖于判决性试验的有效的可构造性。

确证理论，后者又努力通过后门引进不可谬性。)[①]（见 Leibniz〔1678〕和上述所引的 Huygens 的著作)。

分组方法的确实可靠性受到教皇乌尔班八世至迪昂[②]这些天主教逻辑学家以及其他人的粉碎性批判；各种确证的概率理论受到波普尔的粉碎性批判。

可是，在这种批判中，完全忘记了这样一个事实，即这一渠道并不完全是归纳的，还存在着一个不可忽视的演绎部分（可以称之为"牛顿的演绎渠道"）。从事实演绎出理论这种不可谬论的启发式方法确实失败了——但是，代之以波普尔的思辨与反驳的启发法则是要把婴儿和洗澡水一起倒掉。

（在 17 世纪，特别是 18 世纪，归纳法在数学中与在科学中一样，得到广泛传播。它被称为"形而上学"，而在"批判的"、"严格主义的"或"精确的"时期，柯西、阿贝尔以及其他人都批判了归纳法，

---

① 参见 Leibniz〔1678〕和 Huygens，上引著作。

② 迪昂对培根派的判决性试验的批判，实际上是对乌尔班八世的论点的详尽阐述，伽利略在他〔1630〕著作结尾通过辛普里休斯之口说出乌尔班八世的论点："我知道，如果我问，上帝以他的无限权力和智慧能够移动盛水的容器，而用别的一些办法授予水元素以观察到的水的往复运动，你们两位都会回答，上帝能够做到，而且他知道如何用我们想象不到的许多方式来做这件事。根据这一点，我立即得出结论：既然如此，任何人想要把神的力量和智慧囿限于他自己特有的某种想象力之内，那么免太大胆了。"(p. 464)伽利略实际上并不理睬这种劝告，而认为分组方法是完全可靠的。地球要么运动要么静止，不存在别的可能性。他现在逐一驳倒〔赞成〕第二种可能性的论点，这样，给他留下稳妥可靠的第一种可能性。Descartes 更加谨慎地说："严格说来，地球并不运动，任何行星也不运动，尽管它们是一道向前转移的。"(〔1644〕第Ⅲ部分 XXⅧ)

莱布尼茨对分组方法也持批判态度。可是，它作为一种启发式方法却得到普遍承认；葡萄牙皇家的(Port-Royal)逻辑学告诫我们："提出不一致的意见数量不足和太多，都有同样的缺陷；一个不能充分启迪思想，另一个是耗费太多的智力。"(Arnauld 和 Nicole〔1724〕，p. 166)

甚至完全禁止使用它。）

(ii) 改进的演绎法圆满地传递真值。演绎渠道后来也都受到尖锐批判，可是作为真值的传输带从来没有被抛弃。它们通过几个转化程序（算术化、集合论化）而逐渐得到改进，这些程序通过减少准—逻辑常项的数目而提高严格性的水平，最后，得出能够为图灵机所检验的证明。

90

但是，我们必须为增加演绎法中严密性的每一步付出的代价是，引进一种新的难免出错的翻译。这一事实的影响还没有完全得到充分的了解。*

(iii) 不存在基始原理，也不存在完美的推论的事实。归纳逻辑的失败破坏了笛卡儿回路。在删简的回路中，真值只沿着一个方向流动。布拉思韦特拉链代替笛卡儿回路。可是，布拉思韦特拉链能传递真值吗？如果承认基始原理，就能够；如果不承认基始原理，那么它充其量也只能传递假值。如果基始原理得到承认，我们就能沿着这条拉链进行证明；否则，我们充其量也只能否证。

现在，删简了的笛卡儿回路遭到第二个攻击：这次不是针对它的真值传递渠道的可靠性，而是针对它的真值注入的可证实性。笛卡儿学派在两个层次上注入真值，即基始原理和推论的事实。我更加喜爱基始原理的真理性，在所有人类知识分支中，乐观地寻求基始原理已经延续了几个世纪。例如，在力学①、伦理学（斯宾

---

* 见 Lakatos〔1976*c*〕第二章。——编者

① 史蒂文纳斯认为，他已经证明了他的斜压力定律，D. 伯努利证明了力的平行四边形法则，欧拉证明了力学原理，拉格朗日证明了虚位移原理。这也是毛佩求斯试图把牛顿力学还原为直观上明显的原理之动机。

诺莎，康德）、经济学（L. 冯·米泽斯）和政治哲学（霍布斯）中。然而，今天普遍认为这种寻求基始原理是一种无用的冒险行动；今天，只有某些新康德主义哲学家才会希望或接受把真值从直观上无可怀疑的基始原理注入这个删简了的回路。

所以，我们在科学中不能证明；如果我们是反对归纳主义的经验论者，我们所能做的最多只是否证。但是，如果把我们的批判态度也扩大到事实〔方面〕——我们必须这样做，尤其是在迪昂和波普尔大力复兴古希腊对感觉经验的批判之后——我们只能允许暂时承认基本陈述。波普尔认识论的拉链不像逻辑实证主义的拉链那样，它甚至对可靠的否证也不适合。它不能证明，只无把握地否证。至于启发式的拉链，这可以从一个推论的事实——像开普勒定律——开始，它可以通过演绎渠道向上转移，接着以归纳的方式跳跃到万有引力；然后沿着纯演绎路线返回，抹去前面的事实，写下开普勒定律的牛顿修正形式，等等。不存在绝对僵硬的、不可改变的、完美的推论事实。

读者在这种启发式拉链中将认识到我们的证明程序的一个模式：开普勒定律作为最初的猜想，牛顿的修正作为定理。唯一不同的是，在这里我们宁愿使用“说明程序”这个词——但是，这种区别似乎只是对那些逻辑实证主义者才是重要的，他们相信数学中的基始原理，而否认科学中的基始原理。因此，这些逻辑实证主义者用证明对说明这种区分（也就是，基始原理对无基始原理的区分），作为数学与科学的划界标准： 91

在我们以某一数学的演绎系统和以某一科学的演绎系

统进行思考的方式中，存在着本质的差别。在前者之中，我们在逻辑上或认识论上都是从开端出发，并且继续进行到结尾；在后者之中，我们只是在逻辑上从开端出发，并且继续进行到结尾，认识论上的顺序却是从结尾到开端。再次使用拉链这个隐喻，数学命题的真假值中的真值（即形式上的真），首先是在顶部赋予的，然后向下起作用；在科学的系统中，真假值中的真值即与经验相一致首先是在底部赋予的，然后向上起作用，……。科学家花了很长时间才认识到，科学中的假说—演绎的归纳方法，在认识论上不同于数学中表面上类似的演绎方法；而且，在完全模仿欧几里得系统的演绎形式时，他们实际上不是在继承他的演绎证明方法。欧几里得在诱导科学家去构造演绎系统方面所产生的良好影响是如此巨大，以致大大抵消了他在引起科学家曲解他们在构造这些系统时的所作所为之不良影响；对数学和不自觉的科学有良好影响的欧几里得对科学哲学却产生不良影响——而且对形而上学确实有了不良的影响（Braithwaite，同上书第352—353页）。

科学与数学之间的这种逻辑主义的划界无论如何也无法证明是有道理的。数学的算术化是新康德主义主张的基本证据，他们声称能够从皮亚诺的五个综合性的先验公理演绎出全部数学。数学的逻辑化是逻辑实证主义主张的基本证据，他们声称能够从《数学原理》中分析上为真的公理演绎出全部数学。

罗素的企图真正是笛卡儿主义的努力[①]，但他失败了。他的无穷公理和选择公理绝不是分析的[②]，而且其余一些公理的分析性也是成问题的。人们当然还可以求助于康德主义，而且声称他们的逻辑公理是先天综合的。[③] 不过，这种重新解释有两个致命弱点。一个是翻译程序绝不是先天综合的。另一个是哥德尔对适当丰富的理论的不完全性的论证表明，算术的不可谬的气氛是由于，它那现在已知的部分事实上只是无限总体的一个贫乏的小部分。 92

① “我希望迟早能得到一种没有怀疑余地的完美数学，然后把可靠性的范围一点一点地从数学扩大到其他科学。”(Russell〔1959〕,p.36)

② 笛卡儿派拉姆塞只是成功地消除可约性公理。

③ 我设想，这是罗素在下面一段最后一句的意思。在那段中，他宣布，他原先的笛卡儿主义的烙印已经不存在了：“在那里，纯粹数学被组织成一个演绎系统——也就是，能够由一组指定的前提演绎出来的所有那些命题的集合——显然，即使我们相信纯数学的真理性，这也不可能是因为我们相信前提集合的真理性。有些前提比它们的结论更不明显，我们相信这些前提主要是因为它们的结论。当一门科学被整理成一个演绎系统时，所看到的情况总是如此。并不是这个系统的逻辑上最简单的命题都是最明显的，或者为我们相信这个系统提供主要理由。就经验科学来说，这是明显的。例如，电动力学能够被浓缩成一些麦克斯韦方程，但是，相信这些方程却是因为观察到它们的某些逻辑结论是真实的。同样的情况恰好发生在逻辑学领域中；我们相信逻辑学的那些在逻辑上处于基始地位的原理(至少是其中的一些原理)，不是因为它们自己的缘故，而是由于它们的结论。”我们为什么应该相信这个命题集呢？这个认识论问题完全不同于这样一个逻辑问题，即“演绎出这个命题集合所依据的那组最少的、逻辑上最简单的命题，是什么呢？”我们相信逻辑和纯数学的部分理由只是归纳的和或然的，尽管在它们的逻辑顺序上，逻辑和纯数学的命题都是从逻辑前提出发，经过纯粹的演绎法得到的。我认为这一点是很重要的，因为错误常常出于把逻辑顺序比作认识论顺序，反之，把认识论顺序比作逻辑顺序也容易产生错误。靠数理逻辑的工作来阐明数学的真假性的唯一方式，是通过否证设想的自相矛盾。这说明，数学可能是真的。但是，要说明数学是真的，则需要别的方法和考虑”(Russell〔1924〕,第325—326页)。这种态度和牛顿的态度非常相似。牛顿需要一种笛卡儿式的宇宙论，而罗素则需要一种笛卡儿式的逻辑。他们失败以后，都认为，应该重新研究原来的问题，而且这是唯一值得研究的问题。

可以论证，哥德尔关于导致这些新公理的不可判定性证明，仍然是非常简单而容易了解的。但是，哥德尔的结果使希尔伯特对平凡的元理论的梦想破灭了。

欧几里得—笛卡儿把知识平凡化的梦想，不仅在科学中已经失败了，而且在逻辑和数学中也失败了。[①]

93　2. 分析—综合：反驳的失败尝试如何可能是启发式研究纲领的出发点

欣提卡教授和雷梅斯先生的论文对有关帕普斯的分析—综合问题的大量文献来说，是一个重要贡献，我感到高兴的是，有机会以一些稍微不同的观点来补充它，这些观点是我在《证明与反驳》论文中提倡的，而且好像没有为他们所注意[②]。

(a) 拓扑学中的分析—综合并没有证明它企图证明的问题

很遗憾，波利亚的工作被欣提卡所忽视。我跟他一样，都认为

① 我在这里并不讨论形式主义者对科学与数学之间的划界标准，这种数学一点也没有把任何真值注入数学的拉链中，它能够传递真值，它能够“推导出”真值，但它本质上是中立的，它不能“证明”真值。这种失败也是由于哥德尔的结果。传递真值的各种可能方法比任何已知的逻辑理论多得多；但是，看来最平凡的逻辑理论，结果可能证明是不平凡的、不相容的。

② 我的论文《证明与反驳》发表在1963—1964年《英国科学哲学杂志》上：它以《Dokazatelstva i Oprovezemia》的书名，于1966年发表在莫斯科。〔*以后又以《证明与反驳》的书名在英国剑桥大学出版社出版，1976年。——编者〕。要进一步了解我的数学哲学观点，可参见Lakatos〔1961〕、〔1962〕、〔1963—1964〕以及本卷第二章。

分析是一种启发式模式。虽然它可能是希腊人开创的,但是,直到今天还是科学研究和数学研究的特点。

我首先提醒人们注意分析的两个经典例子。第一个例子是,柯西于 1811 年证明了有名的欧拉关于多面体的定理。欧拉于 1751 年证明了:对于所有的多面体,$V-E+F=2$,其中 V 是顶点数,E 是棱数,F 是多面体的面数。

柯西的证明如下:设对于所有的多面体,$V-E+F=2$ 成立然后取一个多面体作为特例,比如,正方体,并对它进行下列实验。

我们首先准备一个空心的橡皮立方体模型,并且用红颜色明显地画出各条棱*。如果我们切下一个面,那么就可以在不撕裂它的情况下,把剩下的面平展在黑板上。面和棱都会变形,涂成红色的棱可能变弯曲,但是,V、E、F 不会改变,所以,对于原来的多面体来说,$V-E+F=2$ 的充分必要条件是,对于这个平面网络,$V-E+F=1$——记住,我们已经去掉一个面。(图 1 显示了立方体的平展网络)第二步:现在把我们的图形——它看起来确实好像一张地图——分成三角形。我们在这些已经不是三角形的多边形中画对角线,而这些三角形、多边形和对角线都可能是弯曲的。每画出一条对角线,E 和 F 各增加 1,因此,$V-E+F$ 的值不会改变(图 2)。

第三步:我们现在从这个分成三角形的网络中一个个地去掉这些三角形。为了去掉一个三角形,我们或者去掉一条棱——这　94

---

* 在此处,拉卡托斯的打印稿留下一个空白。以下叙述的柯西证明是引自 Lakatos〔1976*c*〕,pp. 7—8。——编者

时，一个面和一条棱就消失了，如图 3(a)，或者去掉两条棱和一个顶点——这时，一个面、两条边和一个顶点就消失了，如图 3(b)。因此，如果在去掉一个三角形之前，$V-E+F=1$，那么在去掉一个三角形之后，$V-E+F$ 的值仍然等于1。在这一过程结束时，我们得到一个单独的三角形，对于这个三角形来说，$V-E+F=1$ 成立。

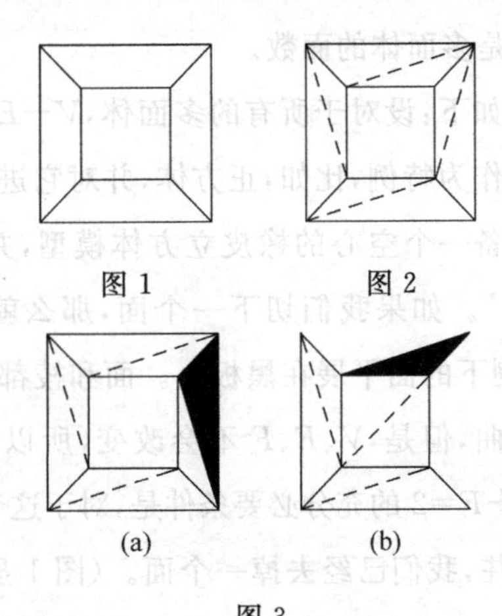

图 3

数学家承认这个论证是对欧拉猜想的一种证明。这听起来也许很奇怪，因为柯西所做的一切只是证明：如果对于一个立方体，$V-E+F=2$，那么对于一个具体的三角形，$V-E+F=1$。不过，后一个等式确实是显然为真的。这种奇妙的证明无论如何也是有巨大的启发力。我们当然可以把它所包含的推理描述为

$$E(p_1)\rightarrow E'(Tp_1)$$

其中 p_1 是一个特定的多面体(即立方体)，Tp_1 是由这个“证明”中所描述的变换而产生的三角形。谓词 E 代表欧拉的，谓词 E' 代表

拟欧拉的〔也就是，对于那些 $V-E+F=1$ 的对象适用的那种性质〕。

可是，这种普通的推导强烈地提出更普遍的公式

$$E(p)\to E'(Tp)$$

其中 p 是自由变项，其变化范围为所有的多面体。可是，在这种条件下，我们需要一些非常强的辅助假设，以便从 $E(p)$ 推导出结论 $E'(Tp)$。我们需要假定：所有橡皮多面体，在去掉一个面以后，都可以无破损地平展在黑板上。我们需要假定：我们用这种方法得到所有平展的网络，都可以在不改变 $V-E+F$ 之值的情况下，分成三角形。我们需要假定：我们可以从所有这样的网络中一个接一个地去掉所有的三角形，直到达到最后一个三角形，而又不改变 $V-E+F$ 的值。我们的演绎链条实际上更像这一种： 95

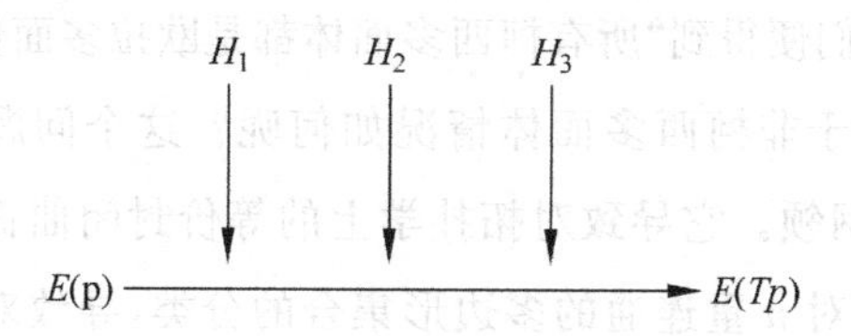

因此，推导一个很弱的结论（对于我们的三角形来说，这个结论是 $V-E+F=1$），只有从一个强的前提出发，并且借助于一些非常强的假设才能达到。但是，我们一旦使用这些强的假设，就能够倒个方向来进行，即从这个三角形到这个多面体，并且从一个三角形具有三个顶点、三条边和一个面这个事实推导出欧拉定理。这种分析为这种综合提供所需要的秘密假设。分析包含着创造性的新事物，综合是学生的日常作业。在这个实例中，创造性的新事物是，多面体是“真正”封闭的、有三角形花样的、橡皮表面的这种思想。

顺便说一句，分析在一个特定的多面体上进行，因此，一般引理只是有所暗示，但未明显地提出来。

可是，这种秘密引理是假的。并不是所有的多面体都是与这个球面同胚的，而且，并非所有多面体的面都是单连通的。因此，只有满足辅助假设的那些多面体才是欧拉多面体。这种分析和综合都是不能成立的，而且我们企图证明的那个定理，结果证明是一种纯粹的“朴素猜想”。然而，我们可以通过合并这些引理明确表达的条件，而使一个“由证明生成的定理”脱离分析（或综合）。因此，我们并没有证明我们想要证明的东西。我们企图证明，对于所有的多面体，$V-E+F=2$，而我们通过对分析的批判性检验和更明确的综合，并没有返回到原来的出发点。我们从“所有多面体都是欧拉多面体”这个命题入手，然后经过想象的和批判的分析—综合过程之后，我们便得到“所有**柯西**多面体都是欧拉多面体”这个命题。

那么，对于非柯西多面体情况如何呢？这个问题酝酿了一个真正的研究纲领。它导致对拓扑学上的等价封闭曲面的一种完全分类，导致了对 n 重连通的多边形集合的分类，导致对广泛范围的拓扑对象，计算 $V-E+F$。在这种研究过程中出现一系列隐藏得更深的引理，最后，研究纲领变成一种硬核（在代数拓扑学的公理中），一种精致的、丰富的正面启发式方法。

可是，如果我们从命题 p 入手，并且由 p **得出一些结果**，而不[96]是**试图寻找得出 p 的那些前提**，那么我们客观上所做的是**检验而不是证明**。因此，我们在分析中检验——按波普尔方式——一个猜想；如果我们反驳不了它，我们接着可以首先把它变成一个证明，然后变成一个数学的研究纲领。

在这里，我们可能提出的问题是，我们怎样按原先的方式得到$V-E+F=2$，即"朴素的猜想"。重要的是要认识到，大多数数学猜想出现在它们被证明之前，同时，它们通常是在公理系统得到明确表述之前就被证明了（在这些公理系统中，证明可以用形式化方法来完成）。我们通过试验性地解决数学问题，即通过试错法得出数学猜想。因此，我们提出多面体的面、棱、顶点之间的关系这个问题。我们提炼是一个又一个的不同猜想。我曾仿效波利亚详细描述了这一系列的猜想和反驳*。在这种情况下，通过波普尔式的猜想和反驳（我称之为"朴素的试错法"阶段）达到这个朴素的猜想，大约需要2000年时间。这一"朴素的"时期，即数学发现的第一阶段，在这一具体情况下，从欧几里得持续到笛卡儿。但在某一阶段上，朴素猜想受到一种高级的未遂反驳；开始出现分析和综合，这是发现的第二阶段，我称之为"证明过程"。这个证明过程首先产生这个具有新的、由证明—生成的印记的定理，接着产生一个意义深远的研究纲领。朴素的猜想消失了，这些由证明生成的定理变得比以往任何时候都更复杂，这个阶段的中心充满了新发明的引理，起初作为隐藏的（省略三段论），后来作为表述得越来越清楚的辅助假设。正是这些隐藏的引理最后变成纲领的硬核。随后几百年，它们（更确切地说，它们的"派生物"）在我们的例子中是作为代数拓扑学的公理出现的。

重要的是发现，在我们所描绘的分析中，既没有公理系统的痕迹，也没有特定的知识体系的痕迹，或者已知为真的一组引理的痕

* 见 Lakatos[1976c]，第一、二章。——编者

迹。我们从一朴素猜想开始,就必须发明一些引理,也许甚至要发明能够拟定这些引理的概念框架。而且我们发现,在一个有启发式成果的分析中,大多数隐藏的引理经检验查明是假的,甚至它们在构思时就知道是假的。所有这一切都与欣提卡(或帕普斯)的(理论的)分析的构思迥然不同的。在我看来,问题不是根据引理或公理证明命题,而是发现一种特别严密的、富有想象力的"检验—思想实验",它为"证明—思想实验"创造工具,它不是证明猜想,而是改进猜想。综合是"非证明",即不是一种"证明",它可以对研究纲领起到一种发射台的作用。

这时,有一种模式,据此,人们获得从波普尔猜想到证明与反驳(不是猜想和反驳)的方法,进而到数学研究纲领,这种模式反驳一种哲学主张:〔认为〕研究纲领的启发性源泉始终是某种重要的形而上学的想象力。一个研究纲领可能具有卑微粗陋的起源:它可能来源于低层次的概括。在某种意义上,我的案例研究恢复了归纳主义的启发式方法的名誉:它经常研究事实,惯常进行那些作为纲领发射台使用的低层次概括。数学和科学都受到事实、事实概括以及富有想象力的演绎分析的重大影响①*。

(b) 物理学中的分析—综合并没有说明它企图说明的东西

我要简短地转到第二个例子。在此之前,我希望大家注意一

① 这段话的意思是S.拉蒂西斯向我指出的。(见Latsis〔1972〕)

* 拉卡托斯的打印稿在这里有一个新的段落标题:"微积分中的分析—综合并没有证明它企图要证明的问题。"但没有相应的正文。——编者

个事实，至少直到我把它带到这个场所以前，我的第一个例子中在数学上一点也没有什么特别的地方。我说的每一件事都可以解释成在封闭橡皮薄膜上着色的网络中的一个研究纲领。在这种情况下，我们的分析导致一种说明，而不是导致一种证明，并且呈现出来的一些隐藏前提都是说明性的命题。我重复一遍：在这种情况下，我们从欧拉公式可能已经演绎出它自己的说明。我在本节将要考虑牛顿著名的分析—综合，其中情况显然是这样的。牛顿的分析—综合是一种说明—程序，而不是一种证明程序。但在转入牛顿之前，我要强调："对于所有的多面体，$V-E+F=2$"。不多不少与"所有行星都在椭圆轨道上运动"一样，是一个事实。

牛顿从低层次的假说，即开普勒的行星运动之定律开始。他像人们在分析中所做的那样，举出行星系统的一个例子：在行星系统中，太阳被一只无形的手托住在固定的位置上，而且只有一个行星围绕它运行。他对这个具体实例开始"分析"开普勒定律。首先，他在自己挑选的具体例子中，从开普勒的朴素猜想（矢径在相同时间内覆盖相同的面积）推演出纯运动学的结论：行星的水平运动具有指向太阳的加速度。与柯西的例子不同，关于加速度的最终结果不是明显的真，但是，根据柏拉图的形而上学，它确实具有一定程度的似真性。于是，牛顿着手进行综合。假定这种水平运动的加速度是指向太阳的，他倒推出开普勒的相等面积定律。在结束这段分析和综合之后，他采用开普勒的椭圆定律，并且通过分析推演出这种加速度（他已经指明加速度是指向太阳的）具有一个量值，它与该行星在任一给定点到太阳的距离之平方成反比例。这种分析的前提是，行星轨道为椭圆的这个定律。可是，综合并没

98

有简单地得到一个椭圆。与分析不同,综合包含一个假的引理,于是,牛顿带着一些改进的引理从平方反比定律后退,他得到一个经验上更强的命题,即行星沿着圆锥曲线运动,而且这个圆锥曲线的类型可以借助初始速度来预言。

现在来看牛顿对开普勒第三定律的分析。在概述这个分析之前,我们必须记住,牛顿从开普勒开头两个定律演绎出,行星在他的具体模型中的运动具有指向太阳的加速度,而且这个加速度是与它到太阳的距离的平方成反比的。现在,我们使行星远离太阳而移到一个大的椭圆上。这个比例因子会是相同的吗?在这一点上,开普勒的两个定律并没有给我们任何信息。牛顿猜测,这个因子是相同的。他已经从开普勒开头的两个定律推导出,这个比例因子是

$$\gamma = 4\pi^2 \frac{a^3}{T^2}$$

其中 a 是椭圆的长半轴,T 是公转周期,而现在,他从开普勒第三定律推导出,γ 与行星到太阳的距离无关。因此,牛顿从开普勒第三定律推导出:已知一个固定的太阳和一个行星,作用于这个行星上的加速度等于(γ/γ^2),其中 γ 对于一切具有一个行星的行星系统来说,都是相同的。

这种纯粹从运动学角度上重新构造牛顿的分析和综合,应归功于特普利茨。[①] 这是不是牛顿关于发现的真实思路,还是一个没有解决的问题,而且也许我们永远不可能弄清楚。现在我们假

① 参见 Toeplitz〔1963〕,pp. 156—161。

定，它就是如此罢。分析动用了综合中所使用的数学工具，一旦有了分析，综合也就不太困难了。牛顿的案例明显地不同于柯西的案例，牛顿的分析似乎把“已知”引向“未知”，而不是从“未知”到“已知”。但是，事实上牛顿知道，行星运动只是接近于椭圆，正像在柯西时代欧拉朴素猜想的反常是众所周知的一样。不过，柯西和牛顿完全不顾任何反常；执行一种精确的分析—综合程序，并且都以此感到无限的自豪。这两个案例中的真正成就并不是得到“证明的”最终结果，而是包含在创造分析中的必要的数学工具中的智力成就。当然，牛顿也使用隐藏的引理，例如这样一个引理：太阳和行星的质量集中在几何点上。只是在后来，牛顿才证明：如果人们只假定，太阳和行星都是完美的和均匀的球体，这些分析也还是可以实现的。可是，牛顿的分析和综合仍然限于固定不动的太阳，一个行星的系统。他后来让太阳运动，并且证明，这个行星仍旧伴随着在焦点运动的太阳，而沿着圆锥曲线运动——但是，为此他必须引进他自己的动力学[①]。为了计算〔具有〕两个以上天体和凸出的行星的行星运动，他必须用他的动力学的全部力量来发动复杂的数学工具。在这个阶段上，“分析”不再帮助他了，正像在成熟的代数拓扑学的创造性发展中，我们很少再发现分析。一旦这些引理得到证实，甚至被组织在公理系统中，一旦这种数数机构建立起来，“向后起作用的”分析还可能用来作为解决难题的一种启发性工具，但是，它的作用显然只是心理上的。它根据某个已知

99

① 他当然始终知道，不存在支撑行星的无形之手，因此，他的运动第三定律禁止一个固定的太阳。

的研究纲领，帮助想象产生有效的证明或者说明。在成熟的科学和数学中，分析不再导致革命性的进步。只有当分析操纵从低层次的朴素猜想到研究纲领的一个突破性进展时，它才是革命的。

我想，在物理学的几个主要发展阶段上，情况就是这样。例如，我认为，普朗克和爱因斯坦的量子理论是出自演绎性地探究低层次的辐射定律的（尽管可能不是按照多林提示的思路[①]）。

(c) 希腊几何学中的帕普斯分析—综合

我现在转到古希腊的几何学。我提出下面这个历史的论点。古代几何学最初是在经验上通过朴素的试错法而发展的。希腊人从巴比伦人和埃及人那里继承了一些朴素的猜想，这些猜想具有比较重要的真实内容（而且他们也创造了其他一些猜想）。这些猜想成为后来发展的一个先决条件。然后，在没有任何已知的引理、没有任何可靠的公理系统的情况下，出现检验和证明的思想实验，主要是分析。这就是萨博所说明的希腊证明的原始概念，即验证。验证可能用两种〔与分析和综合相对应的〕方式来进行。只是在数以百计的成功的分析和综合以后，只是在数以百计（在我的证明与反驳的意义上）的“证明程序”以后，某些引理才始终不断出现，得到“确认”（而它们的替换物仍然是无结果的），并且最后被欧几里得变成一个研究纲领（一个公理系统）的硬核。在这一时期，如果人们提出一个几何猜想，那么就要问：它是不是从欧几里得的公设和公理得出来的，它是不是真的。分析作为获得新的引理和公理

① 参看 Dorling〔1971〕。

的工具，已经失去它的作用；要用它也只不过是为综合调动必要的、已经得到证明的或者显然有效的引理的一种启发性策略。分析再也不是深入未知的一种冒险行动；它是在动员和巧妙地连接已知的相关部分方面的一种训练。曾经一度是大胆的，而且常常被证明是无根据的猜想的那些引理，现在变得坚固起来而成为辅助定理。

这就是为什么我在欧几里得自己的分析中从来没有发现“局部反例”的原因，这些局部反例说明，隐蔽的假说是假的，必须予以修改和替换。某些引理为概念—延伸所反驳的那个时期，已经渡过了；像“并非所有的整体都大于其部分”，或者“平行线相交”这样一些可替换的引理，因为退化而被排除了：替换对象曾经提出来过，但并没有产生令人感兴趣的结果。可能有趣的倒是去发现，阿基米德和阿波洛尼乌斯的分析——用库恩的话来说——究竟是革命的一部分还是常规科学的一部分。

最后还应该说一句话。在欧几里得以前的几何学中，帕普斯的分析曾起过一种革命性的作用，平行公理作为一个新奇的、半信半疑的引理，继续不断地突然出现。花了不少时间才决定这个引理应该被看作是欧几里得几何的一个无异议的公理。萨博教授在其优秀的著作〔1969〕简要地说明了这一过程。

在理性重构希腊的分析—综合上，我与欣提卡和雷梅斯的差别是很清楚的。他们把重构建立在这样一个假定的基础上，即帕普斯分析是已经公理化了的欧几里得几何中的一种启发性模式，而且他们始终假定，分析的演绎部分是有效的，提出的引理是可证明的。在我看来，希腊几何的最振奋人心的那些分析是在欧几里得以前,它们的作用是形成欧几里得公理系统。在欧几里得的公设、公理、定义和一般概念出现之前,欧几里得几何的大部分内容就已经存在,正像数论存在于皮亚诺公理之前,微积分早在戴德金以及其他人的实数定义之前就存在了,概率论早在柯尔莫哥洛夫之前就存在了。问题是,为什么终究出现连接成一个公理系统的需要,而且这样一个系统在这个学科的进一步发展中起着什么样的启发作用呢?不过,这是与我们现在讨论的问题有区别的一个问题,而且相比之下是一个次要的问题。

(d)〔关于分析—综合的错误认识〕

101 伟大科学家由于某种理由,试图说明为什么他们认为他们的贡献是科学的,或者确实是杰出的时候,表现出种种不同形式的错误认识,研究这一现象当然是迷人的。例如,同胡克的贡献比高低的牛顿经常需要为自己在科学上的功绩辩护。牛顿声称,当胡克只是猜想:平方反比定律的幂正好等于 2 而不是非常接近于 2 的一个数的时候,他就从开普勒定律精确地演绎出这个数 2。自从迪昂以来,牛顿因为他的话而常常受到嘲笑(例如,受到波普尔和费耶阿本德的嘲笑),而且那些为牛顿的话所作的辩护也都是从逻辑上的误解出发的(例如,玻恩和 B. 科恩)。① 但是,一旦我们认识到,牛顿的启发性思路确实有理由成为从开普勒定律得出平方反比定律的一种分析,而且因为在这种分析中用到辅助引理的深刻性,所以这种分析甚至在它最弱的纯运动学的形式中也是增加内

① 参见 Born〔1949〕,pp. 128—133 和 Cohen〔1974〕。

容的和确实改进内容的，人们也就会理解，在这种分析中已经取得现代意义上的科学进步。这种进步更多的不是表现在超越这些前提的那些现实的新奇预言方面（在行星也可能沿抛物线运动的情况下），而是表现在新奇地解决问题的数学物理方法方面，这些新方法后来导致一个进步的研究纲领，并成为它的组成部分。

欧几里得、帕普斯、扎巴雷拉、伽利略、笛卡儿、牛顿等人著作中有关分析—综合的各种形式的混乱状态，初步查明，可有不少清楚可察的原因。

第一，曾经认为，科学家所采取的每一步都必须在认识论上证明是正当的。因此，如果科学家通过分析由 A 得到 B，他必定比开始时知道更多的东西。如果分析只具有启发性的价值（与认识论的价值相反），那么用证明主义的话来说，分析还不是一种值得一提的成功。它并非是发现。因此，分析被看作是证明过程的组成部分，而不是发现过程的组成部分。在现代逻辑发展之前，这两个过程没有也不可能截然分开。正是“分析的方法”这个词把这两个过程合并起来。启发法和评价实际上是不同的。

第二，演绎和归纳的差别不是明显的。在亚里士多德的三段论中，划分这两个概念是容易的，但是，在从心理学角度研究的逻辑理论中（例如，在伽利略、笛卡儿和牛顿的逻辑理论中），一个有效的推理，一般说来，是“从直观上理解的一个或一些内容到另一个从初始内容根据直接的逻辑必然性而得出的内容的推论的运动”[1]，如果是这样的话，就无须区分增加内容的推理和不增加内

① Joachim〔1906〕，p. 71，注 2。

容的推理了:客观上无效的归纳推理在心理上可能比某些有效的演绎的推理给人更可靠的感觉。具体地说,我们今天所说的非形式的实质性数学推理就是归纳推理,因为所引证的隐前提具有显前提中没有出现的逻辑内容。只是在玻尔查诺的逻辑有效性理论之后,我们才能用一般的词汇来划分归纳法和演绎法。在笛卡儿和牛顿那里,这两个词是作为同义词使用的。

102

第三,在现代逻辑产生之前,不可能分清因果之间的区别。

这些就是〔产生〕混乱的三个来源——全都起源于证明主义的认识论和心理主义的逻辑理论。这些来源产生了我过去常称呼帕普斯—笛卡儿回路*的那些模糊的认识论观念。让我用一个图来说明帕普斯回路:

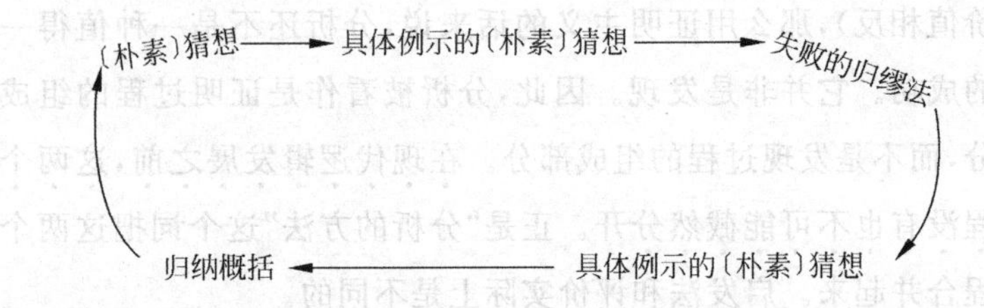

这种猜想的真实性是由整个回路,理智和经验的共同作用,来保证的,而且又是培根、笛卡儿和牛顿十分强调的一个题目。(我不知道是谁发明了培根—笛卡儿争论的神话。)

这个回路的困难自然在于,这些箭头并非全都代表有效的演绎推理。事实上,顺着这个回路走几次以后,便出现越来越多的隐引理,而且这个猜想因批判地审查这个回路而不断得到改进。证

* 见本书边码 p.76。——编者

明只是根据意见一致、约定才能给予宣布，在那里，引申概念的批评必须中止，并且必须通过给出数学猜想的一阶或二阶理论的有效证明来中止。

当我们从帕普斯回路转到笛卡儿回路时，就出现这个回路的一些新情况，以及随之而来的新问题。〔就像上面边码第 77—92 页所表明的那样。笛卡儿回路可以描述如下：〕

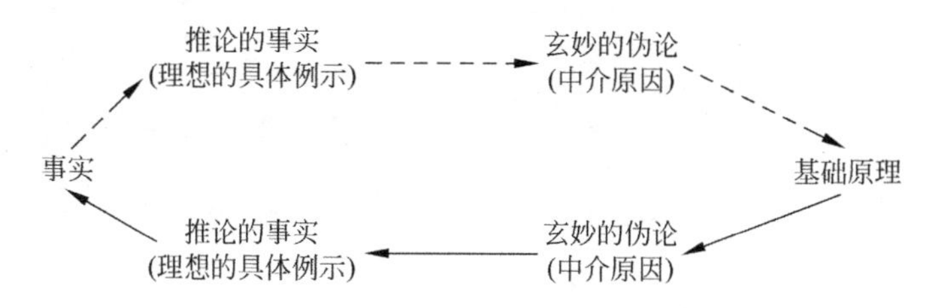

打破笛卡儿对这个回路的看法，已经构成现代科学哲学的主流。〔这种打破的实现是由于〕逐步把演绎法与归纳法分开，把发现的心理学与证明的逻辑分开，由于打破了原因等同于结果，最主要的还是由于逐步把数学和经验科学分开。打破笛卡儿回路花了 200 年的时间。这大概是莱布尼茨发起的，但是，真正彻底的破坏只是到了玻尔查诺、弗赖斯，最后还有塔尔斯基，才实现的。〔但是，随后出现的发现和证明的假说—演绎方法，可能使我们看不到来自"现象"的演绎链条的重要作用。科学理论与事实命题之间的鸿沟是不可逾越的，但是，偶然地跳跃比起波普尔哲学可以使我们相信的东西是更为不足的。〕 103

第 二 部 分

批判的论文

第六章 评价科学理论的问题:三种方法*

在传统上,科学哲学关心的一个主要问题是,对那些有权要求“科学”地位的理论作出(规范的)评价。我们能否规定,一个理论要成为比另一个理论更好的科学理论所必须满足的一些普遍适用的条件呢?(现在与波普尔的名字相联系的分界问题是,我们能否规定,某一理论要完全成为科学的理论所必须满足的一些条件。分界问题是评价问题的一种“零点案例”。)在我看来,一般的分界问题是科学哲学的主要问题。研究这一问题有三种主要传统。〔本文的目的是概述这三种传统,并且研究它们的优缺点。〕

1. 关于评价科学理论的标准问题的三个主要思想流派

(a) 怀疑论

评论问题的一个思想流派可以追溯到希腊毕罗派(Pyrrho)怀

---

* 这篇论文最初是拉卡托斯对 Toulmin 的《Human Understanding》(人类的理解力)评论的一部分,下面第十一章的首注中说到这个评论的来历。这个评论也是他 1973 年在 Alpbach 所作的一些讲演的基础。我们加了现在这个标题。这个评论在这里是首次发表。——编者

疑论传统，现在称做“文化相对主义”。怀疑论把科学理论看作是一簇信念，而这一簇信念在认识论上等同于无数其他簇信念。一个信念系统与任何别的信念系统一样，都不存在“特权”，虽然有的信念系统比别的信念系统有着更大的力量。信念系统可以变化，但没有进步。这个思想学派因为牛顿科学的极大成功曾暂时沉默。今天，它尤其在反科学的新左派集团中重新获得力量。它的最新颖而富有色彩的变种是费耶阿本德“认识论上的无政府主义”。根据费耶阿本德的观点，科学哲学是一种完全合理的活动，它甚至可能影响科学。任何信念系统(包括他反对的那些系统)都可以自由发展，而且影响别的任何信念系统；但是，没有一个信念系统具有认识论上的优越性。[①] 注意，这种观点不同于毛的“百花齐放”。费耶阿本德不希望把鲜花和杂草的“主观”区别强加给任何人。这位怀疑论者的忠告是：做你自己的事。这就是这位怀疑论者的理智诚实准则。

怀疑论者成为富有想象力而又不可靠的历史学家。对他们来说，科学史只能是一种对信念的信仰。根据这种历史学家的不可救药的偏见：科学史的重建是彼此不同的，一种科学史并不比另一种科学史更好。

因此，怀疑论者否认，对评价科学理论问题，可能提出任何可接受的解决办法。我将考察的另外两个思想流派都断言，解决这个问题是可能的。“分界主义者”一心试图提出一般的评价标准，

① 我这里指的是 Feyerabend 在 70 年代出版的著作，最好参见 Feyerabend〔1970〕、〔1972〕、〔1975〕。

它可以帮助我们鉴别科学的进步，并且证明（例如）〔牛顿理论是对开普勒理论的一种改进，在完全相同的意义上就像爱因斯坦理论是对牛顿理论的一种改进一样。正像我们将要看到的，“精英论者”赞成，牛顿理论比开普勒理论好，爱因斯坦理论比牛顿理论好。但是，他们否认，建立一种可能产生这些特殊判断的一般的科学进步标准的可能性〕。

(b) 分界主义

“分界主义”这个词导源于划分科学与非科学或伪科学的问题。但是，我是在更普遍的意义上使用它的。（广义的）分界标准，方法论或评价的标准，把好的知识与坏的知识区别开来，并给进步与退化下定义。

分界主义的标准预先假定，一般的“第3世界”具有逻辑上为真和逻辑上有效推理这些标准。分界主义研究纲领的目的在于找到这样一些标准，从亚里士多德三段论开始，并达到具有受赞美的歌德尔完全性定理的高度。为了更清楚地看到“分界主义”与“精英论”（我在下面将要概述它）之间的差别，我们首先必须提到弗雷格和波普尔对三个世界的区分。“第1世界”是物理世界；“第2世界”是意识世界，即精神状态的世界，特别是信念的世界；“第3世界”是柏拉图的客观精神世界，即理念世界。[①] 这三个世界互相影响，但每一世界都有相当大的自主权。知识的产物：命题、理论、理

① 说明这种极其重要的区别，可以在 Popper〔1972〕，pp. 106—190 中找到；特别是可以在 Musgrave 的一篇未发表的重要博士论文〔1969〕中找到。

论系统、问题、问题转换、研究纲领都在“第3世界”中生存和增长。[①] 知识的生产者生存在“第1世界”和“第2世界”中。

109 根据分界主义者的观点，知识的产物可以根据某些普遍的标准，进行评价和比较。关于这些标准的理论构成“方法论”知识，并且也在“第3世界”中生存和增长。

在分界主义学派中，存在许多差别。这些差别起源于两个更基本的差别。第一，在什么是最合适的评价单位这个问题上，不同的分界主义者的主张是不同的。莱布尼茨认为，任何命题都可以进行孤立地评价；罗素认为，只有大量的合取的命题才可以进行评价。[②] 在我看来，最好是比较问题的转换，特别是比较研究纲领的优点[③]。第二，分界主义者可能在评价单位上一致，但在评价标准上仍然是不同的。有些人认为，只有真命题才是可接受的，并且只有当命题可由事实证明的时候它才是真的；另外一些人认为，只有当一个命题在提供总证据方面比它的竞争者具有更高的概率时，它才是可接受的；还有一些人认为，只有当一个命题比它的竞争者具有更大的一组潜在证伪者，而比它的竞争者具有更小的一组实在证伪者的时候，它才是可接受的。扎哈尔(Zahar)同意我把研究

---

① 大多数分界主义者都赞成：如果命题符合事实，它们就是真的，因此，他们赞同真理的对应论。(有些约定论者可能偏爱一致性理论。)但是，他们中的大多数人却仔细地区分了真理和它的可谬的记号：一个命题可以对应于一个事实，但是，没有不可谬的方法可以确立这种对应。(见 Popper〔1934〕,Section 84 和 Carnap〔1950〕,pp. 37—51。)

② 见 Russell〔1910〕,pp. 92—93。他没有说如何评价。顺便说说，根据迪昂的观点，一个孤立的假说是可以反驳的，但是，为了进行反驳，科学家不仅需要演绎逻辑：他还需要常识(Duhem〔1906〕,Chapter IV,Section 10)。波普尔误解了迪昂，他自己的解决办法比迪昂的办法更不清楚。我的解决办法请参见我的第Ⅰ卷第1章 pp. 96—101。

③ 见 Lakatos〔1968*c*〕和第Ⅰ卷第1章。

纲领选作评价单位的观点,但他改进了我评价它们的方法。[①]

但是,不管他们有什么不同,所有的分界主义者在一些重要观点上都是一致的。他们认为,一个理论是不是伪科学的,这是一个"第3世界"的问题。因此,对分界主义者来说,一个理论可以是伪科学的,虽然它是"似乎非常有理",而且大家都相信它;一个理论即使是不可相信的,而且没有人相信它,它在科学上也可能是有价值的。一个理论,即使没有人理解它,更不用说相信它,它也可能具有很高的科学价值。因此一个理论的认识价值与它对人的心灵的心理影响毫无关系。这个理论是不是吸引人们增强信念并且给予热烈的承诺;它是不是引起欣快的("第2世界")精神状态(称为"理解"),这些都无关紧要的。信念、承诺、理解,这些都是人的精神状态。它们全都是"第2世界"的居民。但一个理论的客观的、科学的价值是"第3世界"的问题。它与创造它或理解它的人的心灵无关。

因此,分界主义者共同具有对明确表达的知识的一种批判的重视。他们只评价人类知识中明确表达的那一部分。分界主义者 110 容易赞同,明确表达的知识只存在于冰山的顶峰:然而正是在人类事业的这个微小尖端中才存在合理性。分界主义者还共同具有第二个重要特点:民主地尊重外行[②]。分界主义者为合理评价制定了成文法,它能够指导外行的陪审团进行裁判。(例如,人们不必是科学家就可以了解一个理论比另一个理论更能被证伪的那些条

① 参看 Zahar[1973],尤其是 pp. 99—104。

② 受教育的外行,不是没有受教育的科学社会学家。

件。)当然,成文法既不是可以明确解释的,也不是不可改正的。一个具体的裁决和这个法律本身都是可以辩驳的。但是,"分界主义的"科学哲学家写了一本成文法著作,却在那里指导外行人作裁决。

在分界主义的传统中,科学哲学成了科学标准的一个监视者。分界主义者重新建立一些大科学家在评价具体的理论或研究纲领时下意识或半意识地应用的普遍标准。但是,中世纪的"科学"、当代的基本粒子物理学、智能的环境论理论也许原来就不符合这些标准。在这样一些场合,科学哲学企图宣布退化纲领的辩解性努力是无效的。①

分界主义者向科学家们提出什么忠告呢?归纳主义者禁止他们推测;或然论者不允许提出一个假说而不具体说明已有证据支持他们的概率;对证伪主义者来说,科学的诚实不允许人们或者在没有指明潜在反驳证据的情况下进行推测,或者忽视严格检验的结果。我的科学研究纲领方法论没有任何这种严格的法规:它允许人们自行其是,但只要他们公开承认在他们与他们的竞争者之间的比分是什么。存在着创造的自由(如果用费耶阿本德喜欢的话来说,就是"无政府主义")和用什么纲领继续工作的自由,但成果必须接受鉴定。评价并不意味着忠告。②

① 关于这种好斗的分界主义,参见牛顿反对假说不是从现象演绎出来的著名论战;Popper 在他〔1963*a*〕,pp. 37—38 中论心理分析;或者 Urbach 在他〔1974〕中论智能的环境论理论。关于揭露非经验的知识分支是退化的烦琐哲学的企图,参见本书第八章,我对归纳逻辑的讨论。

② 见第 I 卷第 2 章,尤其是 p. 117;还可参见 Quine〔1972〕。

分界主义的编史工作承认,所有科学史都不可避免地有方法论荷载,而且任何一部科学史不能避免“理性的重建”。每一种不同类型的分界主义都导致一种不同的“内部重建”,相应地导致不同的反常和不同的“外部”问题。但是,这些“理性重建”可以根据恰当定义的标准进行比较,因而分界主义的历史——经典的归纳主义、概率主义、约定主义、证伪主义、科学研究纲领方法论——本 111 身构成一种进步的研究纲领。[①]

(c) 精英论

在科学家当中,对科学理论研究影响最大的传统是精英论。与怀疑论者不同(而与分界主义者一样)精英论者认为:好的科学与坏的科学或伪科学、较好的科学与较差的科学,都是*可以*区别开的。精英论者承认,牛顿、麦克斯韦、爱因斯坦、狄拉克等人的成就比占星术、维利柯夫斯基的理论以及其他类型的伪科学具有巨大的优越性,而且他们还主张,承认科学的进步。可是,他们又说,没有也不可能有一种成文法,它对进步和退化可以起到一种明显的、普遍的标准(或者一组有限的规范)的作用。在他们看来,科学只能由案例法来判决,而且最好的裁判者是科学家们自己。如果这些权威人士是正确的,那么学术的自主权就是不可侵犯的,而且外行人、局外人势必不敢去评判科学的精英人物。如果他们是正确的,那么这种分界主义的研究纲领就会因为*狂妄自大*而被废除。

① 这是一个难题。详细讨论参见本卷第八章和第一卷第二章。

最近，波朗尼提倡这样一些观点（库恩也同样鼓吹这些观点）。[①]奥克肖特的保守政治观也属于这第三种类型。根据奥克肖特的观点，人们可以研究政治学，但对它作哲学探讨是毫无意义的[②]。根据波朗尼的观点，人们可以研究科学，但对它作哲学探讨是毫无意义的。只有有特权的精英人物才拥有科学的才能，就像（根据奥克肖特的观点），有特权的精英人物才拥有政治才能一样。这种精英论的传统可以追溯到古代（到某些古希腊哲学和某些东方的神秘主义哲学）。

虽然我把精英论描写成是根据这样一种消极的主张：即科学进步没有普遍的标准，但大多数精英论者都提出说明为什么是这样的一个正面命题。这个正面命题是，大部分科学知识都是无法明确表达的，它属于“不可言传的方面”。方法论知识也包括某种“不可言传的方面”。他们提出为什么外行人不能成为评价科学理论的一个裁判者的原因：这种“不可言传的方面”只有精英人物才具有，而且只有精英人物才能理解（Verstanden）。[③] 只有他们才能评判他们自己的工作。

112　精英论（与怀疑论一样）是在分界主义纲领早期形式失败的基

① Polanyi原来的问题是要为保护学术自由不受30年代至50年代共产主义者的影响，而提供论据的，见Polanyi〔1964〕pp. 7—9。Kuhn的问题是完全不同的，见Kuhn〔1962〕。

② 对奥克肖特哲学的批判性讨论，见Watkins〔1952〕。

③ 精英论与Verstehen（理解）的学说有密切的联系。对这一点，可参见J. Martin〔1969〕。当然，Verstehen与“实证主义”关于一个令人满意的说明的标准毫无联系，像我在第I卷第1章p. 34的注释④中提供的那个标准。（在德国哲学文献中，“实证主义”一词似乎是对我称为“分界主义”的诅咒。）

础上茁壮成长起来的。经典归纳主义的垮台，新经典主义归纳逻辑明显不可救药的贫困，证伪主义新近的退化，最后，需要种种外部说明来解决科学研究纲领方法论中某些编史学的反常，这些都有助于宣传精英论的主张，即科学进步的普遍标准是不可能有的。[①] 精英论者一般把分界主义的失败和反常归咎于无视不可言传的方面。〔可是，精英论者应该记住，分界主义者可以在少数战斗中失败但仍然赢得整个战争的胜利。

正如我已经说过的，精英论是非常强大的，而且在科学家中间是占有统治地位的传统。因此，它是值得作更详细的分析的。〕

2. 精英论及有关的哲学观点

精英论者一定会以一些论据来支持他们的观点。无疑，例如，有些分界主义者有过高估计逻辑力量的倾向，[②]有些也没有充分注意现实科学实践的问题。[③] 而且，在某种非常有限的程度上，精英论者获得一个真正案例。[④] 尽管如此，精英论与四种可恶的哲学学说还是有着很密切的联系的，这四种哲学学说是：心理学主

---

① 见第Ⅰ卷第2、3章和本卷第八章。检查分界主义的最好方法是把它作为一个进步的研究纲领来考察。

② 但是，更多的精英论者却低估了演绎逻辑的力量。

③ 参见我在这方面对卡尔纳普、波普尔甚至塔尔斯基的批评；特别是在我〔1963—1964〕，pp. 2—6，本卷第八章和第Ⅰ卷第3章1c、1d节中。

④ 参见，我恳求分界主义认真注意科学家的那些判断，这些判断违反分界主义的普遍判断。但是，在我看来，这些不一致必须在分界主义纲领内部得到解决（第一卷第3章，pp. 151—154）。这一解决过程由于Zabar（在他〔1973〕）对科学研究纲领方法论的改进而得到具体说明。

义、与(为离经叛道者设有精神病院的)权力主义封闭社会的理想、历史决定论和实用主义。

(a) 精英论者赞成心理学主义和/或社会学主义

精英论者解决分界问题的主要作用是，把评价“第3世界”的产品(例如，命题、问题转换、研究纲领及其像在波尔查诺和塔尔斯基意义上的有效推理这类“第3世界”的关系)，转变成评价“第2世界”的对象；例如，心理学上的信念、精神状态、渴望解决问题以及在科学家的心灵上或者在科学共同体内的社会心理学上的危机。

根据分界主义的观点，如果一个理论满足一定的客观标准，它就比别的理论更好。根据精英论的观点，如果科学上的精英人物更喜欢某个理论，那么这个理论就比别的理论更好。因此，至关重要的是，知道谁属于科学的精英人物。虽然精英论者断言，评价科学成就的普遍标准是不可能存在的，但是，他们可以承认，判定个人或共同体是否属于精英人物的普遍标准是可能存在的。[①]

任何企图根据他们的成就来评价个人或共同体的尝试，都会使精英论者陷入恶性循环。所以，当分界主义者为估价科学活动的“第3世界”的产品提出准则时，精英论者就提出评价创作者(主要指他们的“第2世界”的精神状态)的准则。结果，一方面对于分界主义者来说，科学哲学是科学标准的监视者，另一方面对于精英

① 根据波朗尼的观点，如果我们不相信科学家本人的诚实公正，根本就不可能评价科学成就：“一谈到科学和科学的不断进步，就等于承认相信科学的基本原理和科学家在应用、改进这些原理方面的诚实。”(Polanyi〔1964〕, p. 16)

论者来说,这个任务则是由心理学、社会心理学或科学社会学来完成的。(分界主义者否认科学社会学的自主性:对科学的一切叙述都是对科学的理性重建。)

对于精英论来说,企图为事实命题和理论命题设计一种质量管理系统是没有希望的,因此,他代之而起的是必须为精英人物设计一个质量管理系统。如果一位科学家提出某个理论 T,那么为了评价 T 在认识论上的价值,精英论者就必须判定,T 的创作者(比如说 P)是不是一个真正的科学家:他只能评价创作者,而不能评价产品。他批准或接受 P 是根据他批准 P 得出来的。如果他面对两个竞争的理论 T_1 和 T_2,那么他就审查两个竞争的创作者 P_1 和 P_2,并且从"P_1 比 P_2 更好"推出"T_1 比 T_2 更好"的结论。这是心理学主义。如果这种标准更适用于共同体,而不太适用于个人,那么我们就得到社会学主义。

对于〔评价〕有科学头脑的人和科学共同体的不同标准已经提出来了。近代最早的两个精英论者是培根和笛卡儿。培根认为,有科学头脑的人是一个清除了"偏见"的人;这种头脑成为自然赋予自身的真理的一块白板。笛卡儿认为,有科学头脑的人是已经经历了怀疑论的怀疑之痛苦的人;这种人由于找到指引他去认识真理的上帝之手而获得报偿。

另外一些精英论者评价共同体而不评价个人。对于一些假马克思主义者来说(就我所知,马克思本人从来没有倡导过这样的观点),科学的质量依赖于产生它的社会结构。封建时代的科学比古代奴隶社会的科学更好;资产阶级的科学比封建时代的科学更好;而无产阶级的科学则是真正的科学。

有些形式的心理学主义和社会学主义比另一些形式的心理学主义和社会学主义更加要不得。根据前者的见解，任何人都可以114成为有洞察力的科学的和自我教育的共同体之一员，只要他已经通过一定的教育(洗脑?)治疗。但是，根据后者的看法，真正科学家的俱乐部是一个排他性的组织，有的人因为社会和种族的原因而长期被排除在这个组织之外。还有根据某些人的观点(例如，波朗尼、库恩和图尔敏)，科学共同体是一个封闭的社团；根据另一些人的观点(例如，波普尔和默顿)，科学共同体是一个开放的社团。默顿(不是一个精英论者)论证说，理想的科学共同体是一个开放的社会，它的规范是"普遍性"、"公有性"、"无私利性"和"有组织的怀疑论"。[①]

但是，无论他们采取什么特殊的形式，心理学主义和社会学主义在我看来似乎都是愿意考虑下述基本反对意见。在为科学共同体建立标准时，每一个人(不管他是不是精英论者)只限于使用规范的"第3世界"的标准(无论是明显的还是隐蔽的)。例如，默顿在他刻画科学体制化的特点之前，无疑已决定了选择哪一些理论作为科学的理论。他必定在他规定四个规范*之前*就已经判定，达尔文的生物学是科学的，而天主教的神学不是科学的。〔类似的考虑〕也适用于波朗尼和库恩。但是，默顿、波朗尼、库恩和图尔敏为什么要把天主教的神学和占星学完全排除在科学之外呢？他们当然会这样做的，虽然默顿是在他构造他的标准*之前*这样做的，而波朗尼、库恩和图尔敏需要*事后*的调整。(天主教的神学家和占星学家显然没有形成一个开放的社会。)

① Merton〔1949〕.

但是,如果我们在知道哪一种共同体应该被看作是科学共同体之前,必须对什么构成科学有某种思想,那么我们首先必须决定,什么构成科学进步。于是,我们就可以根据这个规范问题的解决办法,着手解决什么社会心理学条件是产生科学进步的必要条件(或最有利的条件)这一经验问题。这正是分界主义者怎样对待科学社会学的态度。他们把产品的质量管理问题看作是第一位的,而把生产者的质量管理问题看作是第二位的。既然对产品的质量管理已经提出了不同的答案,那么社会学家将根据他预设了什么样的答案而面临不同的问题。此外,一旦产品质量管理的规范问题,根据科学进步的定义而得到解决,生产者的质量管理问题就变成一个经验问题。对于分界主义者来说,科学哲学是规范性的,而科学社会学(虽然"渗透了规范")却是经验性的。

科学社会学的派生性质通过批判默顿的优先权争论理论而得到具体说明。默顿关于什么构成科学进步的观点(表面上看来是归纳主义的一种形式)使他把科学共同体内部的优先权争论看作是一种"功能失调"。但是,如果接受我的科学研究纲领方法论中表述的科学进步的观点,那么至关重要的是,知道两个竞争的纲领哪一个预言到一些事实,哪一个只是在事后探讨它们。因此,有些优先权的争论绝不是不正常的,可能是必不可少的,完全是"功能性的"。①

115

① 关于证明社会学家和历史学家如何由于对理论评价问题预先假定一些朴素的或含混的答案而被引入歧途,请参见第Ⅰ卷第2章。Worrall〔1976〕中有一个非常出色的案例研究。遗憾的是,甚至连默顿似乎也没有认识到,进步的定义必须先于对那些产生进步的最佳社会规范的确定。

精英论者采纳心理学主义和社会学主义招致一个更不幸的后果。精英论者不必声称,共同体信念的任何改变都构成进步。在真正科学共同体中,改变和进步反而是完全相同的。因此,例如,精英论者可能用斯大林破坏科学共同体的规范来说明在苏联李森科学派暂时战胜孟德尔学派的情况。[①] 但是,无论他接受的是默顿的还是波朗尼的,还是库恩的,还是图尔敏的真正科学共同体的标准,精英论者一定说,一旦这些社会规范完全得到满足,科学共同体内的一切变化都是进步。[②]

但是,甚至在"科学"共同体内部至少可能存在确实的退化。如果李森科的反对者在三两个月内由于自然原因全都死掉,而不是被遣送到集中营杀害的话,那么最后李森科的研究纲领的胜利也会传遍整个西方。这时,李森科的理论会因为默顿或波朗尼的科学共同体产生他的理论,而被证明是正确的吗?显然不会。甚至在一个完全"理性的"科学共同体中,强权也不一定是正义。我们显然可以有完全一致的看法,同时又有退化。[③] 但是,这意味着,我们需要(和使用)一些标准来判断科学成就,而不是判断共同体。

因此,我们不能用科学社会学代替科学哲学作为最高监视

---

① 另参见 Toulmin〔1972〕,p. 259。

② 这当然是历史决定论。见边码 p. 116。

③ 这是因为,要独立地定义共同体的科学性和理论的科学性是不可能的;又因为事实上科学研究纲领在非默顿的共同体中(在那里,例如大量精力集中于优先权的争论上,甚或"有组织的怀疑论"暂时消失)和在非库恩共同体中(在那里,例如,两个"范式"之间有一种力量的平衡),都可以发展。

者。[1] 如果科学史和科学社会学都渗透规范，那么合理评价科学进步必须先于（而不是后于）全面的经验史：“内部的（规范的）历史是第一位的，而外部的（‘描述—经验的’）历史是第二位的。”[2]没有某种理性重建，人们就不能写历史。 116

1970年，我向库恩提出下列论点：

> 例如，让我们想象：尽管天文学的研究纲领，在客观上是进步，但是，天文学家还是突然为库恩式的“危机”感完全控制住了；因此，由于不可抗拒的格式塔转换，他们全都转变去信仰占星学。我认为以某种外在的经验来解释这种突变是一个极其可怕的问题；而不是库恩式的某种解释。他看到的一切都是，随着“危机”而来的是科学共同体的群众性的改变信仰的后果：一场正常的革命。留下的东西都不成问题、都作了说明。[3]

---

① 科学社会学家无可奈何地使用隐藏的“第3世界”的评价标准。他们可能天真地认为，“实验 E 反驳了理论 T”，或者“理论 T_1 比 T_2 有更大的可能”（或更“简单”），这两个陈述都是经验陈述。但是，它们都是有规范荷载的。因此，尽管对“T_1 优于 T_2”可能意见一致；但是，涉及优越性的普遍标准时，正如他们自己指出的，从来就没有一致的意见。但是，消除“证明”、“反驳”、“更高概率”之类词语以后，历史就变成无生气的、无聊的、不真实的了。比如，历史学家希望避免“理性重建”，他就必须记下，“大多数专家大约在1830年终于同意：菲涅耳的光学理论比牛顿的光学理论更好”，而不是说：“菲涅耳的光学理论大约在19世纪30年代替了牛顿的光学理论。他们应该求助于记录的信念吗？如果他们愿意这样做，他们就转而依靠怀疑论。精英论者是站不住脚的：除非他与分界主义合流，否则，就必须听从于怀疑论。在科学中，不存在精英论者的首尾一贯的编史工作。

② 参见第Ⅰ卷第2章。

③ 见第Ⅰ卷 p. 120。请注意我对“内部和外部的”区分，以及“理性重建”的重新定义。（见第Ⅰ卷 pp. 91—92）

库恩回答了这篇论文,[1]而对这个批评仍没有回答。

(b) 精英论者赞成权力主义和历史决定论

根据精英论者的观点,只有内行人才有资格评判科学共同体的成果。但是,如果内行人不一致,怎么办呢? 这时,我们对分界问题就无法得到明确的回答。但是,正像我指出的那样,精英论者相信,当某些理论产生好的科学时,另一些理论则构成坏的科学或伪科学。

精英论者惯于这样来回避这个困难,即通过简单地断言:这种意见不一致并不真正出现。这些精英论者断言,科学共同体容易很快达到对科学知识的一致看法。即使这是正确的,也蕴涵着,科学家形成一个没有选择余地的极权社会。[2] 这种一致观点的最著名的提倡者是库恩。他范式垄断命题[3]蕴涵着,这种一致意见在戏剧性的革命期间可以发生变化,但是很快就得到关于这种革命性变革的一致意见。变革之风难得吹起来,但当刮起来时,就没有人能抵挡得住。这就是库恩的无空位期命题。[4]

如果精英论者接受相反的经验观点,即一致意见并不总是(或者甚至永远不是)支配科学共同体,那么他就面临两种选择。他会声言:在科学精英当中,有一个权威性的组织。选出(或"出现")一

---

① Kuhn〔1971〕.

② 对这些命题的解释和评论,见 Watkins〔1970〕,pp. 34 以及以后。

③ Watrins〔1970〕.

④ Watrins〔1970〕.

些最高审判员；他们坐在审判员的密室里，依据案例法批准判决。没有任何成文法（或者“分界标准”）能够减少他们的权力。可是，117 如果在最高法庭内部不一致，怎么办呢？因为这个问题看来是无法解决的，所以大多数精英论者提出第二种解决办法：精英人物当中的任何冲突都将通过适者生存来解决。当这种不一致未能解决时，局外人不得不密切注视这场巨人的斗争，并被吓倒，也不得不承认，胜利者代表进步。另一方面，在精英人物当中，强权必定是正义。这就是，达尔文的思想斗争和黑格尔的理性诡诈怎么会与精英论紧密联系在一起。如果存在冲突，仁慈的理性诡诈就必须充当扭转局面的角色（即使只是在很久之后，或者在结束的时候），在科学家的神圣的联合国大会上提供解决冲突的公正办法。因此，精英论者必须在不可谬的大主教的权威与理性诡诈的权威之间作出选择。权力主义是不可能避免的。①

作为认识论上的无政府主义者的费耶阿本德否认，存在“正义”（也就是说，他否认评价的必要性），因而，无须乞灵于权威。但是，精英论者相信科学的合理性，虽然他不相信有可能对科学作出普遍的评价：因此，他不得不要么求助于科学上一致的这种权威性，或者在发生冲突的场合，求助于伟大的科学大主教的权威，或神圣的慈善权威。正是这种浅薄的特设的权力主义和历史决定论的学说才把这类精英论者与怀疑论者分离开。

① 精英论者的诚实准则是：做您的主的事。这与费耶阿本德的诚实准则形成鲜明的对照（也与我的准则形成鲜明的对比）。

(c) 精英论者赞成实用主义

人们可能认为，科学理论只能由科学的精英来评价；而科学理论是真还是假，是不是比另一些理论更接近真理，这都是一些客观的问题。因此，一个人可以成为一个精英论者，只要他认为，科学研究的产品存在于弗雷格和波普尔的观念的“第3世界”中。所以（例如），一个人可能成为一个精英论者，并且坚持真理的对应论。在这种情况下，精英论者认为，可以一般地表征什么是真的特点，但是〔真理的迹象无法表征出来〕。

可是，还有一个很有影响的思想流派，即实用主义，它是建立在否定存在“第3世界”的基础上的。实用主义者并不否认知识的存在，但对他们来说，知识是一种心灵的状态，或者“反映实际生活的一个片段”。[①] 因此，知识在行为的模式中显示出来（或者由行为模式所构成）。它甚至成了无法用命题表达的一种生活方式。我们怎么能够判断这种“知识”呢？一个理论怎样比另一个理论更好呢？

如果两个理论“在实用上”是不同的，那么它们就是不同的。如果它们有不同的用处，它们就具有不同的意义。一个“理论”在时刻 t 对某个人或某个共同体 P 来说，比另一个理论更好，只要它在时刻 t 对 P 来说更“可爱”、更“令人满意”。一个“问题”扰人心。一种“解决办法”消除了这个扰人的问题。“问题”，与其说是被解决不如说是被分解了。或者：“实用主义不解决任何实在的问题，

① Toulmin〔1961〕，p. 99.

它只说明，所谓的问题并不是实在的问题”（皮尔斯）。一个“理论”比另一个理论更好，只要它更好地“起作用”，只要它具有更多的“现金价值”（詹姆斯），只要它更有效地使我们在人生中取得成功。“命题”的意义和真值都依赖于它们的使用者，对 A 是真的东西，对 B 就可能是假的。今天是真的东西，明天就可能变成假的。对以色列是真的，对埃及可能是假的。因此，毫不奇怪。正像 F. C. S. 希勒所说的，有多少实用主义者就有多少实用主义。

这种极端主观主义完全是由于实用主义者否认“第 3 世界”以及这样一个经验事实（即不同的个人和共同体具有相互冲突的利益和看法）造成的。许多实用主义不能接受这种极端的主观主义，于是以一种完全特设的方式求助于达尔文主义或历史决定论来恢复客观真理的概念。如果我们全都同意，并且继续同意，我们就将达到绝对真理。真理或者是达尔文生存斗争中幸存下来的那种东西（也就是，真的理论是通过恐吓和洗脑使每个人〔最终〕都接受的理论），或者是每个人命定会同意的那种东西。采取历史决定论态度的皮尔士写道：“凡是注定最终会为一切经过调查研究的人所赞同的意见，就是我们所说的真理。”

逻辑经验论批判实用主义时指出，它把真理和真理的迹象混在一起，把发现的心理学（即发现的用途和结果）与发现的评价混在一起。罗素花了相当多的时间和精力来与实用主义作斗争。他憎恶这样的思想：

> 为了判断一种信念是不是真的，只需要发现它是否倾向于满足欲望。得到满足的这种欲望之性质，只是就它可能与

其他欲望相冲突而言，才是恰当的。因此，心理学不仅高于逻辑和知识论，而且也高于伦理学。为了发现什么是善的，我们只需探究人们是如何得到他们所要的东西；于是，真正的信念都是有助于实现这一过程的。[①]

罗素厌恶的思想是：不是真理反映在信念中，而是信念应该创造事实。[②] 他厌恶的思想是："在对真理提出不同要求的人之间，我们必须提供一种生存竞争，以便使得最强者生存下来。"[③]罗素指出，实用主义与诉诸实力有着内在的联系。[④] 与希特勒不同，罗素并不认为真理可以用民意测验来阐明，[⑤]或者可以用"装甲舰和机关枪"来阐明。[⑥] 罗素还把实用主义与幼稚的政治信条联系起来，这种政治信条是：民主能够达到完全的意见一致，而且它是全能的。罗素指出，对于人类的力量来说，不存在任何非人的限制。他还指出，实用主义者的民主要求和独裁的腔调"形成奇特的对照"。他在一篇优美的论文《法西斯主义的祖先》(*The Ancestry of Fascism*)中声言，实用主义是法西斯主义的主要思想根源：

119

希特勒接受或拒绝一些学说是根据政治上的理由，……可怜的W.詹姆斯发明了这种观点，当这种观点产生效用时，使他感到恐惧；但是，一旦抛弃客观真理的概念，"我将信仰什么"这个问题，

① Russell〔1910〕, p. 92.
② 同上书，p. 102。
③ 同上书，p. 106。
④ 同上书，p. 109。
⑤ 同上书，p. 107。
⑥ 同上书，p. 109。

显然要通过诉诸实力和大部队的仲裁来解决[①]。

因此，虽然对于精英论来说，像我所定义的那样，人类知识离开了它的创造者是无法独立地加以判断的，但是，对实用主义来说，不存在与生产者无关的产品。真理不可能由根本不存在的命题来表述，而只能由人类的信仰、活动（像“发言的动作”）、生活方式、“范式”来表述。[②] 与 P（无论 P 是个人还是共同体）有关的真理是一种活动，它使 P 解除（皮尔士式的）忧虑，或消除（库恩式的）危机。如果科学家（或者科学共同体）变成比以往的人更为幸福的人，那就存在着科学的进步。（如果科学使人类比以往更加幸福，那么科学的进步就有助于人类的进步。）如果存在冲突，就可以凭实力来挑选它们。所有这一切都仅仅是根据应用于概念的第三世界的怀疑论得出来的。但是，实用主义给怀疑论加上这样的思想，即凡是在信念、活动、生活方式的竞争中，有人由于消灭其竞争者而建立起一致（或者共同幸福）就是最进步的。因此，如果它达到不可逆转的成功，它就是绝对的真。实用主义似乎只有靠强调“绝对真理”和向绝对真理“进步”，才能与怀疑论脱离关系。但这种强调只不过是口头上的。

---

① Russell〔1935〕，尽管他的论据是有力的，而且热心于“非个人的理智”。（同上书）他的唯一成功似乎是动摇了杜威（Dewey）。罗素对实用主义的抨击确实有一些哲学上的弱点。这些弱点的产生是因为他未能认识到，实用主义的立场是由它否定“第3世界”的存在所决定的，以及随之而来的是他未能充分地把（“第3世界”）“理性信仰”与（“第2世界”）现实信仰分开。（可是，波普尔把罗素归入纯粹而简单的“信仰哲学家”，这是不公平的。参见 Popper〔1972〕，p. 107。）

② “发言的动作”、“生活方式”都是 Wittgenstein 的专门术语。“范式”是 Kuhn 的专门术语。例如，参见 M. Masterman 的排列中定义 10、12、14、16（Masterman〔1970〕，pp. 63—64）。

像我所说的，虽然精英论与实用主义在逻辑上是彼此独立的，不过，它们是天然的同盟者。的确，如果我们要求把不可言传的范围包括在科学知识的评价之中，那么最简捷的办法是主张，“科学知识本身是不能用命题表达的，而且它是不可言传的”，所以不能认为它是第三世界的对象。大多数的精英论者事实上悄悄走了这一小步，至少有时（也许是不知不觉地）采取了实用主义的观点。

120 相反地，我们给实用主义补充两个假设，就可以达到精英论。这两个假设是：理性的诡诈，和存在一个精英人物，他能够觉察出通向最终目的的道路（可能是曲折道路）。这时，精英人物可能充当加速分娩的接生婆。

结论：精英论（不管是不是实用主义的）并不比怀疑论具有更多的解决问题的能力。例如，费耶阿本德会利用科学组织的高级宣传方法来说明维利柯夫斯基事件。精英论者会赞同，并且增加他的公理式的认可。那又怎么样呢？

第七章 必然性、克尼阿勒和波普尔*

摆在我们面前的〔自然的必然性的〕问题至少有两个层次:本体论层次和认识论—方法论层次。对这个区别没有给予适当的注意这一事实,至少要对围绕这个问题的混乱负责。

克尼阿勒教授的文章是对自然必然性问题讨论的一个新贡献,近10年来,克尼阿勒教授、波普尔教授和其他哲学家一直在探讨这个问题。[①] 我试图对他们的讨论作一批判性的概述。

1. 本体论层次

按照克尼阿勒教授的观点,上帝可能曾经面临创造物质世界和不创造物质世界的选择,但是一旦他作出这种选择,他就再也不能自由地选择世界的形式或者结构了——正如一位选定了要写一首十四行诗的诗人就不能不按照十四行诗的格式写它一样。所以上帝不是自由地决定自然规律的,正如这位十四行诗作者不能自

---

* 这篇文章是1960年在英国科学哲学学会年会作为对W.克尼阿勒演说的答复。克尼阿勒教授的文章已冠以"普遍性和必然性"(Universality and Neiessity)的标题而发表(Kneale〔1961〕)。据我所知,拉卡托斯并无意发表他的文章。——编者

① Kneale〔1949〕;Popper〔1949〕; Kneale〔1950〕;Popper〔1959〕,附录*X。

由地决定十四行诗的规律一样。当然，上帝在向世界这个必然的框架中填充内容时有许多自由；他可以自由选择的东西——十四行诗的内容——就是后来所称的各种初始条件。[①]

按照波普尔教授的观点，上帝在那时选择他所想到的任何自然规律完全是自由的。他支配着——按照他的意愿——包括自然规律在内的**自然之书**，但是却把它留给了他的天使去操纵各种初始条件；在这个范围内，天使们是不受某个自然规律约束的。现在这些顽皮的天使们可以用这样一种机敏的方式安排这组初始条件使得非有意安排的真的全称陈述出现。所以在波普尔学派的本体论中，物理上必然的陈述反映着上帝的意志，而偶然的全称陈述则反映着天使们的幻想。[②] 在克尼阿勒学派的本体论中，只有天使们才有自由的意志。上帝必然地起着作用。克尼阿勒称天使们的活动所创造的规则性为“宇宙规模上的历史偶然事件”。[③]

122

你们中的有些人可能被争论的这种神学表述所分心。那么让我不用涉及上帝及其天使的语言来表述波普尔的观点（虽然最终的定义是相当浅薄的）：“当且仅当一个陈述可以从在所有世界（它们与我们的世界如果有区别的话，只是在初始条件方面）中被满足的一个陈述函数中推导出来，那么就可以说这个陈述是自然地或物理上是必然的。”[④]

这个定义实际上是以上用神学语言所叙述的波普尔学派的观

① 这种观点溯源于笛卡儿。

② 这种观点溯源于莱布尼茨。

③ Kneale〔1950〕, p. 123.

④ Popper〔1959〕, p. 433.

点的一种笨拙而又仅仅部分的表述。首先我来证明它是笨拙的。假设一个真的全称陈述："所有的渡渡鸟（dodo，产于毛里求斯的一种鸟，现已绝迹。——译者注）都活不到60岁。"现在假如它在所有世界（倘若它们与我们的世界有区别的话，只是在初始条件方面）中被满足，假如它在所有与我们的世界有着同样自然规律的世界中被满足，那么这个陈述就是一个自然规律。所以假如"所有的渡渡鸟都活不到60岁"是一条自然规律，那么这个陈述就是一条自然规律。即使按照波普尔教授的意见，我们把克尼阿勒的渡渡鸟改变成新西兰的恐鸟，也不能避免这种循环论证。[1] 但是要是说上帝写进自然之书中的都是自然规律，天使们所书写的都是初始条件，这种循环论证就可避免。[2] 可是，即使我们不在乎这个定义的循环性，我们仍然留有一个疑难。我们可以问我们自己——存在任何自然规律或（真的）全称陈述吗？"自然规律"的定义并不暗含任何本体论的承诺，也并不暗含说*存在有*自然规律。要是世界只是被想入非非的天使们创造的，又会怎样呢？自然之书〔仅仅〕是由天使们的书写而构成的吗？我希望波普尔教授会同意：这个定义至少应该补充一个存在判断句，说明上帝在创世时至少说过一句话。但是，即使在这种场合，显然在波普尔派的本体论中，自然定律、物理上的必然陈述，包含着一个重要的偶然性因素，而

---

① 参见Kneale〔1949〕，p. 75，Popper〔1959〕，p. 427，波普尔本人指出了*他的*定义的循环性，p. 435。但这样并没有打动他，因为在他的定义理论中这并没有给出领悟〔这种循环论证〕的任何理由。

② 这用一种坦率的方式表明了"自然规律"和"初始条件"之间的界线的约定特性。

且我感到迷惑的是，否认上帝有创世的自由的克尼阿勒教授怎么能接受它。

我恰恰基本上同意波普尔教授而反对克尼阿勒教授，尽管对波普尔有一重要的修正。上帝的说法和自然之书不应该用拟人的方式去想象。我认为上帝表达的自然规律有无限的长度。我有充足理由相信这一点。举一陈述为例："对于所有气体来说，$PV=RT$。"严格地说，它是假的。只有对于理想气态，即对完全是由弹性的球组成的气体来说，这才可能是真的。但是接近绝对零度，即使这一点也不成立了；我们只有给这个表述增加愈来愈多的限制条件才能挽救这个命题。由于宇宙是无限多样的，很有可能，只有无限长度的陈述才能成为真的。

123

但是，我的本体论要求，即上帝的语言是无限的这一点仍然不能保证在由我们那些顽皮的天使们巧妙安排的初始条件的结果中不存在某些有限长度的偶然为真的全称陈述。可是，在我看来，似乎宇宙的本体论结构就是这样：所有有限长度的全称陈述都是假的。倘若所有在物理上可能的初始条件在某时某地被实现了，这就肯定是如此，因为那时只有物理上必然的陈述会是真的，而且只有当它们有无限的长度我们才断言的这些陈述是真的。但是实际上我们为了断言所有全称陈述为假，并不需要一个如此丰富的宇宙。我们需要的是，对于任何有限长的全称陈述来说，这个宇宙至少应该包括一个反例。（这并不需要包括所有物理上可能的反例——像亚里士多德学派和波普尔学派的那个宇宙。[①]）而且我相

① 参见 Hintikka〔1957〕；Popper〔1959〕，p. 436。

信，由于天使们在安排初始条件的活动中不得不按照神的命令，致使宇宙有了这种最小的结构。

我认为：至此我所说的已经证明参加这个讨论的各派之间存在某些基本的一致意见。第一个共同的立足点是对形而上学问题感兴趣。按照任何早期的逻辑实证主义的标准和波普尔的可证伪性标准（波普尔的对手解释为意义标准了，这种讨论是完全无意义的）。所以实证主义者应该消灭这种无意义的莫名其妙的讨论。克尼阿勒和波普尔近十年来对这个讨论一直是具有热情的，这说明了他们对形而上学的思辨价值有着基本一致的意见。

或许我们在这儿应该注意到，一位非常著名的英国实证主义者对渡渡鸟问题给了一个讽刺性的重述，这个重述使他能够认为这个问题是有意义的，而且试图解答它。他承认有一个语言的用法问题：人们有时在通常的语言中区分"规律"和"纯概括"，并且使这种用法在休谟派的范围内实现一种诙谐—嘲讽式的合理化。他简单地给那些偶然的全称陈述以"自然规律"的荣誉称号，这个称号出现在一个可敬的、还没有被证伪的科学演绎体系中的一个牢固嵌入的地方。①

参加这个讨论的各派之间第二个共同点是他们不仅仅是形而上学者而且是一种特殊牌号的形而上学者，即形而上学的实在论者，或用马克思主义的术语来说是唯物论者。他们相信存在着一个独立于我们的意识之外并被某种自然规律所支配的实在世界。124

还有第三个共同点，它引导我们深入认识论：所有参加讨论的

① Braithwaite〔1953〕，p. 300 及其以后。这种观点溯源于 Campell〔1920〕，p. 153。

各派都是认识论的乐观主义者;他们相信我们能以某种方式探察到自然规律并且形成关于它们的要么是正确的,要么至少是近似正确的思想。

或许我在这儿应该提及,形而上学的实在论是同一个相当于Weltanschaung(世界观)的认识论乐观主义相耦合的。它的信徒——当面对茫茫宇宙意识到他们的弱点时——发现是为了迎接自然规律的高贵挑战而追求真理,并且认为知识的增长是人类尊严的最大财富。对于形而上学的唯心论者来说,追求真理是一种对他们的膨胀了的自我进行自我审查。对于实证主义者来说,"真理"、"自然规律"及有关概念都是"诡辩和幻觉"。[①] 我想正是由于克尼阿勒和波普尔都是形而上学的实在论者和认识论的乐观主义者,他们才能共同反对任何种类的形而上学唯心论或实证主义者,才能共同讨论**自然必然性**问题。

但是波普尔式的认识论乐观主义极不同于克尼阿勒的,在这儿我们来寻找他们在本体论上的分歧的真正重要的根源。

2. 认识论—方法论的层次

分歧的核心的确是在认识论和方法论方面。在我们作出分析之前,先来复述某些老生常谈。形而上学者可以互相残杀,但他们却不能扼杀彼此的论据。认识论的思想可经受致命的打击,例如康德派的几何哲学在鲍耶(Bolyai)和罗巴切夫斯基之后继续存在

① 幸运的是存在的这些类型没有一个是真正纯粹的。

着，马赫主义在威尔逊和密立根之后继续存在着。只有科学家按照残酷的科学传统必须目击他的理论被处死刑并比他的理论活得更久。（尽管斯大林主义的俄国可能是一个例外。）

同时，在这三个层次之间又有密切的联系。大的形而上学齿轮和中等尺寸的认识论齿轮，可以比小的科学齿轮运转得慢得多，但它们仍然都是我们巨大的知识体系的有机部分。

在我们的问题中，我们可以很容易地说明波普尔的形而上学齿轮为了阻碍克尼阿勒认识论齿轮运行是怎样精巧地构造的。

我们曾经说过，克尼阿勒和波普尔都是认识论的乐观主义者，但是又极不相同。在科学知识方面波普尔是严格的易谬论者，但在数学和逻辑知识方面又是一个坚决的非易谬论者，特别是一个约定论者。克尼阿勒似乎认为至少科学知识的基本部分是综合的、先验的，而且他认为我们在这个领域中可以获得确定的知识；这就是说，他的非易谬论比波普尔的宽得多；他不想用约定论去解释非易谬的领域的任何部分。他好像认为逻辑和数学是确定的并且指称了实在；他还认为存在某些平凡的必然化原理，例如“任何东西都不可能既是红的，又是绿的”，而这些原理具有相同的特性。但在任何物理学理论的实际公理方面他是易谬论者；像笛卡儿一样，他不主张“我们可以企望在某天仅仅从自明的真理中推导出自然规律”。[1] 波普尔认为，克尼阿勒想“把所有的自然规律都归结为‘真的必然化原理’——即自明之理，”[2]可能基于某种误解。

125

① Kneale〔1949〕, p. 97.

② Popper〔1959〕, p. 431.

现在，按照波普尔的假说，上帝创造这个世界是按照他的自由的意志。对于人类来说，凭靠简单的直觉和非易谬的顿悟便想认识到那个伟大时刻的神的心理学，是一种极不可能的想法，尽管人们能够作出各种猜测，并检验这些易谬的猜测。使得关于世界的综合先验知识似乎成可能的唯一办法就是除去《创世纪》中的任何偶然性。所以，以前的本体论讨论隐含着一个非常认真的认识论讨论，在这种讨论中，对立的观点似乎也已经表明了他们自己的方法论，因为——例如——没有哪一个克尼阿勒派的科学家愿意把他的时间消耗在检验关于他知道是必然的世界的必然陈述上去。

也许我应该显露我修正波普尔派本体论的隐秘动机，因为它关系着《创世纪》中语句的无限长度。我不喜欢波普尔近来关于我们可能无意地发现最终真理的可能性的强调。我对这种色诺芬式的命题抱有成见，因为它同我最喜爱的从马克思主义那里学到的观点是矛盾的（而且我不知道为什么我应该放弃这些观点）。恩格斯说：

> 绝对无条件的真理权的那种认识是在一系列相对的谬误中实现的；二者〔不论是认识的绝对真理性或是思维的至上性〕只有通过人类生活的无限延续才能实现……人类的思维……按它的本性、使命、可能的和历史的终极目的来说，是至上的和无限的；按它的个别表现和每一特定时刻的现实来说又是不至上的和有限的。①

① Engels〔1894〕，pp. 122—123. 重点号是我加的。

所以，正如恩格斯明确讲述的那样，只有“通过一种从实践的观点，通过人类世代的无限延续”，才能达到最终真理。或者，如列宁所说：我们可以“愈来愈接近客观真理（而永远不能达到它）”。[①] 现 126 在波普尔到处说（尽管是无意地）我们可以达到它。我认为这是他的易谬论的一个缺陷，所以我试图按照真正的马克思主义的精神，根据我的上帝创造的宇宙蓝图中的无限长语句的学说来修正它。按照这种学说，不可能有什么表达自然规律的人的陈述。我认为它是克尼阿勒和波普尔两人的论述的拟人论特征，也就是说，他们想在人类语言陈述中找到自然上必然的陈述。在我看来，这同坎贝尔—布拉恩韦特的方法有一种类似，他们都认为从偶然陈述中可以得到必然陈述。

在试图说明隐藏在高尚的本体论分歧下的卑下的认识论动机之后，我要接着说明物理上必然的全称陈述和偶然的全称陈述之间的区别问题，或简言之，即渡渡鸟问题，在波普尔的体系中，这个问题完全没有在认识论和方法论的层次上出现。在这个体系中，我们可以证伪这个规律性陈述“所有渡渡鸟〔必然〕死于 60 岁之前”，只要提出一个反例，这个反例也将证伪有相应缺点的全称陈述。而且，不能证实“所有渡渡鸟死于 60 岁之前”这个全称陈述为真，正如不能证实它必然是真的一样。这就是波普尔之所以最初觉得不必在形而上学的层次上表述这个区别的原因，这也是为什么克尼阿勒称呼——和诽谤——他是一个实证主义者的原因。[②] 波普尔

---

① Lenin〔1908〕，p. 137. * 英语的意译可读作“愈来愈接近客观真理（但永远不能穷尽它）”。——编者

② Kneale〔1949〕，p. 76.

的回答清楚地揭露了克尼阿勒的轻率预期。克尼阿勒的认识论体系是不同的：表述自然必然性的那些语句不仅被认知是真的，而且甚至被认知是必然地真的。同样的语句在波普尔的体系中就不被认知是必然为真或普遍为真。

在我的体系中不可能存在任何有限长度的自然上必然的陈述；而且所有〔有限长度〕的全称陈述，不管是所谓必然的还是偶然的，恰恰都是假的。

3. 逻辑必然性和自然必然性的连续性

在科学知识的领域中，波普尔是约定论的主要敌人，但是在逻辑和数学知识领域中，他却是一位约定论者。按照他的观点，逻辑和数学必然性的根源就是人类语言的结构，而自然的必然性是上帝造就的。所以它们毫无共同点，事实上是在这两种场合都误用了"必然性"这个词。

克尼阿勒在科学方面和在数学与逻辑方面都是约定论的主要敌人。他认为自然的必然性和逻辑的必然性是相似的，前者由必然性的特殊原理所组成，后者由必然性的普遍原理所组成。

127　所以，在克尼阿勒看来，关键的问题在于使逻辑和自然必然性的这种齐一性似乎为真。他近来的文章指出，两种必然性只是在逻辑常项的数目上有所不同，这是他这篇文章的要旨。可惜我认为他并没有成功地具体化他的案例。我们能够看到的只是两种可能性。要么我们采用通常的逻辑常项，从而把陈述区分为逻辑上必然的和逻辑上偶然的陈述；要么我们把语言的所有词都看作为逻辑的。那么，逻辑真理的概念将同物质真理的概念相重合。这儿我们能称某些词是逻辑常项（让我们权且称之为准逻辑常项），一些其他的词则是伪词吗？倘若这就是克尼阿勒教授所倡议的，那么所有的陈述在准逻辑上都是假的，因为我们很容易就能够构造出一些模型，在其中所有陈述都是假的。所以，按照这种方法人们不可能消除两分法。

不管怎样，数学严密性的历史最本质特征之一就是准逻辑常项的逐渐排除。维尔斯特拉斯派的严密性一直承认自然数是一个准逻辑常项，而罗素派的严密性就完全摒除了这最后的残余，只给我们留下了逻辑常项。这个进步中的主要之点就是逻辑常项必须是完全已知的项，准逻辑的项是一个接一个地被怀疑为模糊的，而且被完全已知的项的定义所替代。我完全承认，倒拨时钟有时可以是一个极妙的想法，收回某些值得怀疑的完全已知的准逻辑常项可以是合理的，但首先让我们面对导致清除它们的那些困难。

我对这个问题非常感兴趣，而且实际上一直在研究它，尽管对我来说，准逻辑的最终概念将同自然必然性不一致，但是将构成一种非逻辑的数学必然性。*

因此正如你们能够看到的，在克尼阿勒假定他倡导的不同必然性的概念之间的某种连续性时，我是支持他的，而且，我感到很遗憾，他目前的努力（就我所能看到的而言）业已失败。但我有强烈的感情要反对波普尔关于数学和逻辑的语言学约定主义理论。我和克尼阿勒都认为逻辑的必然性是一种自然的必然性；我认为

---

* 见 Lakatos〔1976*a*〕第 1 章第 9 节。——编者

逻辑和数学的大多数是上帝造就的，而不是人类的习俗。我们有巨大的逻辑上可能的世界集，我们有数学上可能的世界的子集，我们有这种子集的子集：物理上可能的世界；然后我们有现实的世界。

但结论却是，我不仅在科学上是易谬论者，而且在数学和逻辑上也是易谬论者。

第八章　归纳逻辑问题中的变化*

128

引　言

一个成功的研究纲领昌盛繁荣。那儿总是存在着成堆要解决的疑难及需要回答的技术问题；纵然其中有*一些*——不可避免地——是纲领自身的产物。但是这个纲领的自我推动力可能使得研究者忘乎所以并忘掉问题背景。为了应付内在的技术困难，他们往往不再问他们已把原初的问题解决到什么程度，也不再问他们放弃基本的观点到什么程度。尽管他们可能用极大的速度离开了原初问题，但他们并未注意到这一点。在消化和经受几乎任何

---

* 这篇文章最初发表于 Lakatos 编的〔1968*a*〕中，这是 1965 年在伦敦举行的国际科学哲学会议录的一部分。拉卡托斯的文章是针对卡尔纳普的讲话“归纳逻辑和归纳直觉”而发的评论。拉卡托斯在致谢中说：“作者感谢 Y. Bar-Hillel，P. Feyerabend，D. Gilles，J. Hintikka，C. Howson，R. Jeffrey，I. Levi，A. Musgrave，A. Shimony 和 J. W. N. Watkins 对以前说法的批评，尤其要感谢卡尔纳普和波普尔，他们俩费了好些天批判我以前的说法，因此大大有助于我理解这个问题及其历史。可是我怕卡尔纳普——可能还有波普尔——可能不会同意我所达到的观点，他们谁也没有看到我最新的文本。”——编者

批判的过程中，这种问题转换可以赋予研究纲领以一种惊人的韧性。①

现在，问题转换是解决问题，尤其是研究纲领的正规的伴侣。人们时常解决一些与那些他们已经开始去解决的问题非常不同的问题。人们可以解决一个比原来的问题更有意思的问题。在这种场合，我们可以谈到“进步的问题转换”。② 但是人们也可能解决某些比原来的问题更少意思的问题；的确，在一些极端的场合，人们可以最终解决（或试图解决）的不是别的问题，而是那些在人们试图解决原来的问题时自己提出来的问题。在这种场合，我们可以说到“退化的问题转换”。③

129

我认为可以做的唯一好办法是人们时而停止解决问题，并且尝试概括这个问题背景，评价这个问题转换。

在卡尔纳普巨大的研究纲领这个案例中，人们也许很想知道是什么使得他缓和了他原来先验的、分析的归纳逻辑的大胆想法，直至现在对他的理论的认识论本性小心翼翼；④他为什么并如何使假说（主要是科学的理论）中信仰的合理性程度这个原初问题首

① 关于研究纲领、解决问题与解决疑难以及问题转换的一般论述请见第Ⅰ卷第1章。

② “进步的问题转换”的一个简单例子就是当我们说明了比我们开始说明的东西更多的东西，即使某些东西同开始说明的不一致。这的确是波普尔对一个要说明的问题的好的答案的一些适当的要求之一（Popper〔1957〕）。

③ “退化的问题转换”也可以用要说明的问题的例子来说明。假如一个说明是通过“约定论的”（即减少内容的）策略而达到的，这个说明就构成了退化的问题转换。参见以下 p. 172。

④ 参见边码 p. 160 注②。

先变成特称句子中信仰的理性程度问题，[①]最后又变成信仰体系的概率主义的逻辑一贯性（一致性）的问题。

我将从对归纳逻辑的问题背景的一种放肆的叙述开始。

1. 经典经验论的两个主要问题：归纳证明和归纳方法

经典认识论通常可以以它的两个主要问题为特征：(1)关于认识的，即完全的、不易谬的知识的基础问题（证明的逻辑）；(2)关于完全的、十分有根据的知识的增长问题或者启发法问题或者方法问题（发现的逻辑）。

经典认识论的经验论派特别只承认关于外部世界的知识的一个唯一的来源：经验的自然之光。[②] 但这种光至多能够照亮表述"硬性事实"的命题的意义和真假值：即"事实命题"的意义和真理价值。理论的知识仍处于黑暗之中。

所有经典认识论的证明逻辑——不论经验论的还是理性论的——对命题都主张严格的、非黑即白的评价。这就等于知识和非知识的明确分界。他们把认识的（epistēmē）知识和证明的知识

---

① 所谓"特称句"，我指的是具有 $r(a_1,a_2,\cdots,a_n)$ 形式的真值函项的复合句，在这里，r 是一个 n 元关系，a_i 是个别常项。卡尔纳普称这种句子为"分子"句。（Carnap〔1950〕，p. 67.）

② 另一方面，经典认识论的理性论派并不是铁板一块的：笛卡儿派承认理性证据、感觉经验和信仰是平等的。在培根看来，他是一个思维混乱和不一贯的思想家，一个理性论者。这种培根和笛卡儿的争论是牛顿派发明的一个神话。然而，大多数经验论者都——秘密地或公开地——承认至少逻辑知识（关于真值传递的知识）是先验的。

130 相等同;而把没有证明的意见(doxa)看作是"诡辩和幻想"或者"无意义的话"。这就是为什么理论的、非事实的知识必然变成了古典经验论的中心问题:它必须被证明——否则就被废弃。[①]

在这一方面,经验论的第一代分裂了。很快变得最有影响的牛顿派认为真的理论是能够从事实命题中得到不易谬的证明("演绎"或者"归纳")。在17和18世纪,"归纳"和"演绎"之间没有明确的区分。(的确,对于笛卡儿来说,"归纳"和"演绎"——尤其是(inter alios)——是同义语;他没有更多考虑亚里士多德三段论的相互关联,而偏爱增加逻辑内容的推论。非正式的"笛卡儿式"的有效推理——在数学和科学上都——增加了内容,并且只有通过有效模式的无限性才能加以表征。)[②]

因此,这就是经典经验论的证明逻辑:"事实命题"和它们的非正式的——演绎的/归纳的——推论构成知识:其他是废话。

按照某些经验论者的观点,的确其他甚至是无意义的废话。根据经验论中的一种有影响的倾向,经验之光,不仅能照亮真理,而且能照亮意义。因此,只有"观察的"术语才具有原始的意义;理论术语的意义只有用可观察物才能派生定义(或至少"部分定

① 经典认识论的特征就是怀疑论—独断论的争论。经典经验论的怀疑论倾向要求把知识的来源限制于感觉经验,只是为了说明不存在任何权威性的知识来源:甚至感觉经验也是靠不住的,因此不存在知识这样一种东西。在这儿的讨论的上下文,我忽略了经典证明主义辩证法的怀疑论的一极。

这种关于知识的经典的或证明主义的理论的分析是Karl Popper哲学的主要支柱之一。参看他的〔1936*a*〕序言。至于进一步的论述参见第Ⅰ卷第1章。

② 非正式的数学证明和归纳概括本质上类似这种观点参见我的〔1976*a*〕,特别见p. 81的注释②。

义")。但这时,如果理论科学不愿被标明全无意义,则不仅需要命题的归纳阶梯,并且也需要概念的归纳阶梯。为了建立理论的真值(或者概率),人们必须首先确定它们的意义。因此**归纳定义**的问题,即用观察术语来"建造"或"简化"理论术语逐渐成为逻辑经验论的一个关键问题,而且它的解答的相继失败导致所谓的意义的可证实性标准的"自由化"和进一步失败。[①]

131 **这种证明逻辑的方法论意义**是清楚的。一般说来,古典方法要求认识的途径应该是从证明了的真理到证明了的真理的谨慎的、缓慢的进步,避免自我永存的错误。特别是对于经验论来说,这意味着一个人必须从不可置疑的事实性命题开始,通过逐步的有效归纳,他就能达到愈来愈高阶的理论。知识的增长就是永恒真理的一种积累:即事实和"归纳概括"的一种积累。这种"归纳升级"的理论便是培根、牛顿——以一种修正的形式——休厄耳的方法论的信息。

批判的实践推翻了数学和科学中关于有效内容增长推理的经

---

① 早在1934年,波普尔在其《科学发现的逻辑》的25节末尾就曾批判过这种倾向。后来在他的〔1963*a*〕,特别是pp.258—279,他对这个问题提出一个有趣的批评说明。这个批评要么受到轻视,要么就是被歪曲;但总地说来,"逻辑经验论的自由化"过程只是一个局部渐进的、不完全的、独立的过程,而且波普尔1934年的论据的重新被发现却不是如此独立的过程。思想史家只能看到一个一般的模式:一个思想学派建立了;它受到来自外部的决定性的批评;这种外部批评被忽视了;内在的困难出现了;"修正派"和正统派就这些内部困难相互斗争,正统派采取减少批评的策略,使得原来的学说变成了一种"十分干瘪的小杂工",而修正派慢慢地而又不彻底地发现并消化着积累了几十年来的批评论证。从外部来看,这些批评论据已经变得陈腐,修正派的"英雄般的"斗争——无论是在马克思主义、弗洛伊德主义、天主教中还是在逻辑经验中——显得平淡无奇,有时甚至可笑。("十分干瘪的小杂工"是爱因斯坦对后来的逻辑经验论的描述。参看Schilpp〔1959—1960〕,p.491。)

典观念，并且把有效的“演绎”同无效的“非正式证明”和“归纳”区别开来。只有不增加逻辑内容的推理才可被视为有效的。[①] 这便是古典经验论的证明逻辑的末日。[②] 它的发现逻辑最先被康德和休厄耳所动摇，然后被迪昂所粉碎，[③]最后由波普尔提出的一种新的关于知识增长的理论所取代。

2. 新经典经验论的一个主要问题：弱归纳证明（确认度）

随着经典经验论的失败，大多数经验论者拒绝得出怀疑论结论，即理论科学——用观察术语是不可定义的，观察陈述是不可证明的——只不过是诡辩和幻觉。他们认为一个好的经验论者不可132 能放弃科学。但是，一个人怎样才能成为一个——既保留科学又坚持经验论的某种基本内核的——好的经验论者呢？

有些人认为归纳法的破产破坏了作为知识的科学，但没有破

① 这个历史过程的重建是我的（Lakatos）〔1963—1964〕的主题。

② 当然，古典的理性论者可以主张归纳推理就是带有把综合的先验“归纳原则”作为潜在前提的省略三段论的演绎推理法。又参见边码第163页。

③ 科学哲学史中最重要的论据之一就是迪昂对归纳发现逻辑的粉碎性论证，它说明某些具有最深刻的解释力的理论都是事实—纠正，即这些理论同在那些“观测定律”不一致，而按照牛顿派的归纳法，这些理论却据称是“建立在”那些“观测定律”之上的（参见 Duhem〔1906〕，1954 年英译本的 pp. 190—195）。Popper 在他的〔1948〕和〔1957〕中恢复并改进了迪昂的说明。Fegerabend 在他的〔1962〕中详尽地阐发了这个论题。我业已表明一个同样的论据适用于数学发现的逻辑：就像在物理学中，一个人可以不说明他已提出要说明的东西，所以在数学中，人们可以不证明他业已提出要证明的东西。（见我的 Lakatos〔1976*c*〕）

坏作为社会上有用的工具的科学。这是现代工具主义的一个根源。

其他的人从这种对科学的贬黜退缩到“绝对赞美”的层次（如波普尔指出的那样）并打算拯救作为知识的科学。但不是作为经典意义上的知识，因为那种知识只能被限制为数学的和逻辑的知识；而是作为某种更弱的意义上的知识，即易谬的、猜测的知识。那样就不可能更彻底地背离经典认识论：根据经典认识论的观点，猜测的知识就是一种语词的矛盾。①

但这样就出现了两个新的问题。第一个问题就是对猜测性知识的评价问题。这种新的评价不可能像经典的评价那样可能是一个黑白分明的评价。甚至这种评价是否可能，它是否将必须是猜测本身，是否存在一种定量评价的可能性，等等，都是不清楚的。第二个问题是猜测性知识的增长问题。从培根、牛顿到休厄耳，关于（确定的）知识的归纳增长（或“归纳升级”的）的各种理论均已衰落：它们已不得不迫切地被替代。

在这种情况下出现了两个学派。一个学派——新经典经验

① 这个从经典认识论到易谬论的转换是卡尔纳普理智经历中重大转折点之一。1929年，卡尔纳普仍然认为只有不容置疑地为真的陈述才能被认为是科学的构成物；赖辛巴赫的各种概率、Neurath的辩证法、波普尔的猜测使他放弃了他原初的思想，即“存在知识的某种基石……它是不容置疑的。每一种其他的知识都被认为得到这个基础的坚定的支持，因此这同样是肯定可决定的”。（参见施利普（Schlipp）编的〔1963〕中的卡尔纳普的自传，尤见p.57。亦可参考Reichenbach在他的〔1936〕中的有趣回忆。）有趣的是同样的转换也造成了罗素理智经历中的一个重大转折。（参见本卷第一章边码p.11及其后）

论——从第一个问题开始，而从未触及第二个问题。[1] 另一个学

133 派——批判的经验论——从解决第二个问题入手，并进而证明这个答案也解决了第一个问题的最重要的方面。

第一个学派——以卡尔纳普的新经典经验论为顶峰——按照经典的证明逻辑观点探讨了这一问题。由于各种理论不能被分为可证明为真或为假这一点很清楚，所以它们不得不（按照这个学派）至少被分为“部分被证明”，或者说，“在一定程度（被事实）确认”。据认为，这种“证据支持程度”或“证实度”应该以某种方式同概率运算意义上的概率相等。[2] 这种等同性的接受提示了一个巨大的纲领；[3]以便对完整的科学语言的句子领域规定一个——可能可计算的——可计算地添加的量度函数，同时也满足由于直觉

① 大多数“新经典论者”都很幸运地没有——有些人至今仍没有——意识到第二个问题。他们认为即使科学不产生确定性，也产生近似确定性。他们不理睬迪昂反对归纳法的高明论证，坚持认为科学进步的主要模式从是事实前提到理论结论的“非论证的推理”。在布洛德看来，归纳证明这个没有解决的问题是“哲学的耻辱”，因为归纳法是“科学的光荣”：当科学家成功地从真理走向更丰富的真理（或者至少是更可能的真理）时，哲学家却在不成功地艰苦地证明这个程序（参见 Broad〔1952〕，pp. 142—143）。罗素也坚持同样的观点。其他一些新经典论者有时也承认，至少某些创造性的科学可以包括非理性的跳跃，紧接着一定是对证据支持程度的认真估价。（卡尔纳普的观点将在以下第 4 节中详细分析。）但不管他们假定科学是根据归纳、根据非理性的顿悟来进行，还是根据各种猜测和反驳来进行，他们都未加考虑地假定：对大多数新经典论者来说，对认真地接受科学增长这个问题都抱有明显的反感。参见以下 p. 135 及其后。

② 通篇文章都将在这个意义上使用“概率性”和“概率主义的”这些词。

③ 事实上，概率主义的归纳逻辑是剑桥的发明。它起源于 W. E. 约翰逊。布洛德和凯恩斯听了他的演讲，后来发展了他的观念。他们的探讨植基于一个简单的逻辑笑话（可追溯到伯努利和拉普拉斯）。正如布洛德指出的那样：“归纳法不可能希望达到比可能的结论更多的东西，因此，归纳的逻辑原理必须是概率的规律”（〔1932〕，p. 81。着重号是我加的）。这个前提涉及可能性、逼真性，结论涉及概率的数学计算。（有趣的是直到 1934 年波普尔对凯恩斯和赖辛巴赫进行批判之前，从未有人指出过这种合并。）

的“证实”观念而引起的某种更适当的要求。一旦这样一种函数被规定，根据证据 e 而证实的一种理论 h 的程度便能用 $p(h,e)=p(h\cdot e)/p(e)$ 的公式简单地作出计算。假如存在某些不同的可能的函数，但只要这种函数被决定为独一无二之前，更进一步的第二级公理就必须加上柯尔莫哥洛夫的第一级公理。

因而卡尔纳普——在剑桥学派(约翰逊、布洛德、凯恩斯、尼科德、拉姆塞、杰弗里斯)，赖辛巴赫和其他人之后——提出要解决下列问题：(1)证明他的主张：这种确认度满足柯尔莫哥洛夫的概率公理；(2)为了决定所探求的量度函数进一步发现和证明次级的适当要求；(3)逐渐地建造一种完全的、完美的科学语言，所有的科学命题都能用其表达；(4)提出一个量度函数的定义，它将满足(1)和(2)规定的条件。

卡尔纳普认为，当科学处于猜测时，概率主义的确认理论将是先验的和不易谬的：那些公理，无论第一级还是第二级，按照归纳直观来看都将看作为真，这种语言(第三种成分)当然该是不可反驳的——一个人怎么能反驳一种语言呢？(一开始，他也可能希望这种量度函数将是可计算的：一旦一种机器按照这种完美的语言和公理所程序化，它将为任何假说生产出相对于馈入证据的各种概率。科学是易谬的，但是它的易谬度是可用一种机器精确而无误地量度。然而，他当然认识到，丘奇的原理表明，这一般来讲是不可能的。[①])现在，由于按照逻辑经验论的观点，——我宁愿称之 134

---

① 参见 Carnap〔1950〕，p. 196，也可参见 Hintikka〔1965〕，p. 283 注释㉒。但是对于有限的语言或没有全称陈述的语言，这种函数也许是可计算的。

为新经典经验论[①]——只有分析陈述才是不易谬的,卡尔纳普于是就把他的"归纳逻辑"[②]看作是分析的。

他也发现这种完全的科学语言的构造是一个局部渐进的并且可能是永远不会终结的过程——但是一个人最好还是确信,确认函数的这种逐渐构造是紧接着这种语言的逐渐构造,而且,已经确立的这种函数值在这个完全化的过程中不会改变。我认为,这就是卡尔纳普试图首先接近他的这种语言的(相对)完全性的要求,[③]然后接近他的1952年体系中的c6公理[④],最后接近他的1955年体系[⑤]的公理11的理想。这种基本的理想似乎就是人们能够称做最低限度语言原则的原则,亦即按照这个原则,一个命题

① 经典经验论的主要特征就是证明逻辑对发现逻辑的支配。这种特征在逻辑经验论中基本保留下来了:对理论的部分证明或评价,而不是发现,是它的主要兴趣。另一方面,在波普尔缺乏基础的关于增长的处理中,发现逻辑统治着舞台:我称这种观点为"批判的经验论";但是称之为"批判的理性论"(或"理性的经验论"?)也许更为适当。

② 后者导致哲学的困扰,参见以下p.160注释②,p.188及其后,p.196及其后。而且,严格地说,整整这一段,"非易谬的"应该被"在实用上非易谬"所代替;因为自从有了哥德尔的答案,卡尔纳普不时地告诫说,无论演绎逻辑还是归纳逻辑都不是完全不易谬的。但他似乎仍然认为归纳逻辑并不比演绎逻辑更易谬,对他来说,这是包括算术的。(参见他的Carnap〔1968〕,p.266)"分析"陈述的易谬性当然推倒了逻辑经验论的一个主要支柱。(参见以上第二章)

③ 这是规定,谓语的体系应该"对于表述既定的宇宙中通过个人展示出的所有本质属性来说是充分可理解的"(〔1950〕,p.75);这个要求也规定,"任何两个人只能在有限的方面有所不同"。(p.74)

④ "我们可以假设,它对c(*h*,*e*)的值没什么影响,其中*h*和*e*不包含什么变量,不管在论述的宇宙中除了在*h*和*e*提及的个人以外还存在不存在其他的个人。"(Carnap〔1952〕,p.13)

⑤ 假如进一步的谓词语族被增加到这种语言中,*c*(*h*,*e*)的值仍然保持不变。参见Schilpp(编者)〔1963〕,p.975,也可参见卡尔纳普1962年为他的〔1950〕一书写的第二版序言,pp.21—22。

的确认度只能依赖可以被表述的这个命题的最低限度的语言。因而，当这种语言正在被丰富时，这种确认度将保持不变。

立即可以得出如下结论：在这种确证函数的建造中所包含的困难随着这种语言的复杂性的增加而急剧增加。尽管卡尔纳普和他的同伙在近20年中做了大量的工作，这个“归纳逻辑”的研究纲领仍然没有研究出建立在包括分析或物理概率在内的语言之上的量度函数，当然，人们在最重要的科学理论中的表述中是需要它的。然而，这种工作仍在进行。[①] 135

沉浸在这个困难的纲领中，卡尔纳普及其同伙完全忽略了科学的方法问题。归纳法的两个经典的孪生问题是理论的证明和来自于事实的理论的发现。卡尔纳普的新经典的答案至多为这个弱的证明问题提出了解答。他留下了关于发现的问题，知识增长的问题未作触动。因而，逻辑经验论在这个经验论的纲领中是作了一个非常有意义的划分。几乎不能怀疑，卡尔纳普和他的同伙都没有认真注意真正的方法论的问题。确实，卡尔纳普——及卡尔纳普派——似乎从未使用过像“方法论”、“启发法”或“发现逻辑”这种词语：即增长模式的理性重建（或像巴尔—希勒尔指出的“历时分析”）。卡尔纳普说，确认的概念是“经验科学的方法论中的基本概念”。[②] 这种对证明方法、对研究完全是新理论的“方法论”的

① 我怀疑，难道归纳逻辑的下一步有趣的发展将产生不可能性的结果，即它们可以证明某些基本的、有关 C-函数建构的适当要求不可能为丰富的——甚至不那么丰富的——语言所满足吗？（但我非常怀疑这种结果是不是将像哥德尔所做的那样为新的增长模式铺平道路。）

② 参见 Schlipp（编）〔1963〕，p. 72。着重号是我加的。

取缔(expropriation)——而且把对它们的增长研究的合理探讨或明或暗地排除在外——的做法被广泛推广了。[①]

卡尔纳普使用"方法论"这个词首先是指应用归纳逻辑的这个学科。因而,当"归纳的方法论"提出应用 C-函数的建议时,"归纳逻辑"本身就涉及 C-函数的建造。这样,"归纳的方法论"就是证明逻辑中的一个章节。[②]

把天然的增长概念的术语加以取缔,并作为证实概念来使用,这方面的一个有趣的例子就是卡尔纳普派对"作出推理"这个术语的运用。[③]

136 为了理解这个问题,我们不得不回顾一下经典经验论。在经典经验论看来,科学是通过归纳推理来进行的:一个人首先收集某些事实,然后"作出一种归纳推理",创一种归纳主义者完全自然而然地称之为一种"概括"的理论。在波普尔的批判的经验论看来,

① 卡尔纳普特别地在他的 Carnap〔1928〕第一句就说:"认识论的目的就是为证明各种认识的一种方法提供基础"。作为发现的逻辑的方法消失了——我们只有一种证明的"方法"。

同样的情况也出现在数学哲学中,在那儿"方法论"、"证明"等都被征用为证明逻辑的概念。参见我的 Lakatos〔1963—1964〕。在这篇文章中,我对证明主义的词"证明"(Proof)和启发法的词"证据"(Proof)的蓄意混淆的用法——正如我打算的——给人以一个相悖的印象。

② 参见 Carnap〔1950〕,§§ 44A:"方法论的问题。"他在这里评述说,他在这里应用"方法论"一词只是"因为缺乏一个更好的词";但不能否认的是,他的用法可能只是由于他的哲学中并不需要这个在其本来意义上的词这个事实而造成的。(我从巴尔一希勒尔那里了解到,现在卡尔纳普用"纯归纳逻辑"和"应用归纳逻辑"这一对词代替了"归纳逻辑"和"归纳方法论"这一对词)

③ 关于另一个例子(卡尔纳普对"猜测的改进"这一方法论的词的取缔),请参见边码 p. 150 脚注⑤;亦可见边码 p. 144 对他的"全称推论"一词用法的讨论。

一个人开始于各种猜测的理论，然后再严格地进行检验。在这里只存在归纳推理，而没有各种"概括"。卡尔纳普有时而且一再似乎同意波普尔的说法：事实并不必然是发现的起点。当他使用"归纳推理"一词时，是在证明逻辑的意义上而不是在发现逻辑的意义上作为一个技术性用语来使用的。在他看来，"作出推理"只不过是对一对有序的⟨h，e⟩赋予一种概率值。这无疑是一个奇怪的术语，因为"作出推理"是过时的归纳主义的发现逻辑的奇特术语。

这个例子并不仅仅要证明为了在证明逻辑中的应用就可以取缔发现逻辑的术语，而且也要说明这种取缔的无意识特征所固有的特殊危险。有时，发现逻辑的一个微弱的幽灵随着使人混淆的后果而显现。例如，卡尔纳普在他现在的文章中写道："我并不是要说，把作出推理看作目的是错误的，而是在我看来，似乎把决定概率值作为归纳推理中的主要之点更为可取。"（着重号系我所加）①。但是倘若不"决定概率值"，什么是"作出归纳推理呢"？确实，为什么卡尔纳普没有说，把作出推理看作目的是错的，除非把它当作为决定根据事实证据而得出假说的可能程度？②

① 参见他的 Carnap〔1968*b*〕，p. 258。亦可参见他的 Carnap〔1968*c*〕，"在我的概念中，概率主义的（"归纳的"）推理实质上并不存在于作出推理的过程之中而存在于赋予概率的过程之中"（p. 311. 着重号系我所加）。

② 我几乎毫不怀疑，至少这个回答部分地告诉我们，卡尔纳普常常对他的对手也太仁慈了，而且当他们乐于共享有争论地区时，他几乎总是随他们去。他醉心于他自己的思想体系，从不到敌方地区里进行追击。当波普尔和波普尔派学者已经写了一些批判卡尔纳普派思想史的文章时，卡尔纳普派却从未试图对波普尔派思想进行批判。（"活着的就让他活着"这并不是智力进步辩证法的一条好规则。倘若一个人不在苦战结束时继续进行一场批判性的冲突，那么不仅对手而且他自己也可能免受到批判：因为批判地理解一个人自身的观点的最好方式就是对对立观点进行无情的批判。）

为什么逻辑经验论者对发现逻辑不感兴趣呢？思想史家也许用以下方式来说明这一点。新经典经验论——肯定——是用新的精确性的偶像取代了经典经验论的旧偶像。[①] 但是，一个人不能137用"精确的"术语描述知识的增长、发现的逻辑，不能用公式来表述这个过程：因此它已经被标记为一个基本上是"非理性"的过程；只有其完成了的(和"形式化了的")产品才能被理性地加以评判。但这些"非理性的"过程是历史学或心理学的任务；不存在科学的发现逻辑这种事。或者，用一种略有不同的方式表达它：经典经验论者认为存在发现的规则；新经典经验论者知道(有许多是从波普尔那里学来的[②])不存在这种规则；所以他们认为不存在学习它的问题。但在卡尔纳普看来，存在确认的规则；因此，确认是适合于"科学探索"的主题。[③] 这也说明了他们为什么感到有自由来取缔发现逻辑这个术语。

所有这些从来没有用这样一些尖锐的语言来表述过，大多数卡尔纳普派学者宽厚地同意，关于发现逻辑，一个人可以稍稍说一些非正式的东西(因而既不非常严肃也无多大意义)，而且波普尔确实说过这些话。巴尔—希勒尔甚至进一步并且慷慨地提议"分工"，卡尔纳普派主要集中于对科学的理性"共时性"重建，波普尔

---

① "在我们这个后理性主义者的时代，用符号语言写出的书越来越多，并且想知道为什么(这都是些什么，而且为什么让一个人自己为大量的琐碎符号所困扰是必要的，或有利的)变得日益困难了。似乎符号论由于其无比的"精确性"受到尊重，而逐渐变得有了其自身的一种价值：这是对以往探索确定性的一种新的表达，一种新的符号仪式，一种新的宗教代替物"(Popper〔1959〕，p. 394)。

② 参见 Carnap〔1950〕，p. 193。

③ 关于进一步的讨论请参见以下 p. 169。

派则坚持注重于科学的"历时性"增长。[①]

这种分工似乎暗示这两个问题是以某种方式各自独立的。但是它们并不是各自独立的。我认为,一般来说,对这种相互依赖性缺乏认识是逻辑经验论的一个重要缺点,特别是卡尔纳普的确证理论的一个重要缺点。

这里提出的"分工"中的最有趣的现象是内含在卡尔纳普(至少在 1945 年至 1956 年[②])著作中的这个命题,即理论在科学的增长中肯定起着一种重要的作用,在确证逻辑中却没有什么作用。这就是为什么整个问题要通过关于卡尔纳普在他的 1950 年的确证理论中对全称假说的摒弃和波普尔对它的批判的讨论才能得到最好的处理。这种讨论亦将试图说明经典经验论的这个核心问 138

① 参见他的 Bar-Hillel〔1968*a*〕, p. 66。假如人们记得,对于正统的逻辑经验论来说,甚至"粗糙"的波普尔派发现逻辑的意义都能引起怀疑,那么,巴尔—希勒尔的慷慨将是仍然非常值得赏识的。它不是心理学或历史,所以它不是经验性的。但是它对分析的概念曲解得太厉害了,以致不能使人接纳它。可是,卡尔纳普为了挽救波普尔,准备好了要这样做(尽管他似乎认为波普尔关于"方法论"一词的用法有些独异):"波普尔要称他的探索领域为方法论。可是,方法论陈述和规则的逻辑特征是仍没有明确的。按照波普尔的观点(正同实证论观点相反),除了逻辑的分析陈述和科学的经验陈述,存在着第三个不是精确地划分的领域;而且方法论的陈述和规则都属于这个领域。他并没有详细阐述他这个我认为颇为可疑的观点。但是这似乎并不是波普尔一般哲学的本质。正好相反:波普尔本人说,方法论取决于各种约定,而且它的规则应该和弈棋的规则相比较;但这就清楚地蕴涵说它们是分析的。"(Carnap〔1935〕, p. 293)

确实,波普尔本人在他的书的 § 82 中说,他对理论的评价是分析性的。在他对逻辑经验论的教条,即所有的意义陈述要么是分析的要么是综合的(§§ 10—11)这一点持有怀疑时,他从未详细阐述另一种代替的观点。

② 关于卡尔纳普当前的观点请参见边码 p. 142 脚注⑥和边码 pp. 159—160;亦见边码 p. 166 脚注②。

题,即对理论的(强或弱的)证明,为什么并且如何业已在卡尔纳普的纲领中消失了。

3. 弱的和强的元理论命题

(a) 卡尔纳普放弃杰弗里斯—凯恩斯公设。有限制的实例确认对确认

最初的确认问题无疑是对理论的确认而不是对特定预言的确认。为了把理论科学从怀疑论中拯救出来,经验论热衷的认识论问题就是至少要部分地根据"事实"来"证明"理论。经验论同意说,确认理论的一个最关键的适当要求就是,应该按照理论的证据支持来对各种理论进行分等。布洛德、凯恩斯、杰弗里斯——确实剑桥的每一个人——都清楚地看到,假如确认是概率性的,而且假如一个假说的先验确认度为零,那么就没有什么有限数量的观察证据能够在这个层次上提高对它的确认度:这就是他们为什么把零的先验概率只归属于不可能的命题的原因。按照林奇(wrinch)和杰弗里斯所说:"不论我们可以怎样怀疑一个特殊定律的最终决定性,我们还是应该说它的概率是有限的。"我们将把这句话称做为杰弗里斯—凯恩斯公设。①

① 见 Wrinch 和 Jeffreys〔1921〕,尤见 pp. 381—382。这就是著名的林奇—杰弗里斯简单性有序化的问题背景;这正好解决一个人如何"归纳地"学习理论的问题。(关于一次批判性的讨论请参见 Popper〔1959〕,附录 * viii。)

从卡尔纳普的“可检验性和意义”一文可以清楚地看出，在本世纪 30 年代他对确认度持有类似的思想[①]（那时他还没有确定地把它同概率等同起来[②]）。但是在 20 世纪 40 年代初，卡尔纳普发现在他的新发展的理论中，所有真正的全称的命题（即那些涉及无限多的个体的命题）的确认度是零。这显然同他的两个主要先驱杰弗里斯和凯恩斯的适当要求不一致，并且也同他自己最初的适当要求不一致。现在他已有了一些解决这种不一致性的可能途径：

(1) 由于 $c(I)=0$[③] 同杰弗里斯—凯恩斯命题相冲突，认为它是荒谬的。但由于 $c(I)=0$ 是 $p(I)=0$ 和 $c=p$ 的结果，所以至少这两个命题之一必须被抛弃。[④] 一个人要么（Ia），设计一种对全称命题取正值的概率函数，要么（Ib），抛弃 $c=p$。 139

(2) 把 $c(I)=0$ 看作可接受的，抛弃杰弗里斯—凯恩斯公设，并且随之甚至抛弃能够创造一种或然的理论的思想。但是这好像是许多反直觉性的答案，并且肯定表明还需要某些其他的确认度。

(3) 使这种确认函数的域归结为特称命题，并主张这种函数要解决确认理论的所有问题：各种理论并不是确认理论所必不可少的。在一种匹克威克的意义上也许可以说这种解答在有限的域

① “代替证实，我们可以说……逐渐增加了对这个定律的确认”（Carnap〔1936〕，p. 425）。

② 同上，pp. 426—427。

③ 按照卡尔纳普的意思，这篇文章的整个其他部分中，我把 I 作为普遍的，h 主要作为特殊的观点（我的术语“特殊的”一词对应于他的“分子的”一词）。

④ 应该记得，贯穿这篇文章的 P 是指可数的附加量度函数（参见边码 p. 133 脚注①）。

内保留了杰弗里斯—凯恩斯命题的有效性。[①] 但在这儿，一个人还需要严肃的并且有说服力的论证，方可接受全部确认理论事实上是有关特称命题的。

卡尔纳普尝试了可能性(Ia)、(2)和(3)，但从未尝试(Ib)：放弃 $c=p$ 对他来说是不可思议的。首先他选择了(2)，并且提出了一个为它辩护的有趣论据。这就是他的“有限制的实例确证”理论。然后他好像倾向于接受(3)。目前，人们都理解，他正在按照(Ia)的路线的解决办法进行工作。

另一方面，波普尔认为(Ia)、(2)和(3)必须被取消：(Ib)是唯一的答案。(2)和(3)对他来说是不可思议的，因为他认为不值得花费时间，确认理论不能说明为什么我们能够学会理论，我们怎样按照它们的经验支持对它们进行分等 至于(Ia)，他声称通过证明 140 $p(I)=0$ 已经把所有“可接受的”概率函数排斥在外。[②] 但是倘若

---

① 在匹克威克的意义上说，这是由于杰弗里斯—凯恩斯命题是指(假如不是唯一地也是首要地)真正的全称的假说。(而且，人们必须记住，在卡尔纳普 1950 年的观点中，不仅普遍的数值预测而且精确的特殊数值预测都有零值；但是，人们当然又可以争辩说这种预测从未在严格的意义上被确认，而且确认理论应该进一步在某个有限的量度误差范围内进行：精确的预测对于确认理论来说也不是必需的。)对于波普尔(和我)来说，没有真正的全称的命题，便不可能有科学的理论。当然，假如一个人要假设宇宙可以用有限的语言描述，那么理论本身就相等于特殊的命题(“L-”)。在保卫卡尔纳普 1950 年的理论过程中，一个人也许会根据这种“有限”宇宙的观念建立一种科学哲学。关于这种观念的批判性的讨论。参见 Nagel〔1963〕，pp. 799—800。

② 参见波普尔〔1959〕，附录 * vii 和 * viii〔按照波普尔的观点，在这种语境中的概率函数是“可接受的”，如果，粗略地说，(a)它是用一种包含着无限多个别常项(即时间瞬间的名称)的语言来定义的，(b)它是为特称陈述以及全称陈述而定义的。〕波普尔正确地主张这个证明是错误的(这个观点见 Popper〔1960〕，p. 1173〕)，但是这个有趣的问题不幸至今尚未讨论，尽管有些人近来提出一些关于全称命题的正概率的体系。而且，人们应该在这里指出，对于波普尔来说，$p(I)=0$ 是重要的，因为它旨在表明新经典的规则“目的在于高度或然的理论”是无希望的乌托邦——正如经典的法则“目的在于无疑为真的理论”。(关于波普尔如何指责卡尔纳普采用这个新经典的法则，请参见以下 pp. 145—146)

也可参见 Ritchie 1926 年的证明，即归纳概括“本身”有零概率，见以下 p. 141。

$c(I)$不必一贯地为零,而 $p(I)$一贯地为零,那么 $c \neq p$。

但 $c(I)=0$ 就如此荒谬吗?卡尔纳普根据凯恩斯—拉姆塞的一个暗示,给予这个公式以勇敢的辩护。

卡尔纳普辩护的要点是,朴素的直觉被错误地引导到 $c(I) \neq 0$。他指出,“确认度”是一个含糊的概念,但是倘若我们用“合理的赌商”概念来代替它,这个错误就马上消失了。[①] 因为——卡尔纳普争辩说——当一位科学家或工程师说一个科学理论具有“坚实的基础”或者是“可靠性”的时候,他并不是意味着他要打赌这种理论的所有实例在整个宇宙和永恒未来都是真的。(事实上,他总是打赌,确切地说,按照 $c(I)=0$,不可能有如此荒谬大胆的建议。)他所指的是他要打赌这种理论下一个实例将符合它。但这第二个赌注真的是根据一个特称命题。按照卡尔纳普的说法,科学家以至工程师关于“确认一个定律”的短语涉及下一个实例。他称这种“下一个实例的确认”为这个定律的“有限制的实例确认”。当然,一个定律的有限制的实例确认度不是零;但是,另一方面,一个定律的有限制的实例确认或“可靠性”也不是概率。[②]

卡尔纳普的论证是很有趣的。凯恩斯早已提出过它,凯恩斯曾有很大的疑问:是不是任何合理的根据都能被发现为他的 $p(I)>0$。这使他倒向这边:“或许我们的概括总是应该说‘任何给定的∅都是 f 是或然的’,而不是‘所有∅都是 f 是或然的’。肯定地,我们

① 卡尔纳普并没有清楚地指出这一点。但是他的论证是他后来从确认度到赌商的问题转换的一个有趣的预期。(参见以下第 4 节)

② 当然,卡尔纳普必定已经认识到这一点,但并不在乎要这样说。波普尔首先在他的 Popper〔1995—1956〕,p. 160 中指出了这一点。也可参见 Popper〔1968〕,p. 289。

通常看来坚信的是，明天太阳将升起的信念，而不是太阳总是要升起的信念。"[①]凯恩斯关于他的公设的怀疑不久便受到里奇的反证。里奇提出一个证明，任何归纳概括的概率——例如，在没有先验的考虑中——都是零。[②] 这个证明当然没有妨碍布洛德和凯恩斯，他们都不在乎形而上学思辨；但它似乎妨碍了拉姆塞。在对里奇的答复中，他指出

> 我们可以同意归纳概括的不需要有限的概率，但是在我们所有人的心目中，根据归纳理由而接受的特定预期无疑有一种高数值的概率……假如归纳永远需要逻辑的证明，那么它就与〔这种概率〕有联系。[③]

可是，这种有限制的实例确认的思想引起了一个棘手的困难。它毁坏了关于定律的概率主义确认的统一理论的纲领。至少对于("经验的")定律(即"低层次"的理论)来说，似乎存在两个重要的而且完全不同的确认量度[④]：对于任何理论来说，$c_1(I)=0$，而一种非概率的确认度趋向于"可靠性"(假如 I 有压倒的证实证据，那么 $c_2(I)\approx 1$)。

波普尔对卡尔纳普有限制的实例确认的主要批评是，这个说明是"特设的"，因为根据卡尔纳普的介绍，只是"为了避免一个无

① Keynes〔1921〕, p. 259.

② Ritchie〔1926〕，特别参见 pp. 309—310 和 p. 318。

③ Ramsey〔1926〕, pp. 183—184.

④ 在卡尔纳普 1950 年的体系中，只有用数字表示的理论才是可用他的"观察语言"表达的"经验概括"，并且只包含单子谓项。这种关于理论的有限制的实例确认概念的概括假如不是不可能的话，通常也是极端困难的。

意的结果”,即“〔卡尔纳普的〕理论没有为我们提供〔关于理论〕的‘确认度’的适当定义”。[①] 特别是他指出,按照卡尔纳普的“可靠度”,一个遭到反驳的理论很少因反驳而失去它的可靠性:确实,没有什么可以担保一个遭到反驳的定律比那些经受了检验的任何定律有较低有限实例确认度。

更一般地说,假如一个理论在平均水平上,在每 n 次实例中不断被证伪,那么它的(有限制的)“实例确认”接近 $1-\frac{1}{n}$ 而不是 0 似乎应该是这样,所以“所有抛出的便士总显示人头”这个定律有 $\frac{1}{2}$(而不是 0)的实例确认。在我的《科学发现的逻辑》的讨论中那赖辛巴赫的导致数学上等价结果的理论,我把他的理论的这个意料之外的推论称之为“破坏性的”。20 年后的今天,我仍然认为如此。[②]

但是波普尔的论证仅仅是认为:如果卡尔纳普主张——正如赖辛巴赫确实所主张的那样——“有限制的实例确认”只同“确认”有某些关系。然而按照卡尔纳普的观点,它没有关系;而且他确实赞同波普尔所说,“所有抛出的便士总是显示人头”这个定律——虽有 $\frac{1}{2}$ 可靠性时——只有为零的确认度。卡尔纳普介绍他的“可靠性量度”只是为了说明为什么工程师们错误地理解 $c(I)\neq 0$:因为他们混同了确认量度和可靠性量度,因为他们混淆了为一个定

① Popper〔1963a〕,p. 282.

② Popper〔1963a〕,p. 283. 他反复说这个陈述,见 Popper〔1968b〕,p. 290。

律打赌和为它的下一个实例打赌的界限。

142

(b) 弱的元理论命题:没有理论的确认理论

既然术语“理论的有限制的实例确认”对于(“下一个实例”的)某些特称命题的确认来说只是一种用语方式,那么,严格地说,它是多余的。在 1950 年,为了那样一些人,他们发现要摆脱传统观念,即归纳逻辑的主要问题是理论由证据支持而得到部分证明的问题,是困难的,卡尔纳普仍然坚持“有限制的实例确认”;但是,在 1950 年后,他把有限制的实例确认和“可靠性”统统放弃了——在施利普的书内他的“答复”中,或在他的目前的论文中,他都没有提到它。(取消这个可靠性理论也解决了存在两种确认理论的棘手问题,尤其是因为这两种理论之一是非概率主义的。)此外,他决定删去“有歧义的”术语“确认度”(和“证据支持”),而唯一地使用“合理赌商”。①

但是,这种决定是更加专门术语性的。这部分是由波普尔在 1954 年的批判促成的,波普尔证明了卡尔纳普关于确证的直观思想是自相矛盾的,②部分是由在 1955 年夏蒙尼(和在他之后有莱曼和凯梅尼)对拉姆塞和德·芬纳特较早结论的重建和强化促动的。③

按照拉姆塞—德·芬纳特定理,一个赌博系统是“严格公平

① 参见在 Schilpp(编的)〔1963〕,p. 998 上他的(约写于 1957 年)的“答复”;和他的〔1950〕的第二版前言,1962 年版,p. xv。

② 参见下文边码 pp. 190—191。

③ 参见 Shimony〔1955〕;Lehmann〔1955〕;Kemeny〔1955〕。

的”，或如卡尔纳普说的，一个信念体系是“严格一贯的”，当且仅当它是概率主义的。[①] 这样，在波普尔证明卡尔纳普的证据支持思想存在某种谬误和当卡尔纳普本人甚至感到他最初的关于使合理赌商和逻辑概率相等同的论据是“弱的”时，[②]这个结果似乎为他的归纳逻辑提供了坚实的基础：至少合理赌商和理性信念度被证明是概率性的。用合理赌商对证据支持问题作最后解决可以留给后人。但是，卡尔纳普不得不为由拉姆塞—德·芬纳特定理提供的支持付出代价：对于全称命题他不得不放弃他的理论中的任何指称，因为这个定理的证明随引理 $p(h)\neq 0$ 对于所有非逻辑上必然的命题都成立而定。[③]

所以，首先，$p(I)=0$ 导致一种对全称命题的一致的、平凡的评价；那么，作为拉姆塞—德·芬纳特定理的一个条件，$p(h)\neq 0$ 将导致它们全部被排斥。最后所出现的是一个“确认理论”，这一理论(1)在本质上是与为特定的预见打赌有关。但是，这一理论也有另一个重要的特征；(2)对任何特定预见的合理赌商独立于已有的科学的理论。[④] 143

我将谈及这两个命题——它们使得理论在确认的逻辑中是可省略的——连接起来像“弱的无理论的命题”；我将说到“理论在确

① 关于术语“严格公平”或“严格一贯”的清晰说明见 Carnap〔1968*a*〕，pp. 260—262。

② 同上书，p. 266。

③ 在他的〔1968*a*〕中，他把他的理论放在拉姆塞—德·芬纳特定理（p. 260）的基础上，但没有提到只要 $p(I)=0$，它不适用于全称命题。（Shimony 在他的一篇重要的论文。（所引著作，pp. 18—20）中指出，一把拉姆塞—德·芬纳特定理的适用领域扩展到可数的附加领域也许终究是不可能的，即使一个人用其他概率性度规作实验。）

④ “科学的”在这里意指是波普尔的意义。

认理论和发现逻辑两者中都不是必需的"这一命题,并把它作为"强的无理论命题"。

这种从关于可确认性和理论的确认的原初问题到弱的无理论的命题的转换不是一个小的转换,卡尔纳普似乎花了很长的时间来实现它。他最初在三种关于确认理论的观点之间的徘徊就表明了这一点:理论的确认还是预见的确认应该起主要的作用呢?或者它们应该是同等重要的吗?

> 某些人相信,就掌握的证据而言,我们的首要判断涉及理论的可靠性,而关于单个事件预见的可靠性的判断在预见取决于用于作出预见的理论的可靠性这一意义上是派生的。另一些人相信,关于预见的判断是首要的,而一个理论的可靠性除了这个理论导致的预见的可靠性之外不可能意味着任何其他什么东西。按照第三种观点,存在有相对于给定证据的任何形式的一种假说的可靠性的一般概念。在这种场合,理论和分子预见被认为仅仅是两类特殊的假说。①

随后他决定选择第二种观点。② 但是,我们即使在他的《概率的逻辑基础》(*Logical Foundations of Probability*)中也发现了某些犹豫的迹象,因为在此书结尾时的他那最后决定的明确陈述来得相当突然,在那里,他引入了 $c(I)=p(I)=0$ 和它的影响深远的

① Carnap〔1946〕, p. 520. 重点号是我加的。

② 这一点的特别清晰的陈述可在他的〔1966〕, p. 252 上找到:"一旦我们清楚地看到预见的哪一个特征是合乎需要的,那么我们可以说一个给定的理论比另一个理论更可取,如果由第一个理论引出的预见平均说来拥有的合乎需要的特征比另一个理论导出的预见拥有的合乎需要的特征更多的话。"

推论。当然，此时书中的一些伴随着事后认识的难以捉摸的表述显示了重要性。[①] 但是，在附录中的 p. 571 之前，他确实在任何地方都没有指明概率的评价仅仅适用于特殊的预见，而不是适用于理论。但是，他始终明白这一结果，因为在 1945 年他已经在发表于《科学哲学》(*Philosophy of Science*)期刊上的论文"论归纳逻辑"中发表它了，所出现的最清晰的说明已经包含在这一早期的出版物中了：

> 全称的归纳推理是从关于一个观察实例的报告到全称形式的假说的推理。有时候，术语"归纳"已经只被应用于这类推理，而我们在广泛得多的意义上把它用于所有非—演绎的各类推理。[②] 这种全称推理甚至不是最重要的推理；现在对我来说，在科学的归纳程序中，全称命题的作用一般说来似乎已经被过高估计了……，预言性的推理是最重要的归纳推理。[③]

144

所以，卡尔纳普首先"拓广"了经典的归纳证明问题，然后删去了最初的部分。

人们不能不感到奇怪，是什么说服了卡尔纳普顺从了这种激进的问题转换。为什么他不至少也许可以追随林奇—杰弗里(在

---

① 例如："一般说来，〔逻辑概率的〕这两种论证涉及事实。"(p. 30. 重点号是我加的)

② 当然，这是一个相当误人的表述它的方法；因为卡尔纳普的"全称的归纳推理"不是一个"从一个实例到全称假说的推理"，而是一个形式为 $c(I,e)=q$ 的无语言的陈述。参见边码第 p. 136 及其后。

③ 亦参见 Carnap〔1950〕, p. 208："术语'归纳'在过去往往被限制在全称归纳的范围内。我们后面的讨论将表明，实际上，预言性的推理不仅从实际决策的观点来看，而且从理论科学的观点来看都更为重要。"而且，这个问题转换退回到了凯恩斯那里："我们的结论应该是归纳的相互关联的形式，而不是全称的概括。"(Keynes〔1921〕, p. 259)

1921年评述)的简单性有序化思想,[1]而尝试立即引入对于全称命题来说具有正的量度的适当的体系呢?当然,一个试探性的回答是他会遇到许多程度较高的技术困难和他首先想试试一个比较容易的方法。当然,这样一种考虑并没有什么错:一个人试图简化他的研究纲领的技术困难是可以理解的。但是,人们也许还应该更谨慎些和在这样一种诱惑下不要太匆忙地转移自己的哲学观点。[2] (当然,这不是说问题分离和问题转换——和从技术困难到基本哲学假设的反馈——不是任何重要研究纲领不可避免的伴侣。)

注意(即使是批判性地)一个问题转换并不蕴涵着被转换的问题可能不是非常有意义的和不能被正确地解决的。因此,批评家的下一步应该是评价卡尔纳普关于特称命题的合理赌商问题的解决。但是在我们进行这项工作(在第5节中)之前,对波普尔攻击卡尔纳普的纲领的两条主要路线作一些评论是值得花时间的:(a)他评论卡尔纳普的所谓强的无理论的命题(在第3节的保留部分中)和(b)他批评卡尔纳普把证据支持和逻辑概率相等同(在第4节中)。

145　**(c) 弱的和强的元理论的命题之合并**

在他的《逻辑基础》的附录中,卡尔纳普用这样的陈述:"我们明白,对于作出预见来说使用定律并不是必不可少的。不过,在关

① 参见边码 p. 138 脚注②。

② 然而,按照波普尔的观点,卡尔纳普的"反理论转变"更确切地是回到了他那20年代后期的旧的反理论观点。参见边码 pp. 145—146。

于物理学、生物学、心理学等的著作中陈述的全称定律当然是得策的。”结束了“作出预见需要定律吗？”这一节。

这肯定是一种不寻常观点的尖锐陈述。正如我们将看到的，它想表达的只不过是卡尔纳普的“弱的无理论的命题”。但是，这个不幸的表述使得一些读者认为它确实表达了更多的含义，它表达了“强的命题”：在科学中，理论是全都可以省略的。他们认为如果卡尔纳普只意指弱的命题，那么他会说：“然而，在科学的增长中全称定律是重要的组成部分”，以取代在教科书中只涉及它们的（帮助记忆的）权宜之计。[①] 极少数人能意识到对卡尔纳普来说“作出预见”不是从已知的事实预见未知的事实，而是对这种已经作出的预见赋予概率值。[②]

正是这段话激起波普尔对卡尔纳普所谓的强的无理论的命题进行猛攻，并惹得他忽略了“弱的命题”的批评。波普尔当然记得他那过去的英雄的维也纳时代，当时他为了阻止维也纳学派以那些理论不能被严格地证明（“证实”）为理由而取缔它们而与该学派作斗争。他认为他已经赢得了那场战斗。使他惊恐的是现在他认为卡尔纳普将要再次取缔它们，因为它们甚至不能被概率论地证明（“确认”）：

> 由于他的在科学中定律不是必不可少的学说，卡尔纳普事实上返回到了与在证实主义全盛时期他曾持有的一种观点

① 甚至他的某些最亲密的合作者也误解了这段话。巴尔—希勒尔——赞同沃特金斯对它的解释——把它描述为表达了一种“过度的工具主义的态度”（Bar-Hillel〔1968*c*〕p. 284）。

② 参见边码 p. 136 及其后。

极为相似的观点……这种观点他在《句法》和《可检验性》中就已经放弃了。维特根斯坦和石里克发现自然定律是不可证实的,他们从这一点得到结论说它们不是真正的命题……。类似于穆勒,他们把它们描述为关于以其他真命题(初始条件)推导出真正的(单个的)命题——定律的实例——的法则。在我的《科学发现的逻辑》中,我批判了这种学说;当卡尔纳普在《句法》和《可检验性》中接受了我的批判时,我认为这个学说已经死亡了。①

不幸,卡尔纳普在他的答复中不顾波普尔的拼命反对,也没有澄清误解。但是,在许多其他场合,卡尔纳普确实试图避免给人以任何这样的印象,即他曾认为在发现的逻辑中理论不是必需的。

146 至少在《研究的逻辑》(*Logik der Forschung*)之后,卡尔纳普同意波普尔的发现的逻辑和同意它强调的理论在科学增长中起的主要作用。例如,在1946年他写道:

> 从纯理论的观点来看,一个理论的建造是科学的目的和目标……,理论不是被一个完全理性的或有规律的程序发现的;除了相关事实的知识和对用其他理论工作的经验之外,这类像直觉或者天才的灵感那样的非理性因素也起着决定的作用。当然,理论一经提出,就可以有一种理性程序来考查它。这样,严格地说,理论和可得到的观察证据之间的关系不是从一个到另一个的推论关系,而是根据当两者都给定时的证据

① Popper〔1963*b*〕,pp. 283—284.

来判断理论的关系，这已变得很清楚了。[①]

卡尔纳普一直强调，所有那些他感兴趣的是如何判断已有的理论，而不是如何发现它们，即使判断理论可能会简化为判断特殊的预见，发现理论也不可能简化为发现特殊的预见：

> 归纳逻辑的任务不是发现用于说明给定现象的定律。这个任务不可能被任何机械的程序或被固定的法则所解决；而是通过科学家的直觉、灵感和好运气而得到解决。在一个假说被提出并接受考查后，归纳逻辑的作用才开始发挥。它的任务是量度提供给尝试性地假定的假说的给定证据的支持程度。[②]

最近在卡尔纳普的理智的自述中的一段话有趣地表明了卡尔纳普是勉强地、有限度地、但是无可争辩地评价了理论在科学增长中的作用：

> 理论术语的解释总是不完全的，一般说来，理论语句是不可能翻译为观察语言的。这种不利更多地被理论语言的巨大有利条件，即概念的形成和理论的形成的巨大自由和一个理论的说明能力和预见能力所平衡。到目前为止，这些有利的条件主要地已经被应用于物理学领域；自 19 世纪以来，物理学的飞速成长基本上依赖于关于原子和场这样的不可观察实

① Carnap〔1946〕，p. 520.

② Carnap〔1953〕，p. 195. 卡尔纳普没有促使轻信的读者注意这一事实，即按照他的理论（1953 发表），任何证据可以提供给一个尝试性地假定的全称假说的支持量度是零。

体的可能性。在我们这个世纪,像生物学、心理学和经济学这样的其他科学分支在某种程度上已经开始运用理论概念的方法了。[①]

那么,为什么卡尔纳普会在附录中作出误人的表述呢?我认为,说明在于证明逻辑和发现逻辑的概念框架与术语学框架的合并,这是由卡尔纳普忽视了后者引起的。这又导致随后的——不是故意的——弱的和强的无理论的命题的合并。

147

(d)弱的和强的元理论的命题之间的相互关系

但是,为什么波普尔会被卡尔纳普的失误引入歧途呢?我认为,因为他没有想到人们如何可能把波普尔的发现逻辑和卡尔纳普的证明逻辑结合起来。对于他来说,弱的命题和强的命题是不可分割的。他错误地认为"那些把概率等同于确证的人必定相信高概率度是合乎需要的。他们暗暗地接受了这样的规则:'永远选择最或然的假说'。"[②]为什么必须是这样呢?为什么卡尔纳普必定暗暗地接受他明确拒绝的规则呢?(他甚至说——追随波普尔——科学家发明了"基于微弱证据的大胆猜测"。[③])

对波普尔要公正一点,人们必须指出他的主张"那些把概率等同于确证的人……含蓄地接受了这样的规则:'永远选择最或然的假说。'"也许可以运用于杰弗里斯、凯恩斯、罗素和赖辛巴赫——

① Carnap〔1963〕,p. 80.

② Popper〔1963*a*〕,p. 287.

③ Carnap〔1953〕,p. 128.

适用于那些他在1934年批判过的人。这没有丝毫巧合:确实,在确认理论和启发法之间存在着深刻的联系。尽管他关于卡尔纳普的实际信念有错误,波普尔在这里还是触及到了卡尔纳普哲学的基本弱点:在他精心阐述的确认(或可靠性)的逻辑和被忽略了的发现逻辑之间的松散的,甚至是似乎矛盾的联系。

在确认理论和发现逻辑之间存在的是哪一种联系呢?

确认的理论——直接地或间接地[①]——给理论以标记,它给出了一种判断值,一种理论的评价。现在对任何完成的产品的评价对它的生产方法必然有决定性的实用的影响。人们用来判别人的道德标准对于教育,即对于它们产生的方法有重大的实用意义。类似地,人们用来判断理论的科学标准对科学方法,即它们的生产方法有重大的实用意义。批评道德标准的一个重要模式是要证明它们导致荒谬的教育后果——(例如,对乌托邦的道德标准的批判是针对它们在教育中导致伪善)。对于确认理论应该有一种类似的批判模式。

波普尔的评价的方法论含义相对地是容易辨明的。[②] 波普尔想要科学家以可高度证伪的大胆理论为目标。[③] 他要科学家以对他的理论的极其严厉的检验为目标。但是,卡尔纳普会要科学家以,比方说,具有高度限制的实例确认的理论为目标吗?或者他应 148

① 间接地在有限制的实例确认的帮助下。

② 参见后面,第6节。

③ 顺便提一下,波普尔的偶尔的口号:"永远选择最不可几的假说"(例如,〔1959〕,p. 419;或〔1963a〕,p. 218),是一种粗心的表述,因为按照波普尔的观点,所有全称的假说有相同的不可几性,即1;这对要选择的对象没有给予指导;指导仅仅由他的《科学发现的逻辑》的附录*vii内他的"内容的良好结构"的非一定量的理论给出。

该仅仅依赖于它们而不是以它们为目标吗？一个简单的例子就可以证明他既不应该以它们为目标，也没有必要以它们为目标。

让我们看看卡尔纳普的“积极的例证关联”原理，即在有限制的实例确认的语言中，

$$C_{qi}(I,e)<C_{qi}(I,e,\text{和 }e')$$

其中 e' 和是 1 的“下一个实例”。按照卡尔纳普的观点，这一原理是一种非形式的归纳直觉的公理的精确表述。[①]

但是，对于奈格尔来说它就不是这样：

> 按照卡尔纳普为了他的体系得到的公式，一般说来，对于一个假说来说确认度增加，如果关于这个假说的确认的实例增多了——甚至当在证据中提到的单个实例不可能用在语言中可以表达的任何性质相互区别开来时也一样，而对这种语言来说，归纳逻辑是被构造出来的。[②]

确实，卡尔纳普的可靠性理论鼓励相同实验的完全机械的重复——确实是一种决定性的鼓励，因为这种机械重复也许会使得命题“所有的 A 是 B”的任何陈述的有限制的实例确认不是仅仅恒定地增加，而且实际上收敛于 1。[③]

现在，这种归纳判断似乎导致了奇怪的实用后果。让我们取两个竞争理论以便两者在很好地规定的实验中同样“有效”。我们

---

① Carnap and Stegmüller〔1959〕，p. 244.

② Nagel〔1964〕，p. 807. 奈格尔已经提出这种论据来反对赖辛巴赫（Nagel〔1939〕，§ 8）。

③ 参见在 Carnap〔1950〕，p. 573 上的公式 17。

为两种机器制定程序以便分别执行和记录这两个实验。胜利会促成其机器在产生确认证据中工作得更快的这种理论吗?

这与凯恩斯所称之为的"证据的权重"的问题相连。事实上,它是一个简单的证据权重的悖论。凯恩斯注意到(正如他的某些前辈已经注意到的)一个假说的可靠性和概率可以是不同的。无用怀疑,根据我们的悖论,他大概已经简单地评论道:"当然,两个理论的概率是不同的,但是证据的权重对它们的支持是相同的。"凯恩斯强调"因而,不能用概率来说明权重",[①]而且"一种论据的'权重'和'概率'是独立的性质的结论也许可能把一种困难引入到概率适用于实践的讨论之中"。[②]

当然,这种批判没有驳倒波普尔,波普尔承认证据只是企图反驳的真诚努力的结论。[③] 然而,卡尔纳普只要通过坚持他的相对于支持证据的理论评价对于如何收集这种证据而言必定没有方法论的含义,就可避免这种批判。但是,人们能完全把理论的评价与它的方法论含义割裂开来吗?或者,也许几种不同的评价是需要的,一些评价理论来自于方法论观点,另一些评价理论来源于确认观点? 149

(e) 卡尔纳普的发现的逻辑

那么,有一种像波普尔的发现逻辑与他的经验内容及确证的

---

① Keynes〔1921〕,p. 76.

② Keynes〔1921〕在"证据权重"和概率之间的直观的不一致不仅引入一个如凯恩斯可能提出的罕见的"困难",而且是一个足以摧毁归纳逻辑的真正基础的独特"困难"。关于证据权重的另一个悖论参见边码 p. 163 脚注②。

③ 参见,例如,Popper〔1959〕,p. 414。

理论那样自然地结合(或者,就像经典的发现逻辑与它们的对应的证明逻辑结合)一样,有一种与卡尔纳普的归纳逻辑自然地结合的“卡尔纳普式”的发现的逻辑吗?

凯梅尼确实碰巧提出了这样一种卡尔纳普的启发法。

凯梅尼的启发法不是简单地“以带有高的卡尔纳普的标记的理论为目标”——因为他似乎没有认为理论建构是科学的任务。按照凯梅尼的观点,[①]理论科学家的职责是在“可科学地接受的”假说的帮助下来说明“通过细致观察搜集来的确切数据”。“这样一些假说的选择可以分解为三个步骤:(1)用来表达假说的语言的选择……(2)用作假说的这种语言表达的一个给定陈述的选择。(3)决定我们基于给定证据接受假说是否被科学地证明是有道理的。”凯梅尼继续说道:“卡尔纳普感兴趣的正是最后一步”(他通过他的 c-函数解决了这个问题)。可以看出,如果卡尔纳普成功地解决了(3),那么他就使(2)成为多余的:

> 给定语言,我们可以认为它的任何有意义的陈述都是一种潜在的理论。那么,“相对于给定证据的最好的被确认的假说”是得到很好的定义的,并且可以被挑选出来。(唯一性只是为了方便而被假设的。增加在同样的已被确认的假说中的一种任意选择很容易修正论据。)

① Kemeny〔1963〕,p. 711 及其后。

凯梅尼说存在着“选择可接受假说”的三个步骤。但是，这三个步骤不能表示对科学方法的详尽说明吗？在科学增长过程中可能有三个阶段：(1′)语言的建构(和决定 λ)，(2′)关于非全称假说的 C-值的计算和(3′)C-函数的应用(解释)。[①] 因为 h 和 e 不是全称陈述，所以第二个阶段可以在归纳机器上编制程序。[②] 第三个阶段似乎是平凡的。但是，凯梅尼安慰我们说，这一阶段“不会使科学家无事可干”；他们会忙于第一阶段的工作，设计语言，这“可能作为真正的创造性步骤而保留下来。” 150

现在让我们更仔细地考察一下凯梅尼的方法论。首先，我们设计一种语言。然后，我们定义一种在它的(可能仅仅是特殊的)语言的布尔代数上的概率分布。然后，我们按照贝耶斯公式 $p(h, e^k)$ 完成实验和计算，此处 e^k 是 k 次实验结果的合取。通过贝耶斯的学习步骤，我们的“改进的”分布结果将是 $p_k(h)=p(h.e^k)$。所以，我们所做的全部是把 $p_k(h)$ 输入机器和向数据记录器提供 $p_k(h)$，然后，我们每天晚上读取“改进的”猜测 $p_k(h)$。这种“学习步骤”，这种“改进我们的猜测”的方法是人们所知的“贝耶斯条件化方法”。

“贝耶斯条件化方法”的毛病是什么呢？它不仅是“元理论的”，而且是非批判的。不存在抛弃最初的创造性行动的方法：学

① 按照卡尔纳普的观点，在语言的建构中，人们不得不遵循一种从观察语言开始的归纳道路。参见，例如他的〔1960〕，p. 312。

② Carnap〔1950〕，p. 196.

习步骤是被严格地限制在语言的最初范围内的。突破语言的说明[①]和突破语言的批判[②]在这种体制内是不可能的。在一种语言内的最强烈的批判——在硬性意义上的反驳,即在这一意义上人们可以反驳决定论的理论——也是不予考虑的,因为按这种方式,科学成了扩大了的统计学,而统计学成了扩大了的贝耶斯条件化方法。由于反驳依赖于统计的否决,所以方法也被排除:甚至没有一个限定的实例可以防止一个“可能的世界”对我们的估计施加永恒的影响。

按照这种方法,再也不存在使理论或定律一致的光荣余地了。任何句子像任何其他语言一样好,如果存在一种可取的类,那么——至少在卡尔纳普的现在的体系中——它是一类特殊的语句。说明的概念(再次[③])消失了;虽然我们可以为那些它们的例示有高确认度的语句把〔说明〕这术语作为一种用语的方式保留下来。可检验性亦消失了,因为不存在潜在证伪者。没有什么事件的状态是可以永远排除的。诀窍是:用不同的和变化的概率度来猜测,但没有批判。估计取代了检验和拒绝。(奇怪的是对许多人来说,理解波普尔的科学猜测思想不仅意味着一种——平凡的——对易谬性的承认,而且意味着一种对可批判性的需要,竟是

---

① 确切地,最深刻的说明是“事实矫正的”说明;是那些根本上重新表述和重新给被说明项以新的形式和把它那“幼稚”的语言转变为理论语言的说明。参见边码 p. 131 脚注③。

② 一种突破语言的批判的范式是概念扩张的反驳;参见我的〔1963—1964〕。

③ 正如它曾经在早年的逻辑经验主义时代已经一度消失过的那样。

那么困难。)①

人们几乎不能否认凯梅尼的(发现的)归纳的方法自然地是与卡尔纳普的归纳的(确认)方法相连的。卡尔纳普的“弱的元理论的命题”——在确认逻辑中没有理论——强烈地使人联想到凯梅尼的“强的元理论的命题”——在发现的逻辑中也没有理论。但是,卡尔纳普本人从未追随这种建议——甚至以他那偶尔表示的、几乎是波普尔派的关于发现的方法和他本人的确认的方法之间的鲜明的对照为代价。② 151

当然,凯梅尼的启发法在某种意义上证明了波普尔的担忧:

① 在最近的论文〔1966〕中,卡尔纳普再次强调他赞同波普尔的“所有的知识基本上是猜测的”和归纳逻辑的目的是“精确地改进我们的猜测,更具有根本重要性的是为作出猜测改进我们的一般方法。”在术语学中,容易使人误解的相似性掩盖了许多不同的意义。对波普尔来说,“一个猜测的改进”意味着反驳一个理论和用具有高经验内容的未被反驳的理论来取代它,更可取地,是在一个新的概念框架内。于是,一个猜测的波普尔改进是他的发现逻辑的一部分,附带地,是关键的、创造性的和纯理论的事件的一部分。对于卡尔纳普来说,“一个猜测的改进”意味着取出某个给定的语言 L 中一个已有的特殊的假说的所有的“替换物”,估计它们相对于全部(或者“关联的”)证据的概率,以及在它们之中选择那个看来按照人们的行动目的似乎是最合理地去选取的替换物。另外,“作出猜测的一般方法的改进”是一种选择 C-函数的方法的改进,可能也是在他的〔1950〕,§50 中和在他刚刚引用的〔1966〕中讨论的应用的实用法则的改进。而且,一个猜测的卡尔纳普式改进是一种机械的(或者近乎是机械的)和基本上实用的事件——创造性转换成了作出猜测的“方法”,当然,此外它“具有更基本的重要性”。尽管在波普尔的“猜测的改进”中,反驳——批判地抛弃一个理论——起着决定性的作用,但是,它在卡尔纳普的“猜测的改进”中不起任何作用。(当然,人们也许会问,卡尔纳普的“猜测的改进”是否是发现的逻辑的一部分或确认的逻辑的一部分。它肯定很适合凯梅尼的启发法框架——给它加一种实用的香味。)

② 事实上,卡尔纳普赞扬凯梅尼的论文,因为它已经“非常成功地提出了……归纳逻辑的目标和方法”(Carnap〔1963〕,p. 979)。但是,我不认为他认真地注意到我分析过的凯梅尼论文的那部分(顺便提一下,它在许多方面是优秀的)。我愿意再次强调卡尔纳普未注意到的问题涉及发现的逻辑。

“弱的元理论的命题”强烈地使人联想到“强的元理论的命题”。但是,尽管思想史家必须指出两者之间的密切联系,他还是不必为“联系的罪过”而谴责“弱的命题”。波普尔的强的方法论命题和弱的证明命题的合并使他在许多场合鞭挞了死马而放过了活马。但是,弱的命题的批判必须是直接的。然而,在开始这种批判(在第5节中)之前,让我们看看卡尔纳普的纲领如何不仅从理论向特称命题,而且又从证据支持向合理的赌商转换的。

4. 概率、证据支持、合理性信念和赌商

卡尔纳普的从全称命题到特称命题的归纳逻辑问题的转换伴随着从主要地作为证据支持度的归纳逻辑的解释到它的主要地作为合理赌商的解释的平行的问题转换。为了珍视这种重要的平行的问题转换,让我们来看看另一段删节了的历史。

152 新经典经验论有一种中心信条:(1)概率,(2)证据(或确认)支持度,(3)理性信念度,(4)合理赌商四者的等同的教条。

这种“同一的新经典链条”不是难以置信的。对一个真正的经验论者来说,理性信念的唯一源泉是证据的支持:这样,他将可以使信念的合理性度和它的证据支持度相等同。但是,理性信念似乎可能由合理的赌商来度量。终究,正是确定合理赌商发明了概率演算。

这串链条是作为卡尔纳普整个纲领的基础的基本的隐秘假设。首先,他主要地对证据支持感兴趣,这可从《可检验性和意义》看出。但是,在1941年,当他着手他的研究纲领时,他明白了他的

基本任务主要地是找出逻辑的概率概念的令人满意的“诠释”。他想要完成这项由伯努利、拉普拉斯和凯恩斯创始的工作。

但是，伯努利、拉普拉斯和凯恩斯发展他们的逻辑概率的理论不是为了它自身的缘故，而是因为他们认为逻辑概率与合理的赌商、信念的理性度和证据支持度一致。

卡尔纳普也一样。简单一瞥他的《概率的逻辑基础》的第1页中的问题（确认、归纳、概率）的次序就可以明白这一点。因而，他的概率理论是要解决历史悠久的归纳问题，按照卡尔纳普的观点，这个问题是要在证据的基础上判断定律和理论。但是，只要证据支持＝概率，那么就有概率的逻辑基础＝证据支持的逻辑基础＝确认的逻辑理论。卡尔纳普在经过一段时间犹豫之后决定称呼他对逻辑的概率的被诠者（explicatum）为“确认度”——一种后来弄清楚是一种使人为难的选择。

(a) 证据支持度是概率吗？

在卡尔纳普研究的早期阶段他就已经逐渐感到证据支持是新经典经验论链条中的弱点。确实，在合理赌商和证据支持度之间的差异就理论来说是如此突出以致他不得不在他的1950年的阐述中就把这两者分离开来了。关于任何理论的合理赌商是零，但是，它的“可靠性”（即，它的证据支持）会变化。所以，他把他的关于理论的确认概念一分为二：他声称它们的“确认度”是零，但是，它们的确认度（即，有限制的实例的确认）是正的。[①] 153

① 参见前面边码p.140。

这重新阐明了卡尔纳普在他的“无理论的”问题转换中的第一步：最初的无理论的活动归功于在新经典链条中的第一次断裂。

但是，他很快发现甚至完全以特称命题的术语来表述他的科学哲学，他也不能防止进一步的断裂。证据支持度和关于特称命题的合理赌商的同一性根本不是自明的：后者的概率性也许似乎是清楚的，但是，前者的概率性绝不是一目了然的。这就是他心目中所想的，当时他写道：“虽然这种说明〔即，作为证据支持的逻辑概率的说明〕可以说是勾画了概率$_1$的基本的和最简单的意义，但是，单独地阐明作为定量概念的概率$_1$很难是充分的。”[①]在这一点上，因为卡尔纳普已经认识到他的证据支持＝逻辑的概率的论证是基于“完全武断的”假设的，[②]所以他把重点转移到了打赌的直觉。但是，他没有认识到他那涉及证据支持和逻辑的概率的同一性的命题的论据不仅基于令人失望的假设，而且这种命题可能也是错误的——甚至在特称命题的场合来说也是一样的。

由于没有认识到这一点，他在他的《概率的逻辑基础》中引入了两个关于合理赌商和关于证据支持度的不同概念。关于合理赌商他用$p(h,e)$；关于证据支持度他用$p(h,e)-p(h)$。但是，他合并了这两者：在他的大多数著作中（在他的定量的和比较的理论中），他声称合理赌商和证据支持度两者都是$p(h,e)$；然而，在§§86、87、88（在他的分类

① Carnap〔1950〕，p.164.在这本书中，这是第一次提到不充分性：确实，较早一点，有一种将不会存在这种不充分性的显著自信。但是，通常，伟大的著作由一种确定的不一致性来描述——至少是强调这样。在详细阐述它时，人们自我批判地修改自己的观点，但是，在每一个这种场合，人们很少重写——但愿只是由于缺乏时间——全书。

② 同上书，p.165。

理论中)中,他滑到了两者都是 $p(h,e)-p(h)$ 的命题。

真是莫大的讽刺,在这几节中,卡尔纳普批判了亨佩耳在心目中对证据支持有两种不同的待说明的术语(explicanda),[①]主要是批判他选择了错误的、概率性的打赌方法。

当然,这两个合并了的概念根本上是不同的。当 h 是一个重言式时,卡尔纳普式的打赌者 $p(h,e)$ 最大:根据任何证据,重言式的概率是1。当 h 是一重言式时,卡尔纳普学派的科学家的 $p(h,e)-p(h)$ 最小:一个重言式的证据支持总是零。对于 $p(h,e)$,下述"推论条件"成立:即 $p(h,e)$ 能够永不减少,当传递通过演绎通道时,这就是说,如果 $h\rightarrow h'$,那么 $p(h',e)\geqslant p(h,e)$。但是,一般说来,对于 $p(h,e)-p(h)$,这个条件并不成立。这种差异是由于两种竞争的和相互不一致的直觉在起作用这一事实。根据我们的打赌直觉,无论有什么样的证据,假说的任何合取至少像任何其他合取一样冒风险。(即,$(h)(h')(e)(p(h,e))\geqslant p(h\&h',e)$。)按照我们的证据支持的直觉,这不可能是这种情况:主张对于一个更强有力的理论(在卡尔纳普的在特殊假说的扭曲的镜面上的科学语言投影中,这个理论是假说的一个合取)的证据支持必须不大于对于一个它的较弱的推论(在卡尔纳普的投影的场合,是对于任何合取而言)更多的证据支持,这是荒谬的。确实,证据支持的直觉宣称,一个命题说得愈多,它可以得到的证据支持也愈多。即,在卡尔纳普的框架内,它将会是这样的:$(\exists h)(\exists h')(\exists e)(c(h,e))<c(h\&h',e$。)然而,证据支持度不可能同在概率运算的意义上的概

154

① Carnap[1950],p. 475.

率度相同。

所有这些将是平淡无奇的,假如不是对我称之为“新经典链条”的、有力的、历史悠久的教条而言,这个教条特别使合理赌商和证据支持度相等同。这一教条把几代哲学家和数学家都搞糊涂了。①

第一个向这一教条挑战的哲学家是波普尔。② 他打算通过证明证据支持度不可能是概率的方法来粉碎新经典链条——而不管概率的解释是什么。即,他打算证明函数 $c(h,e)$、证据支持、确认或证据 e 对 h 的确证,都不服从概率的形式运算。

波普尔提出了两个不同的批判论据:一个在 1934 年,另一个在 1954 年,(在 1954 年,他提出了一个“竞争公式”。)

波普尔的 1934 年的论据是

155 似乎是,一个理论的可确证性以及一个理论的确证度……两者均反比于它的逻辑概率……。但是,由概率逻辑蕴涵的观点正好与此相反。它的支持者让假说的概率与它的

① 现在,我们可以明白亨佩耳是这同一种混乱的牺牲品。他意识到在确认理论中存在两种竞争的潜流:一种可以主要由推论条件来表征,另一种可以由下面这个条件来表征,这个条件就是如果已证实了 h,那么它也证实了任何必然推出 h 的假说:即传递性或“逆推论条件”。给出了一些简单的、普遍接受的假设后,他证明了这两个条件是不一致的。(参见他的〔1945〕,p. 104。)经过某种犹豫和确实的混乱之后,在 1945 年他颇为武断地选择了前者。在 1965 年又选择了后者。(参见在他的〔1950〕,p. 50 上他那 1945 年的论文的附录。)顺便提一下,按照人们采用哪一种条件,他那著名的“确认悖论”看起来有巨大的不同:这是探讨他徘徊于波普尔和卡尔纳普之间的自相矛盾的关键之点。(关于这一点,参见 Mackie〔1962—1963〕。)

② 第一个向这教条挑战的统计学家是费希尔。他使“理性信念度”和他的非加性的似然函数一致(参见他的〔1922〕,p. 327,脚注 *)。但是,他不能充分清晰地阐明他的见解,因为他没有波普尔的经验内容的思想或者他的理论观点的思想。

逻辑概率成正比地增加——虽然没有人怀疑他们想使他们的“假说的概率”代表我试图用“确证度”表示的十分相同的东西。[①]

或者：证据支持度不与概率成比例，而是与不可几性成比例。

根据波普尔的新脚注并加上 1959 年的这段话，这些段落“包含了〔他〕批判归纳的概率理论的极重要之点”。[②]

但是，支持论据摇摆不定。它以下述两点为转移：

(1) 论据的第一个极重要之点是确证随着概率相反地变化，即，如果 $p(h) \geqslant p(h')$，那么对于所有的 e，$c(h,e) \leqslant c(h',e)$。但是，这种关于确证度的正比例性和可确证性程度的正比例性（或者，关于确证度和概率的反比例性）的绝对的断言是如此荒谬的；[③]以致波普尔本人在 1954 年给出他的充分要求的一张详细表目时假定，至少在 h 和 h' 蕴涵 e 时，确证度必须随着（先验）概率正变化，而不是反变化，即，如果 $p(h) \geqslant p(h')$，那么对于所有的 e，$c(h,e) \geqslant c(h',e)$。[④]

(2) 论据的第二个极重要之点是“后验概率”不同于确证，它随“先验概率”正变化，即，如果 $p(h) \geqslant p(h')$，那么对于所有的 e，p

① Popper〔1934〕，§83.

② Popper〔1959〕，p. 270，脚注 * ③。

③ 人们感到奇怪，是否正是这种断言错误地引导卡尔纳普相信波普尔似乎把术语“可确证性程度”用作与术语“确证度”的同义词（参见他发表在 Schilpp（编的）〔1963〕中的“答波普尔”(Reply to Popper)，p. 996）。

④ 参见他的〔1954〕，迫切需要的东西 viii(c)，这内容重新发表在他的〔1959〕，p. 401 上。顺便说一下，波普尔时常指责卡尔纳普“选择”了最可几的理论。然而，根据他的 viii(c) 可以指责他本人在那些说明一给定证据的理论中选择了最可几的理论。

$(h,e)\geqslant p(h',e)$。[①] 但是,正如巴尔—希勒尔向我指出的,这是错的,反例很容易构造。

然而,波普尔的论据的核心是正确的,按照他后来的工作也很容易纠正〔他论据中的错误〕。首先,当人们不得不抛弃他的第一个关于确证度与经验内容成正比的命题时,人们也许可以保留他的关于可确证性程度和经验内容成正比的较弱命题:如果我们增加了一个理论的内容,那么它的可确证性也增加。这可以通过,例如,固定一个假说的确证度在它的经验内容上的上界的方法来达到,[②]和通过准许证据来提高有更多信息的理论的确认,使其高于较少信息的理论的确认的最大水准的方法来达到。即,如果 h 蕴涵 h' 和 h 的经验内容多于 h' 的经验内容,那么对于某个 e,$c(h,e)>c(h',e)$ 就应该是可能的。这确实是被卡尔纳普的归纳逻辑所排斥的,根据这一点,当通过演绎通道传递时,概率只能增加;如果 h 蕴涵 h',那么对于所有的 e,$p(h,e)\leqslant p(h',e)$。然而,确证(或确认或证据支持)不可能是概率。

像波普尔的 1934 年的论据一样,波普尔的 1954 年的论据也是个重要的论据。但是,如在前面的情况一样,他的表述提出了一个比他实际上已经证明的命题更强的命题;所以,正如和前面的情况一样,他削弱和延迟了它的影响。

他所声称已经建立的又是"一项对所有那些归纳理论的数学

① 关于这同一点的另一种表述见他的〔1959〕,p. 363:"概率演算的法则要求两个假说中的一个在逻辑上更强的,或更多信息的,或可更好地检验的假说,这样,一个能更好确证的假说总是比另一个假说——根据任何给定的证据——更不可几。"

② 参见波普尔 1954 年的追切需要的东西第三点,〔1959〕,p. 400。

反驳，这些归纳理论把一个陈述由经验检验的支持或确认或确证的程度与它的在概率演算意义上的概率度相等同”。[①] 但是，他实际上证明的是卡尔纳普的1950年的“重大理论”是自相矛盾的。我称卡尔纳普的“重大理论”是分类的、比较的和定量的确认概念的三位一体，这三者应该根据像要求概念暖和的、更暖和的和温度一样相互联系的要求结合为一个“大理论”。[②] 波普尔的论据表明自相矛盾是由于这一事实，即卡尔纳普在头脑中非故意地有两种不同的“待说明的术语”，即证据支持（有点像波普尔的确证度）和逻辑概率。[③] 波普尔声称卡尔纳普成了“混淆增加或减少的度量和（如由速度、加速度和力的概念史所表现出来）的本身增加和减少着的度量的”历史“倾向”的牺牲品。[④]

现在，卡尔纳普和大多数卡尔纳普学派的学者已经接受了波普尔批判的要点。1962年，卡尔纳普在他的《概率的逻辑基础》第二版序言中区分了这两个待说明的术语，并决定在以后他将称$p(h,e)$为“合理赌商”，或简言之，为“概率”，而不是称它为“确认度”。但是，连同术语“确认”一起，他的确认理论，即他的证据支持的理论也完结了。波普尔在1955年正确地表明：“不存在‘流行的〔卡尔纳普式的〕确认理论’。”[⑤]巴尔—希勒尔是第一个提出一种新的确认理论的卡尔纳普学派成员，他还建议我所称之为“向量的”假

① 参见波普尔1954年的迫切需要的东西第三点，〔1959〕，pp. 389—390。亦可参见pp. 396—398。

② 参见Carnap〔1950〕，p. 15。

③ Popper〔1959〕，p. 393.

④ 同上书，p. 399。

⑤ 参见他的〔1955—1956〕，p. 158。

说评价以取代"标量的"假说评价，向量的假说评价由一个有序对组成：〈"初始信息内容"，"确认度"〉。[①] 在1962年，卡尔纳普决定接受157 巴尔—希勒尔的劝告。[②] 但现在，他似乎已经又一次改变了他的主意，并回到了他那"标量的"，而不是"向量的"确认理论的旧观念；他现在提议 $p(h,e)\cdot(1-p(h))$ 作为确认度。巴尔—希勒尔把这解释为卡尔纳普的不可救药的"接受综合病症"的一种征兆。[③]

然而，卡尔纳普——及其追随者——对这种混乱确实并不在乎。在他们看来，归纳逻辑主要地涉及逻辑的概率的阐释，而不涉及证据支持的问题，证据支持的问题最终将在归纳逻辑的帮助下得到解决。他们声称，把逻辑概率的这个待阐释的术语(explicatum)称为"确认度"是一个错误，但是只是一个微小的、主要是术语性的错误。

无疑，卡尔纳普的归纳逻辑研究纲领有充分的韧性从对它的作为证据支持理论的直接解释的摧毁性打击中逃生。[④] 但是，尽管他可以声称他的"确认理论"不会随着他那最初的确认理论（错误地被命名为"确认理论"）而崩溃；尽管巴尔—希勒尔和他也可以正确地向波普尔及其追随者挑战，要他们来批判他的被解释为合理赌商而不是被解释为证据支持理论的归纳逻辑，[⑤]但是在反击

① Bar-Hillel〔1955—1956〕.

② Carnap〔1966〕.

③ 参见 Bar-Hillel〔1968*b*〕，p. 153。

④ 当卡尔纳普最终理解了波普尔的批判中所包含的正确观点时，他仅仅在他那1962年版的《逻辑基础》的序言中的两页上拯救了他的纲领，即使不是他的1950年的理论的话。当波普尔认为"〔卡尔纳普的1950年理论的〕矛盾不是一个小小的、容易得到弥补的问题"时，他低估了这个研究纲领的韧性(Popper〔1959〕，p. 393)。

⑤ Bar-Hillel〔1956—1957〕，p. 248 和卡尔纳普发表在 Schilpp(编的)〔1963〕中的"答波普尔"，p. 998。

波普尔对卡尔纳普的确认理论的毁灭性打击时指责波普尔把“确认度”解释为确认度是一种“错误的解释”是没有多少用处的。[①]

(b)“理性信念度”是证据支持度或者它们是合理赌商吗?

即使卡尔纳普学派发现了一个新的令人满意的证据支持理论,他们也会面临一个新的问题。既然波普尔打断了证据支持度和概率(由此,按照卡尔纳普的观点和合理赌商)之间的链条,那么“理性信念度”,即使有的话,应该属于哪一方面呢?或者,应该把理性信念一分为二吗?卡尔纳普似乎想当然地认为理性信念度是赌商。波普尔似乎想当然地认为信念的合理性程度与他的证据支持度相等。[②]

一个假说的〔全部的或者部分的〕唯一的证明——所以,全部的或者部分地相信它的唯一的理性基础——是它的证据支持,这已经成了经验论的基石。在那里,长期以来就已经有了一个关于信念度的教条,即它们的最好的试金石是人们愿意为它们下赌注的程度如何。(卡尔纳普把这种思想归功于拉姆塞,[③]但是拉姆塞本人把它称做为“早就确立的”命题。[④])但是,如果证据支持要决定信念度,如果信念度要由赌商来度量,那么这三个概念自然地融 158

① Bar-Hillel〔1956—1957〕,p. 248 和卡尔纳普发表在 Schilpp(编的)〔1963〕中的“答波普尔”,p. 998。

② 参见 Popper。〔1959〕,p. 415。但是见边码 p. 196 脚注⑩。

③ 参见他的〔1968*b*〕,p. 259。

④ 参见他的〔1926〕,p. 172。

合为一了。但是,现在这早已确立的三位一体是分离的。在术语"理性信念"、"信任"、"可信度"等等的任何客观意义上,这敲响了这一概念的丧钟。

这样,打断新经典经验论链条也蕴涵着它的理性信念理论的崩溃。在1953年,凯梅尼和奥本海姆就已经区分了"归纳支持度"(这与卡尔纳普的合理赌商或者"确认"度一致)和"事实支持度"(这与卡尔纳普的"确认的增加"程度相关)。[①] 应该用哪一个来度量信念的合理性呢?

有一些明显支持 $p(h,e)$ 的论据。但是,那些仍然认真地承认逻辑经验论但是已经变得确信卡尔纳普的归纳逻辑包含了先验论的形而上学假定的哲学家[②]必定会向声称 $p(h,e)$ 应该决定合理的信念度是否是一种对真正经验论的背叛呢?对于真正的经验论者来说,肯定地,除了经验证据(当然还有真正的重言式逻辑)外肯定没有合理的信念的其他来源。但是,当 $p(h,e)$ 的值的大量组成仅仅是 h 的简单的假定的概率而又从来没有以任何证据为根据的时候,为什么真正的经验论者把 $p(h,e)$ 误认为是证据支持,而不认为 $p(h,e)-p(h)$ 是证据支持呢?

具有或多或少不同名称的或多或少不同的公式的增生没有解决这个问题。我们在一篇论文中读到:

> 结论在本质上如下:(A)卡尔纳普关心的是分析在问题:"如果我们给定 q 作为证据,那么我们如何确信 p?"中的内在

---

① 参见 Kemeny 和 Oppenheim〔1953〕,pp. 307—324。

② 参看边码 p. 160 脚注②。

度量,(B)波普尔和凯梅尼—奥本海姆探讨了这个问题:“给定 q,我们如何比没有 q 更可确信 p?”(C)证据相关的当前度量探讨了这个问题:“如果 q 给定,我们对 p 为真的信心的增加或者减少的程度如何?”[1]

但是,不存在对任何这些不同度量的是非的判决性讨论:相反,我们被告知,否认它们中的每一个度量了某些东西是“不礼貌的”。[2]

(c) 合理赌商是概率吗?

159

在新经典链条中最可靠的一环似乎是拉姆塞—德·芬纳特定理支持的概率和合理赌商之间的一环。但是,有几个论据削弱了这种支持的基础。例如,普特南指出,在科学的预言中“我们不是同用心险恶的对手玩牌,而是与自然打交道,而自然并不利用‘不一贯性’”。[3] 确实,如果我们假定,为了下一论据,即赌商确实度量合理的信念度,而且,信念的唯一合理的源泉是证据支持,最后,证据支持不是概率论的,那么从拉姆塞—德·芬纳特定理得到的正确结论是什么呢?正确的结论是,把我们的合理性理论基于善恶对立说(manichean)的假设:即如果我们不概率论地安排赌注(或者信念度),那么一种邪恶的力量会用一种精心安排的赌注系统发觉我们的错误,那是非理性的。如果这种不现实主义的假设一旦被抛弃,我们也可以同样注意另一个合理赌商的非概率理论,

① Rescher〔1958〕,p. 87.
② 同上书,p. 94。
③ Putnam〔1967〕,p. 113.

如瓦尔德的极小化极大的方法，或者甚至可能是与波普尔的确证度类似的公式，[①]等等，现在卡尔纳普学派认为这种方法或者公式只单单被拉姆塞—德·芬纳特定理结论性地反驳。

普特南的论据本身足以动摇卡尔纳普的合理信念的理论及合理赌商的普遍有效性。但是，我要再提出一种不同的、独立的论证。这种论证不怀疑合理赌商是概率论的；它也不探究合理赌商是否限制在特殊的假说之中；但是为了特称的命题，它探究支持卡尔纳普的合理赌商（或者理性信念度）的理论的弱的无理论的命题的第二条款，即那个甚至把他的 C-函数的第二个论据的存在域限制在特称命题中并完全禁止考虑理论评价的命题。[②] 然而，我将证明，在计算特称假说的合理赌商时人们不能避开评价（真正的全称的）理论。现在，卡尔纳普的归纳逻辑不能评价理论，因为没有一种科学增长的理论就不可能令人满意地评价理论（这些科学增长的运载工具）。但是，如果是这样的话，卡尔纳普的归纳逻辑就既不能作为证据支持的理论，也不能作为合理性赌商的理论。

（在他的“答复”（〔1963*b*〕）中，卡尔纳普说他现在已经建构了新的、概率论的 C-函数，在这种函数中理论可以有正的度量 160 (p. 977)。但是，如我所理解，因为这些新的 C-函数还是概率论的，因而不变地服从推论条件，所以它们很少适合于度量证据支

---

① 波普尔的迫切需要的东西 viii(c)把一种打赌直觉的决定性要素并入他的证据支持理论之中（参见他的〔1959〕，p. 401）。

② 参见前面边码 p. 141。

持；因为他们对全称假说赋予了正值，而且由于凯恩斯的、拉姆塞的和卡尔纳普的对只有蠢货才会为一个科学理论的普遍真理下赌注的情况的论证，所以它们不可能意味着是合理赌商。（不足为奇，在欣提卡最近的论文中，他也发明了具有 $c(1)>0$ 的度规，而术语“打赌”从不出现。）然而，可以出现一种奇怪的情况，卡尔纳普也许不得不舍弃合理赌商和证据支持度两个定义（用他的 c-函数），因为稍后的和精心描述的归纳逻辑完全是一种空中楼阁。当然，正如早已提到的，对一个研究纲领的韧性不存在逻辑的限制——但是人们可以开始怀疑它的〔问题〕转换是否是“进步的”。）

5. 弱的元理论的命题的崩溃

(a)“语言的正确”和确认理论①

卡尔纳普的元理论的确认理论建立在许多理论的假设之上，可以证明，这些假设中的一些又取决于已有的科学理论。这些理论假设的认识论地位——支配 c-函数的公理、L 和 λ 的值——还未得到充分的阐明；卡尔纳普最初的主张，即它们是分析的，现在也许已经被抛弃了，但是还未被取代。例如，λ 也许或者被解释作

① “确认理论”取代“归纳逻辑”贯穿于整个这一节，因为卡尔纳普现在把它解释为：一种合理赌商的合理信念理论。当然，我们一旦证明不可能存在元理论的“确认理论”，即不存在元理论的归纳逻辑，那么我们也就证明了不可能存在元理论的确认理论，即不存在以元理论的赌商来表述的证据支持度的定义。

为这个世界的复杂性程度的一种度量，[1]或者被解释作为人们愿意在经验证据的影响下迅速修改他们的先验假设的速率。[2] 我将致力于阐述 L。

161　关于一种科学语言的选择蕴涵了一种关于什么是什么的关联证据，或什么由自然必然性与什么相联系的猜测。例如，在一种把天上的与地球的现象区别开来的语言中，关于地上的抛射体运动的数据也许似乎与关于行星运动的假说无关。在牛顿动力学的语言中，它们变成相关的了，而且改变了我们关于行星预见的赌商。

那么，人们应该如何找到会正确地陈述什么证据与假说相关联的"正确的"语言呢？虽然卡尔纳普从未提出过这个问题，但是他暗暗地回答了它：在他的 1950 年和 1952 年的体系中，他期待"观察语言"来完成这一使命。但是，普特南和奈格尔的论据暗含了"观察"语言在我的意义上不可能是"正确的"。[3]

---

① 参见 Schilpp(编的)〔1963〕中波普尔和奈格尔的论文。尤其是 pp. 224—226 和 pp. 816—825。然而，虽然卡尔纳普在他的《自述》中似乎说了 λ 取决于这个"世界的结构"，但是他对这个世界是"观察者"按照他的"谨慎"程度"自由地选择的"未加评论(同上书，p. 75)。但是，在一篇较早的论文中他已经说了 λ"以某种方式对应于宇宙的复杂性"(〔1953〕，p. 376)。在他目前的论文中他论证说"对于在一个新领域中富有成效的工作来说，拥有关于这一领域内知识来源的一种有良好基础的认识论理论是不必要的"(〔1968c〕，p. 258)。无疑，他是正确的。然而，如果波普尔和奈格尔的论据是正确的，那么最初就深深地嵌入严峻的经验论的归纳逻辑纲领事实上预先就假定了一种先验论的认识论。

② 凯梅尼似乎赞成后一种解释。他称 λ 为一种在经验证据影响下制止人们过快地改变他们的观点的"谨慎的指标"(参见他的〔1952—1953〕，p. 373 和他的〔1963〕，p. 728)。但是，哪一个是谨慎的合理性指标呢？一个人如果是无限谨慎，他就永远无法学习，所以这是非理性的。零谨慎可以受到批判。但是在其他方面，归纳判断似乎拒绝对 λ 表态——他把它的选择留给了科学家的本能。

③ Schilpp(编的)〔1963〕，p. 779 和 p. 804 及其后。

然而,普特南和奈格尔两人都探讨了这个问题,仿佛存在某个独特的理论语言与这个观察语言相对立,所以这个理论语言会是正确的语言。卡尔纳普通过允诺考虑这个理论语言来反击这种反对意见。① 但是,这没有解决这个一般的问题,这个"间接证据"的问题(我称"在 L^* 中相对于 L 的间接证据"为一个不会引起另一事件的概率的事件,当两个事件都以 L 来描述时,但是,〔条件是〕,如果它们以语言 L^* 来表达的话,就会出现这种情况)。在普特南和奈格尔给定的例子中,L 是卡尔纳普的"观察语言",L^* 是取代的理论语言。但是,当一个理论被一个以新的语言表达的新的理论取代时也许就会发生同类的一种情况。间接证据——知识增长中的一种普通现象——成了 L 的一个函数的确认度,L 又进而由于科学进步而改变。虽然在一个固定的理论框架(语言 L)内证据的增长使选定的 C-函数不变,但是,理论框架的增长(引入了新的语言 L^*)可以根本性地改变它。

卡尔纳普试图全力避免归纳逻辑的任何"对语言的依赖性"。但是,他总是假设科学的增长在某种意义上是累积的:他认为人们可以约定,一旦由已给定的 h 的确认度以一种适当的"最小语言"建立起来,那么就没有进一步的论据可以改变这个值。但是,科学的变化时常暗含了语言的变化,而语言的变化蕴涵了对应的 C-值的变化。②

① Schilpp(编的)〔1963〕,pp. 987—989。

② 哪里有理论,哪里就有易谬性。哪里有科学易谬性,哪里就有可反驳性。哪里有可反驳性,附近就有反驳。哪里有反驳,哪里就有变化。有多少哲学家达到了这链条的终端呢?

这个简单的论证表明卡尔纳普的(暗含的)"最小语言原理"[①]不起作用。这种C-函数的渐进建构原理意味着要挽救一种永恒的、绝对有效的、一种先验的归纳逻辑的迷人理想,要拯救一种归纳机器的诱人理想,这种机器一旦编好了程序,可以需要一种最初的程序化的推广,但不需要再次编制程序。然而这种理想也破产了。科学增长可能摧毁了任何特殊的确认理论:归纳机器也许必须随着每一新的重大理论进展而重新编制程序。

162

卡尔纳普可以反驳道:科学的革命性增长将产生一种归纳逻辑的革命性增长。但是,归纳逻辑怎么能增长呢?当提出了以一种新的语言L^*表述的一个新理论时,我们怎么能改变我们关于以语言L表达的假说的全部赌博政策呢?或者,只有当新的理论——在波普尔的意义上——被确证时,我们才应该这样做吗?

显然,我们不会总是在一个没有比现有理论更好的经验支持的迷人新理论(用一种迷人的新语言〔表达〕)一出现时就想要改变我们的C-函数。如果新的理论经受了严峻的检验,以致可以说"新的语言有经验的支持",[②]那么我们肯定会改变它。但是,在这种场合,我们已经把卡尔纳普的语言的确认(或者,如果你愿意,也可以说是一种语言的选择)问题归化成了波普尔的理论确证问题。

这种考虑表明绝非是归纳逻辑学家的职责的"语言规划"的本

① 参见前面边码 p. 133。

② 在这种场合,我们也许甚至可以谈及"一种语言的反驳"。

质部分仅仅是科学理论化的一种副产品[①]。归纳逻辑学家至多能对科学家说："如果你选择接受语言 L，那么我能告诉你，在 L 中，$c(h,e)=q$。"当然，这完全是从最初的观点退却，按最初的观点，归纳判断单在 h 和 c 的基础上会告诉科学家，根据 e，h 被确认的程度如何："我们需要〔为了计算 $c(h,e)$〕的全部东西是两个句子的意义的逻辑分析。"[②]但是，如果归纳判断除了从科学家那里得到 h 和 e 以外还需要从他们那里获得最先进的、最好的确证理论的语言，那么科学家为了什么需要归纳判断呢？

然而，如果存在以完全不同的语言表述的两个或更多的竞争理论，那么卡尔纳普的归纳判断的情形还会变得更为不稳定。在这种场合，看来不会有在它们之间作出归纳判断决定的任何希望——除非他要求某些超一判断来建立一个次级 C-函数以便评价语言。但是应该如何来做到这一点呢？[③] 大概他们"至多"能做的就是——取代陷于无确认函数的无限回归——向科学家要求那些他愿意赋予他的竞争理论的信念度，因此他注意给予竞争的函数的价值以权重。 163

归纳的正当理由或许是在"经验概括"或"朴素猜测"的前科学

① 有趣的是一些归纳逻辑学家还没有意识到这个事实，他们认为语言规划只是"形式化"，所以，对归纳逻辑学家来说，它仅仅是一种"常规的"（虽然可能相当吃力）工作。

② Carnap〔1950〕，p. 21.

③ Bar-Hillel 指出"对于两种语言一系统的比较来说，不存在普遍可接受的标准"，他说"对于当代的方法论，这里存在一个重要的任务"（〔1963〕，p. 536）。亦可参见 L. J. Cohen〔1968〕，p. 247 及其后。

阶段中它的最弱的地方。[①] 在这里归纳判断必定是高度不可靠的,而这种猜测的语言在大多数情况下会很快被某些根本不同的新语言所取代。可是,当代的归纳判断可以对以朴素语言表述的预见给出很高的 c-值,科学家的本能"预感"对这种朴素语言的评价可以很低。[②] 归纳的判断只有两条出路:要么随着关于语言评价的要求,求助于某些超—判断,要么求助于科学家的本能的评价。这两条道路都布满了困难。

总之,看来合理赌商最多能向这种消费者提供,他们——自担风险和听任他们自己设计——指定了赌商要在其中计算的语言。

所有这些表明,这里存在一些使归纳逻辑惹人注目地不同于演绎逻辑的东西,演绎逻辑是:如果 A 是 B 的推论,不管我们的经验知识如何发展,A 仍然会是 B 的推论。但是,随着我们的经验知识增加,$C(A,B)$可以有根本性的改变。因为我们通常紧随着被经验事实确证的胜利理论选择新的语言,所以卡尔纳普的"在两个领域〔即在演绎逻辑和归纳逻辑领域〕中,陈述的主要特征是它们独立于事实的偶然性"[③]的断言被粉碎了,因而把通常的术语"逻辑"应用于这两个领域的证明也完结了。

声名狼藉的"归纳原理"的历史思考也许会进一步阐明这种情

---

① 参见我的〔1976c〕,第 1 章,§7。

② 事实上,这是"证据权重"的深一层的悖论(参见前面,p. 148)。奇怪的是,按照卡尔纳普的观点,正是这种前科学领域是归纳逻辑可在其中最成功的应用。这一错误渊源于这一事实,即只对这种"经验的"(或者如我更喜欢提出的"朴素的")语言,概率度量才已被建构出来。但是,不幸的是这种语言只表达了这个世界的非常偶然的、表面的特征,所以这种语言产生了特别没有意义的确证估价。

③ Carnap〔1950〕, p. 200.

况。经典认识论的主要问题是证明科学理论；新经典经验论的主要问题是证明科学假说的确认度。企图解决经典问题的一种方法是把归纳问题归结为演绎问题，主张归纳推理是省略三段论法的，它们中的每一个存在一种隐含的大前提，一种综合的先验的"〔经典的〕归纳原理"。于是经典归纳原理会把科学理论从仅仅猜测的理论转变为证明的理论（当然，给定确定的表达事实证据的小前提）。当然，这种解决方法受到经验论者的尖锐批评。但是，新经典经验论者想要证明公式 $p(h,e)=g$ 的陈述；所以新经典经验论者也需要某种不容置疑的真前提（或一些前提），即一个"〔新经典的〕归纳原理"。例如，当凯恩斯假定"某些有效的原理不知不觉地出现在我们的头脑中，甚至它还巧妙地躲过了哲学的揭露的眼睛"[①]时，就涉及了这个新经典原理。不幸，在文献中，这两种不同种类的归纳原理被持久地合并为一了。[②] 164

归纳逻辑必须依赖于形而上学原理对于布洛德和凯恩斯来说是一件毫无疑义的事；他们毫不怀疑，为了引出一种概率度规他们需要这种原理。但是，在试图找出这些原理的过程中他们变得非常怀疑他们是否能发现它们，如果他们确能找到它们，他们是否又

---

① Keynes〔1921〕, p. 264.

② 一个有趣的例子是经典的和新经典的有限变化原理（Principle of Limited Variety）之间的差异。它的主要的经典形式是排除的归纳原理："只存在n种可能的供选择的说明理论"；如果事实证据反驳了其中的 $n-1$ 种，那么第 n 种被证明了。它的主要的新经典形式是凯恩斯的原理"宇宙中的变化量以这样的方式被限制，即没有一种客体如此错综复杂以致它的特性分解为无限多的独立部分"——除非我们假定这样，否则没有任何经验命题能成为高度可几的（同上书，p. 258）。此外，虽然经典的归纳原理也许能以客观的语言（例如，通过假设理论的"有限变化"的合取）来表述，但是新经典的归纳原理只能以元一语言来表述。（参见后面边码 p. 188，脚注①）。

能证明它们。事实上，他们两人，尤其是布洛德，放弃了对后者的希望；布洛德认为，所有这样一些可得到的原理会说明而不是证明人们会不得不认为是理所当然的某种概率度规。① 但是，他必须认为这是一种丑恶可耻的退却：我们可以称它为归纳的新经典的丑闻。“归纳的经典丑闻”是需要（从事实）证明理论的归纳原理不可能被证明。② “归纳的新经典丑闻”是认为至少需要证明假说的确认度的那种归纳原理也不能被证明。③ 归纳的新经典丑闻意味着，既然归纳原理不能起证明作用而只能用作说明的前提，那么归纳不可能是逻辑的一部分而只能是思辨的形而上学的一部分。当然，卡尔纳普不可能承认任何形而上学，无论是“证明的”，还是思辨的：所以，他用把格格作响的形而上学骨架隐藏在卡尔纳普派的“分析性”的碗柜中的办法解决了这个问题。这就是剑桥学派的缺乏自信的形而上学思辨如何转变为自信的卡尔纳普的语言—建构的。

165 现在，卡尔纳普的“分析的”归纳原理部分地由他明确的公理组成，部分由他那关于 L 和 λ 的正确性的暗含的元—公理组成。我们证明了就有关一个选出来的 L 的正确性而言，它不仅仅是一种不能证明的，而且是一个可反驳的前提。然而，确认理论变得并不比科学本身更少易谬性。

---

① 参见他的〔1959〕，p. 751。

② 参见上书，p. 321，脚注①。为了评价这种“丑闻”，人们应该理解凯恩斯（或者罗素），而不是布洛德。在提出他的纲领时，凯恩斯有两个不能妥协的，绝对的基本要求：证据的确定性和形式为 $p(h,e)=q$ 的陈述在逻辑上证明的确定性。（《关于概率的论文》（A Treatise on Probability），1921 年，p. 11。）如果这些要求不能被满足，那么归纳逻辑不能达到它的最初目标，不能把科学知识从怀疑论中拯救出来。

③ 这两个“丑闻”也已在文献中被合并了。

(b) 归纳判断的放弃

我们看到,因为归纳判断不能评价语言,所以如果不要求科学家为他完成这个任务他就不能通过判断。但是,根据进一步的详尽研究,结果是科学家还被要求更为积极地参与固定确认度。因为甚至在一种语言(或几种语言和它们各自的权重)被一致选定之后,困难的形势可能仍然会出现。

假设在领域中存在一个非常有吸引力的。似乎非常有理的理论,而迄今很少甚至没有支持它的证据,那么将怎样呢?我们应该为它的下一个实例下多大的赌注?归纳判断的明智的忠告是如果没有理论的证据支持就不应当相信任何理论。例如,假如在发现氢的三条光谱线后就提出巴耳米公式,那么明智的归纳判断就会阻止我们变得过于热情和防止我们——与我们的预感相反——为依据公式预见的第四条谱线下赌注。

于是,归纳判断不会受没有充分的事实背景的、却引人注目的理论的影响。但他也可以受惹人注目的反驳的影响。我将用另一个例子证明这一点。让我们设想我们已经有了用非常复杂的语言定义的 c-函数。例如,让我们假设一种语言,在这种语言中,所有牛顿的和爱因斯坦的力学和引力理论都是可以表达的。让我们设想,迄今为止,从这两个理论而来的所有(数十亿)预见都已被确认了,除了关于水星近日点的预见只有爱因斯坦的理论被确认,而牛顿的理论失败了。从这两个理论而来的数值的预言一般是不同的,但是由于它们的差异微小或者我们的仪器的不精确,这种差异只在水星这个例子中是可度量的。现在设计了一种新的方法,它精确得足以用一系列判决性实验来确定问题。那么对应于牛顿的预言 h_N^i 下的赌注，我们应为爱因斯坦的预言 h_E^i 下多大赌注呢？一个科学家会考虑到牛顿的理论（在水星这个案例中）毕竟被反驳了，而爱因斯坦的理论生存下来了，所以他会提议下一个非常大胆的赌注。然而，一个卡尔纳普学派的学者由于他那弱的元理论的命题而不可能考虑牛顿的或爱因斯坦的理论（和对前者的反驳）。这样，他发现不 166 了 $c(h_N^i, e)$ 和 $c(h_E^i, e)$ 之间的微小差异，因而，他可能会提出下一个非常谨慎的赌注：在这些情况下，他会对一个爱因斯坦理论下一个大的赌注而反对为牛顿理论下赌注，就像仅仅是为预感下赌注。

现在，有趣之点是虽然弱的元理论的命题可能会阻止一个卡尔纳普学派的学者计算 c-值时考虑理论（和它们的反驳），但是他可以提出，在这样一些情况下不理睬计算出来的"合理赌商"而宁可凭"预感"下赌注可能是明智的。卡尔纳普本人解释道：

> 确实，许多非—理性因素影响了科学家的选择，我相信这将永远是如此。这些因素中的某些的影响也许不是合乎需要的，例如，一种原先偏爱一个假说的偏见公开地继续流行，或者就社会科学中的一个假说而言，一种偏见是由道德或政治倾向引起的。但是也存在一些非理性因素，它们的影响是重要的和富有成效的；例如，"科学的本能或预感"的影响。归纳逻辑不打算排除这类因素。它的功能仅仅是通过证明被考察的各种各样假说在何等程度上被证据所确认，从而给科学家一幅有关形势的更清晰的画面：这种由归纳逻辑提供的逻辑画面会（或者应该）影响科学家，但是，它不是唯一地决定他选

择假说的决策。在作这种决策时，他将像旅游者得到一张好地图的帮助一样得到帮助。如果他运用归纳逻辑，这个决策仍然是他的决策；然而，它将是一个开明的决策，而不是一个或多或少的盲目的决策。[①]

但是，如果归纳逻辑学家赞同"预感"可以经常否决归纳逻辑的精确法则，那么极端地强调归纳逻辑的类似法则的、精确的、定量的特性是否会给人以错误的印象呢？

当然，归纳逻辑不是放弃他那对科学家的预感的职责，它可以尝试强化他的合法的规则。他可以建构一种归纳逻辑，这种归纳逻辑会抛弃无理论的命题并使他的判断依赖于在领域中提出的理论。但这时，他可能会不得不在他建构他的主要的 c-函数之前，按照这些理论的可信赖性而对它们进行分类。[②] 如果这一工作失败 167

① 〔1953*a*〕，pp. 195—196. 当然，某些科学家在预见—评价中甚至可以反对称一个未经检验的推测为非—理性因素，虽然他们或许对认为它是一种"非—经验因素"并不介意。

② 事实上，卡尔纳普在他的新的、到目前为止还未发表的系统之一中已经朝这一方向迈出了第一步。他在他对普特南的答复中谈到了这系统："在归纳逻辑中，虽然公设一般地是综合的，但是我们也许可以考虑把公设处理成'几乎是分析的'（〔概率的逻辑基础，1950〕，D58—1a），即赋予它们 m-值为 1。在这一点上，人们注意到只有理论物理学的基本原理可以被当作是公设，而没有任何其他的物理定律可以是这样，即使它们是"很好确立的"定律也罢。那些不是这些公设的逻辑推论的定律，但是是在普特南的意义上"提出来的"定律则又如何呢？在我的归纳逻辑的形式中我将赋予它们的 m-值为 0（关于另一种选择见我对（10），§ 26 III 的评论）；但是，它们的实例确认可能是正的。正如早就提到的，在这里我们可以按类似于普特南的思想，有选择地认为制定法则以致一个单个预见的确证度（d、c）不仅会受到语言形式并从而受到公设的影响，而且还会受到这类已提出的定律的影响。然而，在此刻，我还没有确知这是否是必要的。"〔1963〕，pp. 988—989；关于他的参考"（10），§ 26III"参见同一书，p. 977）。

了,那么除了要求科学家向他提供这些等级之外他会再次别无其他选择。此外,如果归纳判断认识到人们不可能(如卡尔纳普可能在最初所希望的)把证据陈述至少当作实际地确定的,[①]那么他还不得不向科学家要求更多的关于他的预感的信息:而且,他将不得不又要求科学家的对于每一证据陈述的(变化着的)信念度。

确实,这下一步是不可避免的。在波普尔那涉及"基本陈述"的理论特征的1934年的论证之后,对任何证据陈述是理论的就不可能有任何怀疑了。[②] 坚持他们的"分子的"特征是引入歧途的:在一种"正确的"语言内,所有"观察陈述"作为逻辑上的全称陈述出现,而全称陈述的"可信赖性"可能必须由它们所属的背景理论的"可信赖性"来度量。[③] 这种可信赖性也许偶尔是出奇地低:当一个新的理论阐明了事实时,全部已接受的证据陈述也许均被抛弃。"证据陈述"的主体的增长并不比说明理论的增长更为累积性的和更为和平的。

然而,根据这些考虑,下述图景出现了。弱的元理论的命题崩溃了。要么(1)在每一单个的例子中没有理论的 c-函数不得不被科学家的预感所否决,要么(2)必须建立新的"理论的"c-函数。后

① 卡尔纳普不是不愿意寻找一种处理不确定的证据的方法:"多年来,我徒劳地试图纠正这一在归纳逻辑的习惯程序中的这种缺陷。"(参见他的〔1968*b*〕,p. 146。)

② 凯恩斯还认为归纳逻辑不得不奠基于证据陈述的确定性;如果证据陈述是不可避免地不确定的,那么归纳逻辑是无的放矢(参见他的〔1921〕,p. 11)。需要考虑归纳逻辑中证据陈述的不确定性是首先由亨佩耳和奥本海姆提出讨论的〔1945〕,pp. 114—115,但是,只有杰弗里朝着这个方向迈出了具体的第一步(参见他的〔1968〕,pp. 166—180)。

③ 关于这一点的进一步探讨参见我的〔1968*c*〕。

一种情形再次导致两种可能性，要么是(2a)能够设计一种方法以提供一种“先验的”c-函数(那是一个在建构最终语言之前评价理论的可信赖性的函数)和计算最终语言的“特称”陈述的确认度的这种“适当的”c-函数两者：要么(2b)如果可能设计这样一种方法，那么新的“理论的”c-函数将不得不依赖于科学家关于他的语言、理论和证据的可信赖性以及关于学习过程的理性速度的预感。但是，在这种场合(2b)，批判这些“预感”就不是归纳判断的事务；对他来说，这些是关于科学家的信念的数据。他的判断将是：如果你关于语言、理论、证据等的信念(理性的或非理性的)是如是这般，那么我的归纳直觉向你提供一种关于在给定框架内所有其他假说的“连贯”信念的演算。 168

在“元理论的”归纳逻辑和“理论的”归纳逻辑之间确实没有多少好选择的，一方面，“元理论的”归纳逻辑的判决会被科学家的理论的考虑(它在它的立法范围之外)自由地否决，另一方面，“理论的”归纳逻辑奠基于从外界馈入的理论考虑。在这两种情形中，归纳判断都放弃了他的历史的职责。① 他所能做的一切是要保持科学家的连贯的信念；所以如果科学家要将他的信念与一个精明的和敌意的、天才的登记赌注者的信念打赌，那他就会仅仅因为他的打赌体系是不连贯的而不致输掉。归纳逻辑的放弃是完全的。他允诺根据信念的合理性宣布判断；现在，他以试图提供一种对他不能断言是谁的理性的一些连贯信念的一种演算方法而完蛋了。归纳判断不可能再声称在任何相关的意义上是“生活的指南”。

① 还没有人尝试过(2a)；我敢打赌没有人愿意这样做。

（当卡尔纳普学派的学者接受了这种评价的要点时，他们可以不把所有这些看作是一种失败。他们可以争辩说，正在发生的事情完全类似于演绎逻辑史中所发生的事情：最初，它设计来是为了**证明**命题，只是后来不得不把它本身限制于从其他命题来**推演**出一些命题。演绎逻辑最初想要建立确定的真—值以及它们的传递的稳妥通道这两者；它不得不放弃证明，而集中力量于推演的事实解放了它的能力而不是剪去它的翅膀和把它降低为无关紧要的东西。归纳逻辑最初想要建立客观的合理的信念度和它们的合理调整这两者；现在，在抛弃前者和完全致力于主观信念的“合理”调整后，它仍能声称是**一种**生活的指南。我不认为这种论证站得住脚，但是，我几乎不怀疑它将被采纳，将得到热切的和机智的捍卫。）

随着归纳判断的放弃，甚至归纳逻辑和归纳问题之间的最后的纤细连线也被割断了。一种连贯信念的纯粹演算至多能有相对于科学哲学中心问题的限界意义。这样，在归纳逻辑的研究纲领的演化过程中，它的问题变得比最初的问题更无趣味：思想史家也许不得不记录一种“退化的问题转换”。

这并不是要说不存在卡尔纳普的演算可能适用的有趣问题。在某些赌博的形势中，基本信念可以被阐述为“博弈的法则”。这样，(1)可以由法令规定一种语言 L 是“正确的”：间接的证据因为违反了博弈的法则而被排除；(2)没有任何东西被允许影响来自未被阐明的、没有事先约定的源泉的事件——这种影响构成了对法则的一种违反；(3)对于建立证据陈述的真—值可以有一种绝对的机械决定程序。如果像这样的一些条件被满足的话，那么归纳逻辑

169

辑可以提供有用的服务。确实，在一些标准的赌博形势中，这三个条件基本上是满足的。我们可以称这样的赌博形势是“封闭的博弈”。（容易检验拉姆塞—德·芬纳特—夏蒙尼定理仅仅适用于这种“封闭的游戏”。）但是，如果科学是一种博弈，那么它是一种公开的博奕。卡尔纳普错误地声称通常的（封闭的）机遇的博弈和科学之间的差异只在复杂性的程度上。①

卡尔纳普的理论也可以应用于“封闭的统计问题”，在那里，为了实际的目的，语言的正确和证据的确定两者可以被认为是理所当然的。

归纳逻辑的研究纲领是过于野心勃勃了。合理性和形式合理性之间的差距还没有缩小到像卡尔纳普似乎认为的自莱布尼茨以来那样小。莱布尼茨梦想有一台机器可用以判定一个假说为真或为假。卡尔纳普可能满足于用一台机器以判定一个假说的选择是理性的或非理性的。但是，没有一种图灵机会要么判定我们的猜测为真，要么判定我们的偏爱的合理性。

于是有一种急迫的需要，要再次看看那些在其中归纳判断已经放弃了他的职责的领域：首先，看看与理论评价有关的问题。波普尔已经提供了这些问题的解决方法——甚至在卡尔纳普着手制定他的纲领之前。这些解决方法在方法论上是光辉夺目的和不可形式化的。但是，如果不要把关联性奉献给精确性的祭坛，那么更加注重它们的时代已经来到了。

此外，在波普尔的方法的帮助下将会证明理论的评价有一种

---

① 参见他的〔1950〕，p. 247。

未被卡尔纳普注意到的精细结构;利用这种精细结构,人们甚至能提出一个与卡尔纳普关于特称假说的合理赌商的理论相竞争的理论。但是,波普尔的方法和卡尔纳普的方法之间的不同不可能简单地作为同一问题的不同解决方法之间的差异。解决这个问题总是有趣地涉及对它的重新表述,以一种新鲜的观点提出它。换句话说:一种有趣味的解决方法总是转换问题。一个问题的竞争的解决方法时常蕴涵竞争的问题转换。探讨竞争的波普尔的问题转换也将进一步阐明卡尔纳普的问题转换。因为卡尔纳普和他的学派把归纳问题的最初的引力中心从非形式性转换到形式性,从方法论转换到证明,从真正的理论转换到特称命题,从证据支170持转换到赌博商,所以波普尔和他的学派恰恰从相反的方向去转换它。

6. 批判的经验论的一个主要问题:方法

新经典经验论只从经典经验论继承了关于假说的整体的、适用于各种目的评价问题,而波普尔的批判的经验论则把注意力集中于它们的发现问题上。波普尔学派的科学家对应于发现的不同阶段作出个别的评价。我将利用这些方法论上的评价("可接受性$_1$"、"可接受性$_2$",等等)甚至来构造一个理论上的可信赖性的评价("可接受性$_3$")。这个"可接受性$_3$"与卡尔纳普的确认度最为接近。但是,既然它是以波普尔的方法论评价为基础的,所以我首先必须对这些作详细的讨论。

(a)“可接受性$_1$”

一个理论提出后立刻就要对它进行第一种评价，即先验的评价：我们评价其“大胆”。“大胆”的最重要方面之一可用“超余的经验内容”，[①]或者，简言之，“超余内容”(或“超余的信息”或“超余的可证伪性”)来描述其特征：一个大胆的理论应该具有现有的科学总体中任何理论所不具备的某些新颖的潜在证伪者；尤其是，它应该比其“背景理论”(或其“检验理论”)，即，比它与之竞争的理论有超余的内容。

当新理论被提出时，背景理论可能还没有明确表达出来；但是，在这种情况下，可以很容易地把它重构出来。再则，背景理论在下述意义上可能是一个双重的甚至多重的理论：如果相关的背景知识由理论 T_1 和它的一个证伪假说 T'_1，那么竞争的理论 T_2 是大胆的，仅当它提出一些 T_1 或 T'_1 都不曾提出的新奇的事实性的假说。[②]

一个理论越大胆，它就越能革新我们先前的世界图景：例如，它越是惊人地把以前认为是相去甚远和不相联系的知识领域统一

① 关于“经验内容”这个十分重要的概念，参看 Popper〔1934〕，§35：一个理论的经验内容就是它的一组“潜在证伪者”。我顺便提一下，由于波普尔 1934 年的两个论点：(1)一个语句传达的经验信息就是它所禁止的一组事务的状态，和(2)这一信息与其说可用几率测度，不如说可用不可几性测度，波普尔为信息的语义学理论奠定了基础。

② 不要把我的“背景理论”和“背景知识”与波普尔的“背景知识”相混淆。波普尔的“背景知识”指的是“在我们检验理论时，我们(暂时)作为不成问题的而接受的所有那些东西”，例如，初始条件、辅助理论，等等(Popper〔1963*a*〕，p. 390. 重点号是我加的)。我的“背景理论”是与被检验的理论不相容的，而波普尔的是与它相容的。

起来；并且，甚至可能与它所要说明的“数据”和“定律”“更是相冲突”（因此：如果牛顿的理论不曾与它要说明的开普勒和伽利略的171 定律相冲突，那么波普尔就会赋予它较低的大胆程度①）。

如果一个理论被判定为“大胆的”，科学家们就会在“接受$_1$”的意义上接受它作为当时“科学总体”的一部分。被接受到科学总体中时，该理论可能会碰到几种情况。有些人可能试图批判它、检验它；有些人可能试图说明它；其他人可能利用它确定其他理论的潜在证伪者的真值；并且，甚至技术专家们也可以对它予以考虑。但是，首先，这种接受$_1$是为了严厉的批评，尤其是为了检验而接受的；它是有检验价值的凭证。如果一个“有检验价值的”理论被一个新的“大胆的”更高层次上的理论所说明，或者如果某种其他理论借助于它而被证伪，再或者如果它被列入技术上有用途的行列，那么对它们检验就变得更加紧迫了。

我们可以称接受$_1$为“先验的接受”，因为它先于检验。但是它通常不先于证据：人们设计绝大多数的科学理论至少部分地是为了解决一个说明性的问题。

人们可能被诱使仅以一个理论的“可证伪度”或“经验内容”，即，用该理论的一组潜在证伪者，来刻画一个理论的大胆性。但是，如果一个新理论 T_2 说明了某些已被某现存的理论 T_1 说明过的、已有的证据，那么 T_2 的“大胆性”不仅仅由 T_2 的一组潜在证

① 波普尔称这样的“改正—事实”的说明是“深刻的”——它是形容某种特别大胆的类型的另一个词汇（参看他的〔1957〕，p. 29）。在根本不能比较“深刻”的“程度”，更不用说在数值上作比较的情况下，这样说也过得去。

伪者来计量，而且由那些不曾是 T_1 的潜在证伪者的 T_2 的潜在证伪者集合来计量。如果一个理论不比其背景理论有更多的潜在证伪者，则它至多有零度“超余可证伪性”。牛顿的引力理论比其背景理论（伽利略的地上射体理论和开普勒的行星运动理论）的合取有更高的超余可证伪性；所以，它是大胆的，它是科学的。无论如何，一个类似于牛顿理论的理论，它除了水星的轨道外适用于所有引力现象，那么这个理论与牛顿原先的、不受限制的理论相比有负的超余经验内容；因此，这个在牛顿理论遭到反驳之后提出的理论就不是大胆的，不是科学的。正是**超余经验内容，即经验内容的增加而不是经验内容本身才是该理论的大胆性的量度**。显然，人们不能仅仅通过孤立地审核一个理论来决定该理论是否大胆，而只有通过在相对于其现有的竞争对手的背景在其历史—方法论的前后关系中考察它，才能判定该理论是否大胆。

波普尔 1957 年提出：理论不仅应该是“可检验的”（即，可证伪的），而且还应该是“可独立地检验的”，即，它们应该有“区别于被说明者的可检验的推论”。① 这一要求当然符合于这里定义的“大胆性”：它提示，在理论的先验评价中，可证伪性应该由超余可证伪性来补充。 172

但是，没有超余可证伪性的可证伪性是很不重要的：这一点人们已从波普尔的 1934 年的《科学发现的逻辑》中知道了。他的分界标准在“可反驳的”（科学的）理论和“不可反驳的”（形而上学的）理论之间划了一条界线。但是他是在颇为匹克威克的意义上使用

① Popper〔1957〕，p. 25；还参看他的〔1963*a*〕，p. 241。

“可反驳的”这个词的:如果满足了下列两个条件,他就称一个理论 T 为“可反驳的”:(1)如果它有某些“潜在证伪者”,即,人们能具体规定一些与理论 T 相冲突的陈述,这些陈述的真值可以用当时某种普遍接受的实验技术来确定,[①]和(2)如果讨论双方赞同不使用“约定论的策略”,[②]即,不在反驳 T 之后以比 T 内容少的理论 T' 来取代 T。这种用法虽然在波普尔的《科学发现的逻辑》的好几个章节中讲得很清楚,但还是引起了很多误解。[③]

我的术语与波普尔的不同,而更接近于通常的用法。我称一个理论是“可反驳的”,如果它满足波普尔的第一个条件的话。相应地,我称一个理论为可接受的$_1$,如果它较之其背景理论有超余可反驳性的话。这个标准强调波普尔学派的思想:正是增长才是科学的决定性特征。增长着的科学的决定性特征是超余内容,而不是内容本身,并且,正如我们将看到的那样,是超余确证而不是确证本身。

我们必须仔细地把奠基于波普尔 1957 年的独立可检验性概念之上的大胆性概念与波普尔 1934 年的可检验性或合乎科学的概念区分开来。根据他 1934 年的标准,一个理论在遭到其背景理论的反驳之后,通过“减少内容的策略”,[④]仍然可以是“科学的”,如果人们同意这种做法将不再重复使用的话。但是这样一个理论

① 关于此条件的进一步讨论,参看我的〔1968*c*〕。

② 参看他的〔1934〕,§§19—20。

③ 关于波普尔的分界标准的最清楚的讨论,参看 Musgrave〔1968〕,p.78 及其以后。

④ 我喜欢这一术语,而不大喜欢波普尔的“约定论者策略”。

不是独立可检验的，不是大胆的：根据我的模型，它不被接受（接受$_1$）进科学的总体。

应该指出：波普尔的“可反驳性”的匹克威克式的用法导致某些奇怪的表述。例如，按照波普尔的观点，“一旦一个理论被反驳，其经验品性是确切无疑的，并且完美无缺”。[①] 但是，关于马克思主义又怎么样呢？波普尔正确地说：它受到了反驳。[②] 同时，他又正确地按照他的用法认为它是不可反驳的，[③]它失去了其经验品性，因为其捍卫者在每一次反驳之后，生产一个减少了经验内容的新说法。于是，按照波普尔的用法，不可反驳的理论可以受到反驳。但是，当然，减少内容的策略，在该术语的通常的意义上，不会使一个理论“不可反驳”：它倒会使一系列理论（或，一个“研究纲领”）不可反驳。这个系列，当然包括不大胆的理论，并且代表退化的问题转换；但是，它仍然包含猜想与反驳——在“反驳”的“逻辑的”意义上。 173

最后，让我说：我还试图避免对超余可证伪性的“度”或可证伪性的“度”的可能的错误表述。正如波普尔时常强调的：一般地说，两个理论的（绝对的）经验内容是不可比较的。人们能在竞争的理论的场合下说：一个比另一个有超余的内容，但这个超余内容又是无法度量的。如果人们赞同波普尔的观点：所有理论具有相等的逻辑几率，即为零；则逻辑几率不能显示理论的经验内容之间的差

① Popper〔1963*a*〕，p. 240.

② 同上书，pp. 37 和 333。

③ 同上书。pp. 34—35 和 333。

别。加之,理论 T_2 当然可以比 T_1 有超余的内容,而其(绝对的)内容可能比 T_1 的少得多;还有,T_2 对于 T_1 来说可以是大胆的,而同时,T_1 对于 T_2 来说也可以是大胆的。这么一来,大胆是理论间的二元的可传递的而不是反对称的关系(一种"前次序")。无论如何,我们可以赞同说"T_2 比 T_1 有较高的经验内容",当且仅当 T_2 比 T_1 有超余的经验内容而不是相反。于是,"比……有较高的经验内容"是局部的次序关系;虽然"大胆"不是这种关系。

(b)"可接受性$_2$"

大胆的理论经受严格的检验。根据我们的理论而得出的检验的肯定结果的似真性与根据某种已清楚地表达在现存的科学总体之中,或只是在新理论提出之后才清楚地表达出来的竞争的"检验理论"而得出检验的肯定结果的似真性这两者之间的差别,可以对检验的"严格性"作出估价。于是,有两种类型的"严格"检验:(1)第一类检验是那些靠"确证"[①]受检验理论的一个证伪的假说来反驳该理论的检验;和(2)第二类检验是那些在反驳证伪的假说的同时确证受检验理论的检验。如果地球上所有千千万万的乌鸦已被观察到了并且全都被发现是黑的,那么对于"所有乌鸦都是黑的"这个理论 A 来说,这些观察也仍然不能合成一个严格的检验:理论 A 指的是,"所有乌鸦是黑的";A 的确证度仍然为零。为了严格地检验 A,人们必须使用某种"大胆的"(并且,最好是某种业已被确认的)检验理论,比如说,A':"往乌鸦的肝脏注入一种特定

① "确证"的定义在边码 p. 174。

的物质 a 总是使它们的羽毛变白，但不改变任何其他遗传特性”。现在，如果向乌鸦注射 a，把它们变成白的，则 A 就被反驳了（但是，A' 被确证了）。如果不是这样，则 A 被确证（而 A' 被反驳了）。[①] 事实上，在波普尔的无情的理论社会中定律是最（短命的）适者生存者，一个理论只有通过斯杀才能成为一个英雄。一个理论在对某个现存的理论产生了威胁，它才能成为有检验价值的理论；当它产生了一个实现威胁并进而清除掉对手的新事实，从而证明了自己的品格的时候，它就成为“得到很好检验”的理论。 174

波普尔的这种生存竞争与卡尔纳普的文明的理论社会形成了鲜明的对照。后者是一个由易谬的然而受到尊敬的成熟的理论所组成的和平福利国家，这些理论（按照它们的有限制的实例确认）在不同的然而却总是肯定的程度上是可靠的，这种可靠的肯定的程度在归纳判断的办公室里每天以学究式的精确度被记录下来。在这里人们不知道什么是谋杀——理论可以逐渐损坏其基础，但永不被反驳。[②]

大胆的理论在经过严格的检验之后经受了第二次“后验的”评价。如果它击败了某个证伪的假说的话，即如果该理论的某个推论在一次严格的检验之后生存下来，一个理论就被“确证”了。于

---

① 从这里可以清楚地看出：对“严格性”来说，没有任何心理学主义的东西。

② 这是波普尔理论的“戏剧性”空气的另一个特征性的实例：当他在 1919 年把对相对论性的光偏折所作的第一次观察作为对爱因斯坦理论的严格检验时，他并不把“同一”检验的重复认作是严格的（因为第一次检验的结果已经成为背景知识），并且，不认为它们对第一次检验取得的确证作出贡献（参看他的〔1934〕，§83）。波普尔拒绝缓慢的归纳的“学习$_{归纳}$”过程，这种归纳学习过程是以漫长的证据之链为基础的：而在戏剧性的“学习$_{波普尔}$”过程中，学习是刹那间的事情。

是，它“被接受$_2$”进科学的实体。如果一个理论已被严格地检验并且直到时间t为止还未被任何检验所反驳，那么该理论“在时间t就得到了严格的确认”。[①]

T相对于检验理论T'的严格检验，根据定义，是检验T相对于T'的超余内容。但是这样的话，如果它相对于T'的超余内容被确证，或者，如果理论T比它的检验理论有“超余确证”，那么理论T相对于T'被确证。我们可以说：如果表明某个理论含有某些新奇的事实，那么该理论就被确证或被接受$_2$了。[②] 于是，正如同“可接受$_1$”与超余内容有关一样，“可接受$_2$”与超余确证有关。这当然与（波普尔的）这样一个观念是一致的：即赋予科学以科学品性的正是知识的进步的有问题的前沿，而不是它的比较坚硬的内核；而证明主义却认为正好相反。

正如同T_2可以比T_1有超余的内容，并且反之亦然；T_2可以比T_1有超余的确证，并且反之亦然。像大胆一样，超余确证是传递的而不是反对称的关系。无论如何，正如同我们在“比……有更高的内容”这种前次序基础上定义一种局部的次序一样，我们也可以在“比……有超余的确证”这一前次序的基础上定义局部次序：如果T_2比T_1有超余的确证而不是相反，“T_2就比T_1有较高的确证度”。[③]

---

① 这两个概念多少有点差别。波普尔的“充分检验”更接近于我的“严格确证”。参见下面边码 p. 177。

② 或者，更精确地说，某些新奇的事实性的假说经得起严格的检验。

③ 根据这些定义，T_2可比T_1有“较高的确证度”，但是T_1可以比T_2“大胆”——虽然T_1不能比T_2有“更高的内容”。如果只是为了揭示梦想有一种适用于各种目的的整体的理论评价是何等荒谬，我就陷入了这种学究式的迂腐。

175

波普尔 1934 年提出的 T 的检验的严格性概念是与推翻 T 的真诚努力的概念有关的。在 1959 年他仍然写道："真诚性的要求不能被形式化。"[①]但是在 1963 年他说："我们的检验的严格性可被客观地比较；并且，如果我们喜欢的话，我们能定义它们的严格性的一个量度。"[②]他把严格性定义为：根据被检验理论和背景知识所得出的预测结果的似真性与只根据背景知识所得出的预测结果的似真性之间的差别；在这里，波普尔的背景知识不像我的"背景知识"，他的"背景知识"是当检验时我们假定为不成问题的知识。[③] 也就是说，在我看来，给定一个检验证据 e，那么相对于一个检验理论 T' 来说，对理论 T 检验 e 的严格性程度可以符号化为 $p(e,T)-p(e,T')$；在波普尔看来，给定一个检验证据 e，相对于不成问题的背景知识 b，对理论 T 的检验的严格性程度可以符号化为 $p(e,T\&b)-p(e,b)$。在我的解释中，初始条件是一个理论的组成部分；实际上，波普尔的 b 既是我的 T 的组成部分，也是我的 T' 的组成部分，区别只是很小的；我认为，我的定义对波普尔关于方法论概念应与竞争增长有关的观念给予了格外的强调。这么一来，对波普尔来说，爱因斯坦的理论的新奇检验可以是"严格的"，即使其结果也确认牛顿的理论。在我的框架中，这样一种检验与其说是对爱因斯坦理论的严格检验，不如说是对牛顿理论的"严格"检验。但是，在上面两种表述中，检验的严格性程度都取决于现有的科学总体，取决于可得到的背景知识的某种概念。

---

① Popper〔1959〕, p. 418.

② Popper〔1963*a*〕, p. 388.

③ 参看边码 p. 170，脚注②。

科学家在接受$_2$的意义上接受一个理论与他在检验之前在接受$_1$的意义上接受该大胆的理论一样,目的是相同的。但是,可接受性$_2$给予该理论一个附加的区别。于是,一个在接受$_2$意义上所接受的理论就被看成是对最好的科学家们的批判才能的最高挑战:波普尔的出发点和他的科学成就的范式就是牛顿物理学的推翻和取代。(的确,这可能十分符合波普尔哲学的精神,只发给临时性的可接受证书:如果一个理论在接受$_1$的意义上被接受了,但在 n 年内还没有成为在接受$_2$的意义上被接受,它就要被排除了;如果一个理论在接受$_2$的意义上被接受,但在 m 年的时期内不曾有致命的决斗,它也要被排除掉。)

由接受$_1$和接受$_2$的定义还可以导出:一个理论可在接受$_1$的意义上被接受,但是在接受它的时候,就已经知道该理论是错的。再则,一个理论可在接受$_2$的意义上被接受,但可以已在某些严格的检验中失败。也就是说,人们应该把大胆的理论接受进科学的总体中,不管它们曾被反驳与否。人们为了进一步的批判,为了进一步的检验,为了说明它们的目的,等等,至少在没有比它更大胆的新的可取代理论之前,应该接受它们。这一方法论允许"科学总体"是相互冲突的,因为某些理论可在接受$_1$的意义上"被接受",176 连同它们的证伪假说。因此,一致性(以及考虑到"接受$_0$"、可反驳性[①])应该被解释为定向原则,而不是接受的先决条件。(这一考

① 像守恒原理这样的理论(它们在我们的技术意义上不是"大胆的",甚至也许是不可检验的),还可以作为定向的原则或科学研究纲领被接受("接受$_0$")进科学的总体中。关于这种"接受$_0$"的详细讨论和文献,参看第 I 卷第 1 章(三个相似的"接受",J. Giedymin 在他的〔1968〕,pp. 70 及其后作了讨论)。

虑的一个重要后果是：由于科学的总体可以是不自给的，所以它不能成为合理性的信念的对象。这还是对波普尔关于"信仰哲学"与科学哲学无关这一论点的又一论证。）

"即使对一个已被反驳了的理论，也要继续检验和说明，直到它被一个更好的理论取代为止"——这一规则与我们的接受标准极为相似：当出现了一个新的理论 T_2，T_2 比 T_1 有业已确认的超余内容，而 T_1 没有多于 T_2 的业已确认的超余内容，这时理论 T_1 就从科学总体中"被取代"或"被排除"了（"被拒绝$_1$"）。[①]

一个大胆的理论总是对现有科学总体中的某种理论提出挑战；但是，最高的挑战是当新理论不仅声称遭受挑战的理论是错的，而且，它还能说明被挑战的理论的所有真理内容。于是，光是反驳并不是排除被挑战的理论的充分理由。

由于证明主义者对被反驳的理论的根深蒂固的偏见，科学家们常常贬低反驳实例，并且，在一个证伪假说嵌入也说明被反驳理论的部分成功的高阶的竞争理论之前，也不认真地对待该证伪假说。直到此时，证伪假说通常被排除在公共的科学总体之外。但是，也出现这样的情况：一个理论公开地受到反驳，尽管尚未被取代：已知该理论是错的，还继续被说明和检验。在这样一些场合，该理论作为这样的理论被正式记录下来，这种理论以它现存的形式只适用于"理想的"或"正常的"等状况，而证伪假说——如果提

① "排除规则"可以变化，它们的实际形式没多大关系。但是，为了防止走进漫长而无结果的死胡同中，从科学总体中排除理论的某些程序却是至关重要的。

到的话，就被作为“反常”记录下来。[①]

但是，这种“理想的”、“正常的”状况，当然，时常甚至并不存177在。例如，人们总知道：“理想的”氢“模型”，像玻尔的第一个理论所描述是不存在的；更不用说在经济理论中的“模型”了。但是这表明：理论很少能够大获全胜地通过它们的新内容的严格检验；甚至某些最好的理论也可能永远得不到“严格的确证”。[②] 但是，即使在严格的意义上说，这样的理论败于对它们的一切检验也可能有某些超余经验内容，即使某些较弱但是仍然有趣的推论被确证；这么一来，它们仍然可以需要新奇的事实，并且，在接受$_2$的意义上被接受。例如，玻尔关于氢原子的最初理论在光谱线是多重线[③]的事实出现时，立即被证伪；但是，赖曼系，布拉开系和芬德系随后的发现确证了（并且确实严格地确证了）较弱的但仍然是新奇的、以前梦想不到的、玻尔的理论的推论：在预测波长的紧接的邻域中，存在有光谱线。理论，在定量地击败于所有对它们的检验

① 对这种情况的一个详细的启发式分析，在我的〔1976*c*〕和第Ⅰ卷第1章中可以找到。我的〔1963—1964〕的主题之一就是：一个受到反驳的假说可以不被排除在科学总体之外：例如，我们可以勇敢地并且有益地——继续“说明”已知为假的假说。我们原先的案例研究来自非形式化的数学，不过是为了表明：这种模式不仅是科学增长的特点，也是数学增长的特点。

“借助于 T_2 来说明在 T_2 看来似乎是 T_1 的真理内容”，在这个意义上，人们可以使用“借助于 T_2 来说明 T_1”这种表述。日常语言的语义学不适于讨论这些情况，因为它奠基于虚假的科学增长的理论之上，按照这种科学增长的理论，人们只能说明所谓为真的事实报告。Agassi 的〔1966〕也讨论了这一问题。

② 如果一个理论被确证但不曾被反驳，那么该理论“被严格地确证”（参见边码 p. 174）。

③ 氢光谱的“精细结构”——等于对巴尔米系和玻尔的第一个模型二者的反驳——被迈克尔逊发现于1891年，在玻尔的理论发表之前22年。

时，时常“定性地”通过对它们的某些检验。并且，如果它们导致新奇事实，则根据我们的定义，它们仍然能在“接受”的意义上被接受。

（根据波普尔的确证的定义，一个理论要么被确证，要么被反驳。但是，甚至某些最好的理论也无法接受波普尔的苛刻的“严格的”标准而被确证；事实上，大多数理论都是生来就遭受反驳的。）

这些考虑促使我们修正我们原先从科学总体中排除理论的标准。[1] 反驳对于一个理论的排除并不肯定是充分的——但是，它被一个更有力量的理论所“取代”也不是必然的。因为如果一个理论，不管多么大胆，没有超余的确证，即如果它不包含任何新奇事实，[2]我们就可以把它从科学的总体中排除，而不必等到它被一个挑战者所取代。但是，当然，在“完全被反驳”的意义上在它的所有新奇推论被反驳的意义上确定一个理论，比确定它被确证，即至少它的新奇推论之一被确证，要困难得多。确定接受$_2$比确定这种（完全的）拒绝$_2$要容易得多。

于是，可接受性$_2$在大胆的理论之间划了一条方法论上的重要界线：对于一个第一等级的（接受$_2$意义上被接受的）理论来说，只有当它被一个新的大胆的理论取代时才从科学的总体中被排

---

① 参看边码 p.175。

② 应该再一次强调：我们永远不知道一个理论包含了新奇事实。我们所能知道的只是：它包含了新奇的已经确证的假说。已确证的假说是（本体论上的）事实的可谬的（认识论—方法论的）配对物；已确证的假说可以不是“真正地被确证”。

除；而对于一个第二等级的（没有任何超余确证的）理论只要有反178驳就被排除，因为这种理论的内容中没有什么是以前未曾被说明过的：科学总体中的（假定的）真理内容将不会由于这样的"拒绝$_2$"而减少，正如它将不因"拒绝$_1$"而减少一样。一个没有超余确证的理论是没有任何超余说明的。①

所有这成了波普尔的问题转换的好例证：理论的确证和反驳之间的决定性差别主要是关于发现的逻辑的，而不是关于证明的逻辑的。这么一来，人们可以在接受$_1$和接受$_2$的意义上接受那些即使已知是错的理论，而（在拒绝$_1$的意义上）拒绝那些即使不存在任何反对它们的证据的理论②。这种接受和拒绝的观念是完全不同于经典的观点。如果理论表示出真理内容的增长（"进步的问题转换"），我们就接受它们。如果理论不表示真理内容的增长（"退化的问题转换"），我们就拒绝它们。这就为我们提供了接受和拒绝的规则，即使我们假定：我们将来提出的理论都是错误的。

对理论引进的这两种方法论评价的最重要特征之一是它们的

① 顺便提一下：对于全称命题，波普尔的关于说明力公式和关于确证度的公式重合了，这是有趣的：人们以$1+p(h)p(h,e)$去乘关于说明力的公式得到关于确证度的公式。但是，根据波普尔的观点，对于全称命题，$p(h)$为零。所以，如果e被解释为全部检验证据，则说明力和确证度将成为同义的。（参看Popper〔1959〕，p. 401。）

② 也许在这一点上，我们应该指出："科学的总体"，作为以接受性$_1$接受性$_2$、拒绝性$_1$和拒绝性$_2$的水晶般清晰的规则，演绎地、完善地组织起来的理论的总体，是一种抽象。我既不假定这样一个"科学的总体"已在任何时候存在，也不认为即使作为一个抽象它对于所有目的都有用。对于许多目的来说，把科学解释为问题的总体，比解释为理论的总体好——如同波普尔在他的后期的哲学中所强调的。

"历史特性"。[1] 它们取决于背景知识的状况：先验的评价取决于该理论提出时的背景知识，而后验的评价则取决于每次检验时的背景知识。

这些评价的"历史特性"有着有趣的含义。例如，一个理论说明了三个迄今看来似乎没有联系、业经很好确证的低层次的理论，却没有更多的内容，那么，该理论与它的三个前任的合取相比，就没有超余的经验内容，因此，无论它的先验评价还是后验评价最后都可能对它不利。但是，如果该理论继前两个低层次的理论之后但却先于第三个低层次理论，它就有了"超余的可证伪性"，并且还会有超余的确证，在这两方面，它的身价就会提高。玻尔—克拉默斯—斯莱特理论在第一次评价的等级很高，但在它的第一次检验中失败了，并且从未被确认。但是，如果该理论提出得再早一些，要是它能在头几次的检验中生存下来，那就会在它死亡以前得到较高级的后验评价。[2] 阿加西指出：这样的例子表明：第二评 179

① 在已经说明先验的和后验的评价只不过是方法论的推论之后，这没什么可奇怪的。方法论和历史相结合，因为方法论不过是历史的知识增长的理性重建。由于科学家们并非完人，所以某些实际的历史是其理性重建的一幅漫画；由于方法论学者也并非完人，所以某些方法论是实际历史的一幅漫画。（并且，人们可以再加上一句：由于历史学家并非完人，某些科学史既是实际历史的一幅漫画，又是其理性重建的一幅漫画。）

② 类似地，如果 1967 年有人提出理论 T_0：在黄昏时，飞碟飞过汉普斯特德荒原(Hampstead Heath)，我想：它就会受到"全面的反驳"。但是，让我们想象，在此之前我们从来没有看到过任何会飞的东西——无论是有生命的还是无生命的；并且根据我们的理论，东西会飞是不可能的。现在如果 T_0 被放在这样的历史环境中，并且被仔细地检验，那么就可能观察到某些会飞的猫头鹰，从而使 T_0 得到充分确证。这时该理论就导致发现了一个革命性的新事实：即存在着一些可详细说明会飞的东西。飞碟肯定就会像牛顿的超距作用力那样进入科学史。

价——至少在某些场合——可以酬谢理论的"先验的"好处，即理论在其整个真的"事实的"内容被发现之前没有理论的刺激，就被大胆而又迅速地提出来了。[①] 也许有人会认为：尽管一个肯定的先验评价间接地赞扬了该理论的发明者的时候，但一个肯定的后验评价却只能表明它的运气外再没有什么别的东西；人们能以大胆的理论为目标，但人们不能以很好地确证的理论为目标。现在让我们来设计大胆的理论，由大自然来决定是否确证或者反驳它们。这么一来先验的和后验的评价联合起来评价的与其说是理论本身不如说是评价由理论产生的我们的知识的增长。

波普尔实际上从来没有引进"可接受性$_2$"这一要求；尽管如此，"可接受性$_2$"只不过是他的新的"第三要求"的一种改进了的形式，波普尔的第三要求是，一个令人满意的理论应该通过一些独立的检验并且应该不在第一次检验[②]中失败。波普尔把第一次检验中失败看得那么重要，这是他的粗心。

我们认为，波普尔的支持论证也能被改进，为了这么做，让我们首先对比两个科学增长的模型。

在"波普尔式的模型"中，科学的增长是由前面所概述的接受和拒绝的规则所调节。阿加西的模型只有一个方面不同，即：完全没有超余的确证并不是拒绝$_2$ 的理由，并且，如果一个理论说明其前任理论的所有真理内容，那么，即使它没有超余的确证，也可以"取代"其前任理论。

---

① 参看他的最有趣的〔1967〕，pp. 87—88。

② Popper〔1963*a*〕，pp. 240—248.

现在让我们考虑下列理论和反驳的序列：

(1) 一个在接受$_2$的意义上所接受的重大理论T_0，受到了一个同样在接受$_2$意义上所接受的次要的证伪假说f_1的反驳。[①] 在两个模型中学学整体的相关部分包括T_0和f_1。

(2) T_1被提出了，T_1是大胆的，它说明了T_0的所有真理内容，也说明了f_1；它的超余内容是t_1。但是t_1遭到了“全面反驳”，T_1也就在拒绝$_2$的意义上被拒绝了。现在反驳的假说是f_2，并且它在接受$_2$的意义上被接受。

按照波普尔的模型，现在的科学的总体由T_0、f_1、f_2所组成。在阿加西的模型中，现在的科学的总体由T_1和f_2所组成。

(3) T_2被提出来了。T_2是大胆的，既说明了T_1的所有真理内容，也说明了f_2；它的超余内容是e_2。但是e_2遭到了“全面反驳”，T_2便在拒绝$_2$的意义上被拒绝了。反驳的假说是f_3，并且，它在接受$_2$的意义上被接受。

按照波普尔的模型，现在科学的总体由T_0、f_1、f_2、f_3所组成。180 在阿加西的模型中，现在的科学的总体由T_2和f_3所组成，如此等等。

这表明波普尔把理论T_1和T_2作为特设的理论而加以拒绝，[②]而阿加西却不是。在波普尔看来，这种增长是没有达到他的

① “重大的”指有丰富内容的全面的〔理论〕；“次要的”指低层次的、事实假说。

② 波普尔在两种明显不同的意义上使用“特设的”这个贬义词。一个没有超余内容的理论是“特设的”（或者更确切地说“特设的$_1$”）：参看他的〔1934〕，p. 19 和他的〔1963a〕，p. 241。但是，自 1963 年以来，他也称一个没有超余确证的理论为“特设的”（或确切地说“特设的$_2$”）：参看他的〔1963a〕，p. 244。

增长的理想标准的。他也许会同意 T_1 和 T_2 具有启发性的刺激作用，因为它们导致了 f_2 和 f_3；但是，根据他的观点，在这种增长中理论只是一些刺激物，“仅仅是一些探索的工具。”[①]在波普尔看来，如果连一次逼真性增长的机会都没有，那就没有任何“知识的增长”；[②]按照阿加西的模型，在序列{T_0、T_1、T_2}中，逼真性似乎停滞甚至减少了；因此，在波普尔看来，序列{T_0、T_1、T_2}表示一个退化的转换。不断增加的证伪假说的总和的逼真性当然可以增加；但是，在波普尔看来，这是把科学分解为一组孤立的现象的“归纳主义的”分解术。

但是，让我们随着阿加西的论证路线设想：在 T_0 和 f_1 之后，立即就提出了 T_2。于是，T_2 就会在接受$_1$ 的意义上被接受，并且也会在接受$_2$ 的意义上被接受，因为 f_2 是它的超余内容的一部分。现在{T_0、T_2}代表一个进步的转换，为什么说{T_0、T_1、T_2}代表一个退化的转换呢？

这个论证是有趣的。它不但没有成为一个反对“波普尔模型”的论证，反而对波普尔的模型的阐明画上了最后的一笔。根据波普尔的观点，科学的本质是增长：迅速的潜在增长（可接受性$_1$）和迅速的实际增长（可接受性$_2$）。缓慢的增长不足以达到波普尔的理想的科学的形象。如果想象力不足以飞快地超过事实的发现，

① 参看他的〔1963a〕，p. 248，脚注㉛。

② 在波普尔的哲学中，“逼真性”表示一个理论的真理内容和虚假内容之间的差。参看他的〔1963a〕的第 10 章。

科学就会退化。[①] 波普尔的模型揭露这种退化，而阿加西模型却掩盖这种退化。

当然，科学是否能够达到这些美好的标准，那是另外一回事。181 如果科学能够达到，那么它就不仅仅是通过猜想与反驳而前进，而且通过（大胆的）猜想、证明和反驳而前进。[②]

(c)“可接受性$_3$”

波普尔的方法论上的评价与经典的和新经典的传统形成了鲜明的对照。由于这种传统渗透着“日常”思维和“日常”语言之中，外行（还有“普通的”哲学家们和科学家们）发现波普尔的思想难于领会。无疑，他们将会发现我用“接受”这个词来表示他的接受和接受$_2$的概念是特别奇异的。我们可以甚至在看到证据之前把一个陈述“接受”进科学的总体中这个基本的思想，对于大多数人来说是不寻常的；它已经超越（或者，甚至否定！）业已接受的证据的程度，应该算成对于它是有利的而不是对它不利。接受，与经典的教条“发现就是证明”，并且与新经典的教条“当假说和证据之间的距离缩小时，假说的科学的‘接受’程度增加”，都是背道而驰的。

---

① 因此，当玛丽·赫斯宣称：波普尔的“第三要求”“与波普尔的反归纳主义立场的主要基点不一致”时，她是错了。〔1964〕p.118。所以，正如波普尔告诉我们的，阿加西把波普尔的第三要求看作是“证实主义思想方式的残余”；但是，不管波普尔的正确本能怎样，就是他本人也“承认这里也许有一点证实主义的味道”（〔1963*a*〕，p.248，脚注31。）事实上，第三要求可以看成是波普尔反归纳主义立场的一个主要基点；因为按照波普尔的标准，如果没有这一要求，科学就会退化为事实的堆集。而且这也是说明波普尔的方法论是如何不依赖于“归纳的”考虑的最典型的例子之一。

② 证实〔Verification〕在这里指的是“超余的确证”。

而且，在传统的经验论者看来，错误的甚至已经知道是错误的假说在某种奇特的条件下，也可以被"接受"这一思想，听起来完全难以置信。还有，他们可以发现很难理解设计的理论(即，它在检验开始前已被发现)要说明的这些事实，是与接受$_2$无关的；并且，所有进一步的观察也与接受$_2$无关，除非这些观察体现了该理论和某竞争者之间的严格的检验。所有这些与经典的和新经典的教条背道而驰，按照它们，每个确认的实例都是算数的，不管多么微不足道。①

但是，除了这些细节之外，波普尔的评价范围也使"证明主义者"感到迷惑不解。对于他们——无论是正统派还是修正派——只有一种唯一的整体的运用于各种目的的"科学的接受"：按照一个理论被证明的程度将其接受到科学总体之中。②

这样一个思想常被波普尔拒绝。虽然这样，许多哲学家即使同意波普尔开辟了重要评价的全领域，他们仍然坚决认为：还有一 182 些极其重要的问题，要解决这些问题，甚至波普尔也要某种"可接受性$_3$"的概念("归纳的可接受性"、"值得信赖性"、"可靠性"、"证据的支持"、"可信性"等等)。这种"可接受性$_3$"——无论依什么特殊的形式——对于评价理论的未来行为是需要的，并且，这些哲学

① 最近，在波普尔论证的影响下，辛提卡(Hintikka)构造了一种归纳逻辑：在这方面——也在某些其他方面——背离了新经典的教条。(参看他的〔1968〕，p. 191及其以后。)

② Bar-Hillel很恰当地把"接受"在各种语境中有唯一的意义这个假定所产生的结果称之为"接受综合征"；这是对"接受综合征"的历史的说明。证明程度的思想可能曾被许多哲学家默默地放弃了；但是，运用于各种目的的接受综合征——"对它没有精致化简直令人惊讶"——仍然残存着。(参看Bar-Hillel〔1968*b*〕，p. 150及其以后)

家还断言:没有某种归纳原则就不能作估价。

可接受性$_3$原来是经典的和新经典的适用于各种目的的评价的主导方面。如果一个理论被判定产生了可靠的预测,它就基本上被“接受”了。

波普尔的方法论评价引起似乎自相矛盾的气氛的理由是:因为对于所有在他之前的哲学家们来说只有一个单一的可接受性概念:可接受性$_3$。但是,对于波普尔来说,可接受性首先意指可接受性$_1$,并且/或者可接受性$_2$。

对旨在证明波普尔的科学方法依赖于涉及可接受性$_3$的归纳考虑的流传甚广的论证就是这种混淆的一个例子。该论证是这样进行的:

(1) 令理论 T 于 1967 年被证伪,没有人会把它的证伪看作一个理论具有美好前景的象征,或者看作一种甚至最健康的假说也难免感染的一种小儿疾病,而一旦感染就可以使它们免遭这种疾病的再次袭击。因此,如果用理论 T_1 的一种修正形式 T_2 来取代 1967 年被反驳的 T_1,这种修正了的形式 T_2 将它的有效性限制在 1967 年以后的时期,对于这种“反归纳政策”我们是予以拒绝的。

(2) 但是,拒绝这样一种“反归纳政策”的唯一的可能的理由是不可言传只能意会的归纳原理:过去被反驳了的理论将来还会继续被反驳,即 T_2 是不可信赖的,它不是在接受$_3$的意义上可接受的理论。

(3) 由于波普尔也要拒绝 T_2,所以他就必定坚持这一归纳原则:他必定认为 T_2 不是可接受$_3$的。但这样一来,他的方法论就与他的声称相反,而依赖于一个归纳原则,证毕。①

但是,(2)是假的;所以(3)的结论部分也是假的。波普尔并不是因为 T_2 是不可接受$_3$ 的而排斥它,而是因为 T_2 与 T_1 相比没有超余的经验内容:即 T_2 是不可接受$_1$ 的。在表述波普尔的方法论时,没有必要提及可接受性$_3$。

(i) 作为理论的"可接受性$_3$"的一个量度是"总确证"。在我看来很明显,可接受性$_3$ 的直觉观念的定义〔或者,像卡尔纳普所说的"说明"(explication)〕的基础应该是波普尔的"逼真性":理论的真内容和假内容之差。② 因为,确实,一个理论越是可接受$_3$ 的,它就越接近真理,即它的逼真性就越大。

183 逼真性是波普尔对非概率主义的"几率"的重建③:但卡尔纳普声称:他能够非易谬地计算他的几率,波普尔的"几率"——逼真性——不能被非易谬地知道,因为在波普尔的哲学中没有肯定地发现命题真值的办法。

但是,什么是最"逼真的"理论呢?我想这些能依下述方法(暂时地)被构造:我们取现存的"科学总体",并且以一个较弱的未被反驳的说法取代每一个被反驳了的理论。于是,我们增加每一理论的假定的逼真性,并且把科学的(被接受$_1$ 和被接受$_2$)理论的不相容的总体变成被接受$_3$ 的理论的相容的总体,由于它们被建议

① 参见 Ayer〔1956〕,pp. 73—74,也参见 Wisdom〔1952〕,p. 225。

② Popper〔1963*a*〕第 10 章,尤其是 pp. 233—234;也参看 Watkins〔1968〕,p. 271 及其后。* 但是,看 Millel〔1974〕和 Tichý〔1974〕。——编者

③ 波普尔〔1963*a*〕,尤其是 pp. 236—237 和 1965 年第二版,pp. 399—401。

用于技术，我们可称它们为“技术理论的总体”。[1] 当然，某些被接受$_3$的理论将不是可接受$_1$的或可接受$_2$的，因为我们靠减少内容的策略获得这些理论的；但是，我们在这里的目的不是科学的增长，而在于可靠性。

这个简单模型是选择最可靠的理论的实际实践的理性再造。技术的选择继科学的选择之后：可接受$_3$的理论是可接受$_1$的和可接受$_2$的理论的修正说法：从可接受$_1$和可接受$_2$的理论导致可接受$_3$的理论的方法。因为**对于可信赖性的评价方法论的评价是不可缺少的**。

我们也可以尝试用“确证度”估计可接受性$_3$。严格性和确证（或者，宁愿用“超余的确证”）正如我们所定义的是受检验的理论 T 和某检验理论 T'之间的二元关系（或者，甚至可能是 T、T'和某个检验证据 e 之间的三元关系）。因此，确证就有了“历史的特性”。但可能似乎是：一个借助于证据的理论的逼真性必须独立于其前史。实际上，这是证明逻辑的一个坚固的防御教条，即证据支持只取决于理论和证据，并且肯定不取决于它们在与以前的知识相比时显出的增长。[2] 正如凯恩斯所说：“预测的特殊好处……都是虚构的……以至于特殊的假说是否是在〔其实例〕的〔仔细检查〕

① 如果我们有科学总体中的两个竞争的、不相容的理论，使得它们之中没有一个取代另一个，则它们的“修整过的”、“技术的”形式可能仍然是不相容的。在这样一些情况下，我们既可以谨慎地选择两个理论的命题的最大相容子集，也可以大胆地选择有更多经验内容的理论。

② 曾经有过值得注意的例外，例如，休厄耳（Whewell）：参看 Agassi〔1961〕，pp. 84和87。波普尔的关于“独立的可检验性”的要求有一段长的——而且有趣的——史前史。

之前或之后提出就完全没有关系。"[1]正如波普尔的最近批评者说的:〔对于涉及证据支持的探究〕与事实上科学家们总是或者通常是或者从来不是在构想他们的理论之前进行他们的观察,或者与之相反,根本没关系。[2] 无论如何,证据支持不依赖于前史的教条是假的。它是假的,因为证据的权重问题没有收集理论和证据的历史的—方法论的标准是不可能解决的。[3] 但是,任何一个理论的真内容和假内容都包含了无限多的命题。我们如何能将取样本的偏见缩小到最低限度呢?大多数认识到这个问题的人提出了白板学说的解:收集证据必须不带理论偏见。波普尔最终摧毁了这个解。他的解答是:只有作为严格检验结果的证据,即"检验证据",才算得上证据:一个理论的唯一可允许的肯定证据是它的竞争对手的尸体。证据支持是一个历史的方法论的概念。

184

但是,人们在这里必须小心。对一个理论的证据支持显然不仅仅取决于其竞争对手的尸体的数目,它还取决于杀伤力。这就是说,证据支持正如它过去曾是的那样是一个遗传的概念:它依赖于被杀死的竞争对手过去杀掉的竞争理论的总数。它们的集合整体地决定了一个理论的"总确证"。[4] 在评估一个理论的可靠性时,在从对理论的最朴素的期望引出的漫长的道路上所有陈尸都

---

① Keynes〔1921〕,p. 305.

② 参看 Stove〔1960〕,p. 179。

③ 也参看边码 p. 148。

④ 该论文的其余部分自始至终以"确证"代替"总确证",以"最好地被确证"代替"用极大的总确证"。

应该考虑在内。[①]（超余的确证的合并（对增长的尝试性估计）和总确证（可靠性的尝试性估计）是波普尔的——和阿加西的——表示中的混乱因素。[②]）

这个论证表明：波普尔的“最好确证的”理论（在“总的”意义上）几乎与我们的可接受$_3$的理论正好重合。

但是不论我选哪一个可接受性$_3$的标准，它有两个严重的缺点。第一个是：它给予我们很有限的指引。在它给予我们“最可靠的”理论总体时，我们不能借助于它比较这些“最可靠的”理论当中的任何两个。人们不能对于两个在严格的检验中站住脚的、未被反驳掉的理论，比较它们的波普尔的（总）“确证度”。所有我们能知道的是：在我们的接受$_3$的理论的最后总体中的理论与它们在任何过去的已被抛弃的曾被接受$_3$的理论的总体中的前身理论相比，有较高的确证度。取代 T_1 的一个理论 T_2 从 T_1 那里继承了被 T_1 击败了的那组理论：T_2 的确证显然将比 T_1 的确证高。但是，T_1 和 T_2 两个理论的确证只有在这样的时候才能比较：T_1 过去击败的理论集是 T_2 过去击败的理论集的子集：即，T_1 和 T_2 代表同一个研究纲领的不同阶段。这一情况大大地降低了确证作为竞争的技术设计的可靠性的一种估计的实际的、技术性的用途。因为每一个这样的设计可以以某个理论为基础，它在其本身的领 185

① 我们也可以换一种表述，称“最朴素的期望”为检验理论，并且估价相对于那重建的理论的检验的严格性。如果受检验的理论是统计理论，我们可以用某种先验的拉普拉斯分布作为检验理论。但是这种方法可能会导致令人误解的结果。（参看边码 p. 198 及其后。）

② 顺便说一下，这与波普尔不能明确地区分边码 p. 172 及其后讨论过的超余内容和内容的价值是有关系的。

域中是最先进的;所以,每一个这样的理论都有自己的理由属于这个"技术上推荐的理论总体",即属于接受$_3$意义上被接受的理论总体;并且,因此它们的确证度将是不可比较的。没有,也不可能有"确证度"的任何度规——确实,"确认度"这种表示就它提示了存在这样一种度规而言是令人误解的。[①]

但是,在两个理论的确证是不可比较的地方它们的可靠性也是不可比较的。这似乎是完全可信的。我们只能从我们现在的理论的优点判断被排除的理论的可靠性。例如,我们能以爱因斯坦的理论的观点给予牛顿的理论的可靠性或者逼真度以详细的估计:我们可以发出警告:它对于高速特别不可靠,如此等等。即使如此,这估计也是易谬的,因为爱因斯坦的理论是易谬的。但是,我们在爱因斯坦的理论没有被另一个理论取代之前甚至不能给出爱因斯坦理论本身的一个易谬的绝对的估计。所以,我们甚至不能推测性地把我们的最好的可资利用的理论按照可靠性分等排队,因为它们是我们目前的最终标准。只有上帝才能根据他的宇宙蓝图检验所有的理论,对它们的绝对可靠性作出一种正确的、详细的估计。归纳逻辑学家当然会提供这样一种估计:但是,他们的估计依赖于一种先验的超科学的归纳知识。[②]

我们的可靠性标准的第二个严重缺点是:它不可靠。甚至在比较是可能的地方,人们也能够容易地想出某些条件使得通过确

---

① 关于波普尔对统计理论的确证度提出的度规的批评,见边码 p.197 及其后。

② 参考边码 p.188。

证来估计逼真性的做法成为错误的。前后相继的科学理论也许是这样的:真理内容的每一次增加都可能伴随着隐蔽的虚假内容的更大增加,这样,科学的增长就要用增长的确证和降低的逼真性来表述其特征。让我们想象我们偶然地碰上了一个真的理论 T_1(或者,有很高逼真性的理论);尽管如此,我们还是没法借助于一个业经确证了的证伪假说 f 来"反驳"它,[①]用一个再次得到确证的大胆的新理论取代它,如此等等。在这里,尽管我们假定自己正向着真理胜利前进,但却不知不觉地沿着一个迂回曲折的灾难性的问题转换;甚至离真理越来越远了。在这样一条理论链中,每一个理论都比它的后继者有更高的确证和较低的逼真性:这就是扼"杀"了真的理论的结果。 186

让我们再作另一个设想:1800 年,某人提出了一条随机定律,在自然过程中熵减少。这被几个有趣的事实所确证。然后又有别的人发现:这些事实只是由于起伏——每一个起伏有零几率;并建立了热力学第二定律。但是,如果熵减少是一条自然规律的话,并且在宇宙中只有我们的小小的时空角落才由这种重大的、非常不

---

① 如果一个理论被反驳,它并不必然是假的;如果上帝反驳一个理论,它是"真的被反驳";如果一个人反驳一个理论,它并不必然地"真正地被反驳"。通常的语言不充分地区分真理和据称的真理,也没有充分地区分方法论的概念及其形而上学的对应物。要净化这些亵渎神圣的用法时机已经成熟了。

确证的证伪假说(或"证伪的事实")被广泛地相信为特别确凿的事实;虽然如此,它们也常是科学增长的挫折。无论如何有时也发生这样的事:即使 T 的一个业经确证的证伪假说受到了反驳,它总是还有足够的力量使 T 受到反驳。如果不是由于知识增长中的这种难以理解的特点,波普尔就不可能规定:证伪(在方法论上)是"最终的",至少以后作出的确证评价……可以用一个否定的确证度代替一个肯定的确证度而不是相反。(〔1934〕,§82)

像是真的起伏所表征，那又怎么办呢？[1] 最严格地遵守波普尔方法可能使我们远离真理，接受假定律而反驳真定律。

这么一来，按照波普尔的"确证度"对可靠性和逼真性的估计可以是假的——因此，它们当然是不可证明的。当然，如果科学在它进步时趋近于真理（在其逼真性随着不断增加的确证而增加的意义上），则我们的估计会是正确的。问题立即产生，这个假设是我们的技术哲学所赖以生存的那种归纳原则吗？但是，依我的观点，一个命题是否一个"归纳原则"不仅依赖于该命题本身，而且也依赖于它的认识地位和作用：归纳原则的真必须先验地被建立，因为它的作用就是充当证明和辩护的前提。问什么样的形而上学条件会使我们的逼真性估计正确确实是有趣的。但是，规定这些条件的形而上学陈述（并非归纳原则）将不证明这个论点：依确证度产生的次序必然等于依逼真度生成的次序：他们宁可更加关注它们或许不被满足的可能性并因而破坏其普遍的有效性。易谬的纯187 思辨的形而上学没有错，只有把某种这样的形而上学陈述解释为易谬的归纳原则才会出错。[2]

例如，猜测一个科学（或技术）理论总体（并且，特别是增长的总体）产生和存在的条件（其中的一个可能条件是存在着自然定律）这没有什么不对，或者，对我们在按照最好理论行动时我们的

---

① 这对于许多人又像是很少可能的。玻尔兹曼（Boltzmann）确实认为它是可能的，这可从他的〔1896—1898〕，§ 90 中看出。（这个出处我转引自波普尔。）

② 应该强调指出：我们这里说的"归纳原则"不局限于蕴涵概率论的确认函数的原则，而是包括声称为先验地为真的、蕴涵一个确认函数的任何原则，不管这个确认函数是或然论的，或者不是或然论的。

生存所必要的条件进行臆测，这也没有不对。一个可能性是：我们的最好的业经确证的理论碰巧在与我们“居住”的宇宙的小时空角落有关的那些理论的推论的集合中有比较大的逼真度，并且，它们的逼真度随着科学的进步而增长。这个简单然而重要的形而上学假定能够说明人类的技术成就。但是这个假定可以是假的。但是因为它是不可反驳的，我们永远不能发现它为假，如果它为假，那么最大的灾难不能否证它（正如最大的成功不能证明它一样）。我们可以把这个假定在接受$_0$的意义上接受进我们的“有影响的”形而上学理论[①]的总体而用不着相信它，正如同我们继续把假的，甚至彼此不相容的理论在接受$_1$和接受$_2$的意义上接受进我们的科学总体中一样。

这些考虑表明：甚至技术不用归纳原则也能行，或者，更确切地说，必定能行，虽然它也许要“依赖”某种（技术上的）有影响的形而上学。

但是，以通常的（经典的）和概率论的（新经典的）可靠性观念为一方，以我们的波普尔的“可靠性”为另一方，这二者之间有着极大的差别。

经典的观念把一个理论看作是可靠的，如果它是真的；看作不可靠的，如果它是假的。合理性在于按照真的理论行事；并且理性活动万无一失地用成功来酬谢。经典经验论的极端独断论派坚持：能像上帝那样认识理论的真或假；极端怀疑论派则认为：知识，因而理性活动，是不可能的。

---

① 关于（科学地）“有影响的形而上学”的思想参看 Watkins 的重要的〔1958〕。

新经典的观念把一个理论看作是在某种程度上可靠的——依卡尔纳普1950年的观点，根据其“有限制的实例确认”。任何时候，对于每一个理论，在0与1之间有一个数，以逻辑的肯定性标明其可靠性。这么一来，可靠性有一个精确的并且绝对可靠的证明了的度规。可是，最可靠的理论可能会使我们失望：合理性行动和成功之间的裂隙比经典概念中想象的要大得多。但是，我们仍然能知道我们冒着什么风险和预见到各种可能的灾害以及它们的几率。每一个命题有其可靠性的精确的定量的度量。按照卡尔纳188 普的方法，需要决定这种度规的超科学的归纳知识来自他的这样一个（隐蔽的却确实不承认的）主张：在蒙着眼睛的创世主从无数可能世界中选择了一个并把它转变为实在世界之前，卡尔纳普就知道了这些可能的世界的概率分布。[①]

波普尔的“可靠性”观念正如这里所说明的那样，与作为可靠性的一种观念是不同的，这一种观念本身就是不可靠的。在这里，我们要区分“真实的可靠性”——对我们来说是未知的——和“估计的可靠性”。这是在波普尔的方法中缺乏归纳原则的一个直接后果。

也很显然：在波普尔的这种方法中，可靠性与“合理的信念”没有关系：为什么相信宇宙满足所有那些可以用确证来正确估计逼

---

① 顺便说说，卡尔纳普的纲领和希尔伯特的纲领至少有一点表面上的相似之处：二者都放弃了对象语言中的命题的内在的确定性，但是二者都想重新确立元语言中的命题的确定性，对于希尔伯特来说，不容置疑的元数学就是要——好像是通过一种反馈—效应——至少确立数学的一致性。对于卡尔纳普来说，不容置疑的元科学（归纳逻辑）就是要至少确立科学的可靠性度规（也参看上文第一章）。

真性的条件就应该是“合理的”呢?

波普尔的方法没有提供任何度规和绝对的可靠度,至多也不过提供了一种很弱的(此外,当然也是不可靠的)理论之间的局部次序。“可靠的”这个一元谓词被“比……更可靠”这个二元谓词所取代。

此外,不仅最可靠的理论可能使人感到失望,而且可靠性理论本身也是不可靠的。我们不能知道我们正在冒什么风险,并且我们不能预见灾害的可能形式,更不用说它们的精确的概率了。例如,根据卡尔纳普的观点,即使你合理地预测:你将从一个瓮中取出一个蓝色的弹子,你必须(以可以很好地定义的度)准备取出一个白色的或红色的弹子(根据他的形而上学的可能宇宙理论,如在他的语言中所反映的那样)。但是,对于波普尔来说,宇宙的可能的多样性是无限的:你同样可能抓出一只野兔,或者,你的手会在瓮中被捉住,或者这个瓮会爆炸,或者你可能戏剧性地出乎意料地取出你不能理解甚至不能描述的某种东西。摸瓮游戏是科学的可怜的模型。

于是,在波普尔的方法中,合理性和“成功”之间的裂痕比在前述的各种方法中要大得多:以至于波普尔的“可靠性”总应该加上引号。

(ii) 波普尔对“可接受性$_3$”的反对:波普尔从未对可接受性$_3$问题给予较多的注意。他把这问题看作是“比较不重要的”。[①] 事实上,他是对的:人们关于这个问题能说的话不多。但是他对于这

① Popper〔1968*a*〕,p139.

个课题的随意的评述是混乱的。

一方面,他一再强调:"对于一个假说我们能说的最好的话是:189 直到现在,它已能表明其价值;"①人们不能从"确证度"推断出可信赖性。于是,任何人如果把他的"确证度"解释为与通常所理解的确证度有关,那就误解他了。正如沃特金斯说的那样:"波普尔的一个确证评价是分析的而没有预测的含义。"②这样,波普尔的确证理论就对理论的未来前途保持了一种冷酷的沉默。但是,如果所有尚未检验的事态(比如说)都是同样可能的,那么对于任何尚未检验的特称命题来说,对它们的相信的合理性程度就都等于零。的确,有时我们很想知道:波普尔和沃特金斯是否把任何考虑可接受性$_3$的行为都看作是一种"归纳"罪行。

萨蒙正确地指出:如果波普尔的科学理论评价是分析的,那么波普尔就不能说明科学怎么能是生活的指导。③ 如果确证度不被用作逼真性的估计(无论这种估计是多么易谬),那么波普尔就不能说明我们的实际行动的合理性,尤其是奠基于科学之上的任何技术哲学的合理性。

波普尔和他的某些同事的一个反应是增加了一个奇怪的学说:实用的合理性与科学的合理性无关。波普尔强调:为了实用的目的,"假理论时常服务得很好:大多数用于工程和航海的公式已

① 此引文来自发表于 Erkenntnis1935 的一个注解,并且再版于 Popper〔1959〕, p. 315。重点号是我加的。

② Watkins〔1968*a*〕, p. 63.

③ 参看他的〔1968〕, pp. 95—97。

知是假的”。[①] 正如沃特金斯所说的那样：“我们在实际生活中的假说选择方法应该充分适合我们的实用目的，正如我们在理论科学中的假说选择方法应该充分适合我们的理论目的一样；并且，这两种方法很可能导致不同的答案。”[②]而且，沃特金斯宣称：一个理论“可以既被过去的检验更好地确证，又更少可能幸免于将来的检验”。[③] 所以，可靠性甚至可以与确证成反比！打倒应用科学吗？

另一方面，我们又发现强烈的暗示：甚至对于波普尔学派来说，科学也是生活的指导。例如，波普尔写道：“公认完全有理由相信……经受充分检验的定律将继续有效（因为我们没有更好的假设来指导我们）。但是，相信这样一种行动过程间或会把我们导入严重的困境，这也是合理的。”[④]而且，他甚至似乎暗示：确证度也许是对逼真性的合理估计。[⑤] 并且我已经提到过他的一句陈述：“确证度”可被解释成“信念的合理程度”。[⑥] 190

现在波普尔站在什么地位上呢？是不是任何种类的“可接受性$_3$”都是“归纳主义的概念”？不幸的是波普尔并没有充分明晰地定义（当代的）“归纳主义”。就我所知，他把它解释为三个学说的组合。

① Popper〔1963*a*〕，p. 57.

② Watkins〔1968*a*〕，p. 65.

③ 同上书，p. 63。

④ Popper〔1963*a*〕，p. 56. 也参看 Watkins 在他的〔1968*a*〕，p. 66 以相同的语言所作的结论性陈述。

⑤ 同上书，p. 235。

⑥ 参看 Popper〔1959〕，pp. 414—415 和 418。

归纳主义的第一个学说是归纳方法的学说:它假设在发现的逻辑中“事实”是首要的。(当代的“新经典的”)归纳主义的第二个学说是归纳逻辑的可能性的学说:它假设有可能——以逻辑的确定性——赋予任何一对命题以“确认度”,这种确认度把第二个命题对第一个命题的证据支持表征出来了。第三个学说是:这种“确认函数”服从几率运算。①

波普尔拒绝归纳法,并且代之以他的理论支配的发现的逻辑。他拒绝归纳逻辑的可能性,因为它必须依赖于某种综合的先验的原则。最后他证明:确认函数是概率论的这个陈述不仅是不可证明的,而且是假的。②

按照波普尔这种观点的解释,可接受性$_3$的理论只能是归纳主义者,如果它宣称是先验的真,和/或如果它是概率论的;并且,对理论的可接受性$_3$的猜测的、非概率论的估计就没有什么错,或者在这种估计下面潜存的非归纳的、形而上学的臆测也没有什么错。但是,波普尔坚持认为:他的确证度——不像赖辛巴赫和卡尔纳普的确认度——是分析的,并且,一定不能被解释成综合的;③这等于反对任何可接受性$_3$。这蕴涵着科学的和实用的合理性的

① 人们可能会问:这个三只头的归纳主义怪物是经验论的还是理性论的呢?在第一个头中,从方法论上对事实高度重视会使人联想起经验论者;在第二个头中,先验的综合的归纳原则会使人联想到理性论者。但是,按照波普尔的哲学人们能够说明以往似乎是矛盾的事实:即极端的先验论者常常是极端的经验论者,并且,反之亦然(例如,笛卡儿、罗素、卡尔纳普):大多数种类的经验论和理性论只不过是证明主义的不同变种(或成员)。

② 这三点已总结于 Popper 的〔1934〕的第一节中。

③ 同上书,§ 82。

明确划分；事实上，这似乎正是波普尔和沃特金斯二人所提倡的事情。这样一种区分事实上也许真是“可疑的和伪善的”，[①]并且导致对技术上实际发生的事情作错误的解释。[②]

把任何可接受性$_3$的概念作为攻击的目标的反归纳主义者的圣战的升级只能破坏其战斗效果。应该明确地放弃这种升级；并 191 且应该承认：科学至少是生活的指导。[③]

（在这方面，卡尔纳普的阵营中的混乱情况更糟得多。卡尔纳普的先验论的形而上学被隐藏在分析性的外衣之下。）[④]卡尔纳普学派必须：要么勇敢地坚持他们的归纳逻辑的“分析性”，但这样一来，他们的概率就不可能成为生活的指导，正如萨蒙和克尼阿勒经常提醒他们的那样；[⑤]要么他们能够决定他们的归纳逻辑是生活的指导，但是这样就承认了他们的归纳逻辑是一个精致的、思辨的形而上学体系。[⑥]

这结束了我们的三种理论评价的讨论。前两种〔可接受性$_1$和可接受性$_2$评价〕评价了一个理论相对于某种检验理论所获得的增长。给定两个理论，以超余经验内容为依据的第一种评价是

---

① 参看 Watkins〔1968*a*〕，p. 65。

② 在波普尔和沃特金斯宣称假理论也被应用的大多数事例中，人们能证明一些很好地被确证的理论事实上也在被应用。他们的论证看来似乎有理，只因为在那些特例中在应用最好的理论和取代它的下一个最好的理论之间碰巧没有什么不同。

③ 人们必须记住：因为不可能比较我们的最先进的理论的确证度，在许多技术决策中纯认识的考虑起的作用很小。在理论之间常不能作可靠性的比较这个事实使实用的合理性独立于科学的合理性的程度比过分乐观的归纳逻辑所说的更大。

④ 参看上文 pp. 160 和 165。

⑤ 参看 Salmon〔1968*a*〕，尤其是 pp. 40 及其后；和 Kneale〔1968〕，pp. 59-61。

⑥ Bar-Hillel 在他的〔1968*a*〕（p. 66 及其后）恐怕没有明确说清楚自己的主张。

逻辑的事情，并且可以说是同义反复的。第二种评价有两种解释：一是把它解释为“同义反复的”评价，它说明了一个新理论通过了一个检验理论没有通过的检验：这单独就可以作为一种增长的评价。一是把它解释为综合的评价（带有易谬的形而上学的前提：即超余的确证意指超余的真理内容），第二种评价抱有希望地猜测：增长是真实的新理论至少在检验的“应用的领域”[①]中，比它的检验理论更接近真理。

第三种评价比较了理论的总证据支持。如果我们把它解释为“同义反复的”评价，它只不过画出了一张导致一些被比较的理论的那些研究纲领的胜败对照表。但这样一来，把它叫做“证据支持”的评价就可能引起误解，因为，如果没有任何附加的形而上学假定，过去的最大胜利怎么能够甚至给该理论以任何真正的“支持”呢？它们只有根据尝试性的形而上学假定，即增加确证是增加逼真性的标志，才能对该理论以支持。这样一来，我们就有了两种“证据支持”的概念：一个“同义反复地”评价了一个理论在其前史中（或导致该理论的“研究纲领”）已经通过检验；另一个借助于形而上学的前提（在越具有逼真性就越能“生存”的意义上）[②]综合地评价了它的适者生存。

① 对于“应用的领域”，参看 Popper〔1934〕，各处（参看英文版的索引）。

② 按照波普尔的观点，当然，生存并不蕴涵适者生存，但令人误解的是他在他的〔1934〕（参看例如英文版的 pp. 108 和 251）自始至终把两个术语当作同义词使用。

7. 对预测的理论支持与对理论的（检验）证据支持[①] 192

由我们的考虑所提示的实用规则是："遵照'包含'在现有的科学总体中的未被反驳的理论行事，而不是遵照'不包含'在现有科学总体中的已被反驳的理论行事。"

可是，这一规则仅仅在涉及最"可靠的"理论的选择方面给我们提供了——（有限的）——指导。但是，对于特殊的预测有什么规则指导我们的选择呢？在那里，我们选择了所选出的理论的有关预测。

特殊命题的"可靠性"于是可用两个不同的步骤来表征：首先我们决定（如果我们能够的话）在有关的理论中哪个是最"可靠的"理论，其次，根据这个选定的理论决定对于给定的实际问题哪个是最"可靠的"预测。这么一来，当理论可被说成是受证据支持的时候，"预测"可被说成是受理论支持的。

让我们回忆一下卡尔纳普对定义确认度和可靠性的三种可能的方法之间所作的重要区分。第一种方法首先从定义理论的可靠性开始，"预测"的可靠性是派生的。这可被称做"理论的方法"。第二种方法从相反方向前进：它从定义预测的可靠性开始：理论的可靠性是派生的。我们可称之为"非理论的方法"。最后，第三种

① "预测"在这里只不过是"特殊假说"的缩写。

方法以单个公式[①]既定义理论的可靠性，又定义预测的可靠性。这是“混合的方法”。卡尔纳普在第二种方法和第三种方法之间犹豫不决。[②] 我推荐第一种方法，理论的方法。这一方法一贯为归纳逻辑学家们所忽视：尽管事实上这一方法在现实实践中被普遍使用。事实上，工程师更喜爱由当时最先进的理论所作的预测，[③]而不是在某种形式语言的基础上由一种复杂的无理论的方法获得 c-值，再根据 c-值去信任一个预测。

如果选定的理论是统计的，人们能借助于概率论在该理论的范围内计算任何特殊假说的“可靠度”或“合理赌商”：我们对 h 的合理的赌注将是 $p(h,T)$，p 为逻辑概率，h 为预测，T 为被选定的 193 理论，通常 $p(h,s)=q(h)$ 表示预测的事件，s 表示随机机制，p 表示物理概率。[④]

如果该选定的理论是决定论的，人们可以——在某种合理的保险边界之内——根据该理论的预测对该事件下孤注一掷的赌注。

---

① 参看边码 p.143。卡尔纳普当然没有预见第四种可能性：在哪里人们又唯一地定义预测的可靠性。

② 卡尔纳普的“理论的有限制的实例确认”属于第二种方法。但是，有限制的实例确认只能对那些逻辑形式很简单的理论才可定义。所以，卡尔纳普的第二种方法不能实行。

③ 因而我认为卡尔纳普作如下的强调是不对的：“归纳逻辑并不提出新思想方法，而仅仅阐明旧的思想方法。它试图使常常含蓄地或本能地被应用于日常生活和科学中的某些推理形式明晰起来。”(〔1953*a*〕，p.189)。但是，卡尔纳普已经采用了他的“非一理论的方法”背离了“一直应用于科学中”的推理。(当然，还没有哪种推理形式未曾被某些人在某些时候所违背。)

④ 在“封闭的博弈”中(参看边码 p.169)，T 被固定为博弈的一个“规则”。

当然，在没有科学的理论可供我们使用的时候，这种确定合理赌商的方法是行不通的。在这种情况下，我们可以使用卡尔纳普的贝耶斯方法；但是由于语言选择的随意性、先验分布的随意性和稀少的偶然的证据的可疑分量，这种方法将只产生一种严格的但是非理性的仪式。在有了科学理论的情况下，理论的方法直觉地产生合理的赌商，而卡尔纳普的非理论的方法则不然：如果人们一个挨一个地把我们的反论据与第5节中卡尔纳普的合理赌商值相核对，人们能够容易地看出这一点。

当然，我的"理论赌商"是相对于它们所依据的理论而言的。对于任何命题（不管是全称的还是特称的），绝对的合理赌商是零。[①] "理论赌商"是"合理的"，但是易谬的：它们依赖于我们现有的理论——并随着现有的理论而衰落。给定一种语言，人们当然可以计算理论和预测的合理赌商；但是，这些赌商将依赖于该语言——并随该语言而衰落。[②] 而且，对于语言，人们还需要一种理论支持——证据的支持或理论的支持。[③]

附录　论波普尔的关于确证度的三个注释

我称之为波普尔方法的一个主要观点是："可靠"度的精确的、

---

① 在这里应该指出：由于全称名词不可避免地在经验命题中出现，因而所有经验的命题是全称的（参看 Popper〔1934〕，§ 13 和〔1963〕，p. 277）。人们只能在给定理论的语境中区别全称和特称命题。

② 关于语言的衰落，参见边码 p. 162 脚注①。

③ 参看边码 p. 163。

数值的估计是如此之不可靠，以至于任何这样的估计都是空想；而且，甚至非数值的形式表示也是令人误解的，如果它们认为它们可以对任何真实价值进行一般比较的话。

可是，波普尔的一些学生在1954年和1959年之间发表的论他的"确证度"的著作中可能对波普尔本人按照这些条件是不是一个"波普尔派"感到疑惑。难道他没有提出他的确证度公式吗？难道他没有在统计理论的重要场合提出精确的，甚至不易谬的逻辑度规吗？从这些结果看来，归纳逻辑学家们不知道是该把波普尔算作在设计先验度规上与他们竞争的一个人，还是算作反对任何这样的公式的一个人。许多卡尔纳普学派的人把波普尔的公式仅仅看作是快速增长着的关于归纳逻辑的文献中的一个新的补充而已。例如，基伯格(Kyburg)在他的全面述评"归纳逻辑的最新著作"中把波普尔的公式连同卡尔纳普的、凯梅尼的和其他人的列在一张表上，并且讲：这表"显示这些作者的直觉在这方面有〔很大〕程度的一致"。[①] 在一段话中，他把波普尔列为归纳逻辑学家之一："如果没有巴克、波普尔、杰弗里斯又没有其他归纳逻辑学家的话……"[②]在另一段话中，他又说："有的作者(例如，波普尔)，对于他们不存在像归纳逻辑这样的东西。"[③]

为了阐明这个问题，让我们首先概述一下波普尔提出他的确证度公式的目的。

① Kyburg〔1964〕，p. 258.

② 同上书，p. 269。

③ 同上书，p. 249。

波普尔的主要目的是想用一种形式的、结论性的论证来使人确信：即使他承认能有一种定量的确认函项，该函项被一种语言的所有命题所定义，即使他承认这样一种函项可用逻辑概率的术语来表述，那它也不可能是概率论的，即它不可能服从概率运算。正是1934年（当时他的书已经在印刷中）在布拉格与J.霍西亚森的谈话中使得波普尔确信：这样的一种论证是很重要的。[①] 这是在20世纪30年代后期波普尔断断续续地写关于概率论公理化的著作的始因。[②]

波普尔在他的第一个注释[③]中把这一论证分为三个步骤：(a)他提出十条适当的需求，或者迫切需要满足的条件(desiderata)，每一个都得到了有力的论证支持，(b)他通过展示以逻辑概率表示但并不等同于逻辑概率的满足这十项要求的一个公式证明这十项要求是相容的，和(c)他证明 $p(h,e)$ 不满足十项要求中的某些要求（甚至也不满足卡尔纳普自己的某些迫切需要满足的条件）。至于(b)，由于波普尔已声称：卡尔纳普自己的适当要求是不相容的，并且因为他认为这种不相容性很重要，他不得不造一个公式以证明他自己的迫切需要满足的条件是相容的，如果没有其他目的的话。

但是，波普尔的注释说得很清楚：他的迫切需要满足的条件是不全面的："任何形式的定义都不能满足……某些直觉上迫切需要

① Popper〔1934〕, p. 263，脚注①。

② 柯尔莫哥洛夫的公理系统与他的目的不相适应：为了能够即使在 $p(y)=0$ 的情况下定义 $p(x,y)$，他需要一种建立在相对概率基础上的概率论：这使他能够把全称命题作为第二个论证。（参看他的〔1958〕，附录*iv）

③ Popper〔1954—1955〕；再版于他的〔1959〕中，pp, 395—402。

满足的条件……人们不能把在这种真诚和机智的〔反驳的〕尝试的观念完全形式化”。[1] 顺便提一下，他还可以加上第十一个要求：195 即，应该至少有两个有不同的可确证度的理论，并且应该有某种可能的证据，靠它，更可确证的理论能够比不太可确证的理论得到更高的确证度。按照波普尔哲学的精神，这当然是一个非常迫切需要满足的条件。但是，如果他以逻辑上的不可几性来量度可确证性，那么任何全称命题的可确证性的量度必定为1，并且，于是，理论在可确证性上的差别就不反映在可确证性量度中的差别上，并且在这个意义上他的数值公式不能满足这一额外的迫切需要满足的条件。因此，他的公式对于真正的理论只是平凡地满足他的最重要的迫切需要满足的条件，因为真正的理论的“确证度”退化成了它们的“说明力”。[2] 这个事实不降低该公式作为相容性证据的

---

① Popper〔1959〕，pp. 401—402.

② Popper 的确证度公式是

$$c(h,e)=\frac{p(e,h)-p(e)}{p(e,h)+p(e)}(1+p(h)p(h,e)).$$

但是，如果 h 是全称的，$p(h)p(h,e)=0$，并且

$$c(h,e)=\frac{p(e,h)-p(e)}{p(e,h)+p(e)},$$

——他把它解释为“说明力”：$E(h,e)$。

正如波普尔本人指出的，

$$\frac{p(e,h)-p(e)}{p(e,h)+p(e)}$$

作为确证度有“缺点”：它“满足我们的迫切需要满足的条件中的最重要的条件，但不是所有的条件”（同上书，p. 400）。

当然，如果我们不把 p 解释为“通常的”逻辑概率，而解释为表示波普尔称之为“概率的精细结构”的非数值函数，则 $p(h)p(h,e)$ 不需要消失。事实上，我们的“第十一个要求”可被用来证明：人们不能依取实数值的逻辑概率定义确认度。（关于“概率的精细结构”参看 Popper〔1959〕，pp. 375—377。）

价值，但是破坏其提供实际数值度规的价值。

但是，波普尔在 1954 年不打算利用他的公式构造确证的度规。在他的第一条注释中没有一点迹象表明：波普尔可能改变了他 1934 年的观点，根据 1934 年的观点，"两个陈述的确证度在所有情况下都可能是不可比较的"，并且"我们不能定义数值的可计算的确证度。"[①]此外，三年后，在 1957 年，在他的第二条注释[②]中他告诫说："不可能有 p 的令人满意的度规；也就是说，不可能有基于纯逻辑考虑的逻辑概率的度规。"[③]

这么一来，纵观他的两条关于确证度的注释，波普尔只是在一种争论的范围中把他的公式看作是嘲笑模仿一对方的公式，好像是和归纳逻辑格斗。

可是，发表于 1958 年的他的第三条注释显示出一个有趣的变化。[④] 在此注释中，波普尔的确精心构造了一个统计地给定被解释的证据的统计理论的确证度的度规，一个基于纯逻辑考虑之上的"逻辑的或绝对的度规"，[⑤]他发现这个度规是"完全合适的"。[⑥] 196

这个结果当然大大超过了波普尔原先的计划。这是意料之外的副产品，这似乎把他的否定的、批判的、嘲笑模仿一对方的纲领转变成了一个肯定的竞争纲领。在波普尔看来，卡尔纳普永远也

---

① Popper〔1934〕，§82.

② Popper〔1956—1957〕，再版于他的〔1959〕中，pp. 402—406。

③ Popper〔1959〕，p. 404. 重点号是波普尔自己加的。

④ Popper〔1957—1958〕，重印于他的〔1959〕中，pp. 406—415。

⑤ Popper〔1959〕，p. 417.

⑥ 同上书。

无法得到“像温度那样可以在一维标度上量度的信仰的合理性程度”。[①] 但他认为,在他的新的肯定的纲领中——至少在理论是统计理论并且证据被解释为统计报告的这种特殊且重要的案例中——“所有这些困难消失了”[②],并且,他的方法“允许我们得到数值结果——即数值的确证度——在所有这些案例中,无论是拉普拉斯,还是那些引进人工语言系统的现代逻辑学家们都徒劳地希望用这种方法获得它们的属性的先验的度规”。[③]

这给波普尔留下些问题。正如他本人在1959年在他的三个注释的附录中写的:

在结束全部谈话时或许可以问一问:我是否粗心地改变了我的信念。因为似乎没有什么事阻止我称 $c(h,e)$ 为“给定 e 的 h 的归纳概率”或者——如果感到这样说会令人误解,由于 c 并不服从概率运算的定律这一事实——称 $c(h,e)$ 为“给定 e 的我们相信 h 的合理性程度”。[④]

这答案当然依赖于波普尔对他的确证度的解释。如果他把确证度解释成为增长的同义反复的量度,并且如果他把任何综合地解释确证度的做法都斥责为“归纳主义的”,那么至少他就应该作出明确的回答。但是,波普尔似乎把此当作悬而未决的问题。波普尔在这样一句话中说:如果一个理论具有高确证度,那么“我们就尝试性地‘接受’这个理论——但是仅仅是这个意义上,即我们

① Popper〔1959〕,p. 408.

② 同上书。

③ 同上书,p. 412,脚注*③。

④ 同上书,p. 418。

选择它是因为它值得去接受进一步的批判，接受我们能设计的最严格的检验”。[①] 这个评述暗示：他心目中有一个〔关于确证度的〕只带有方法论涵义的同义反复的解释：高确证意指高度值得检验，而不是高度值得信任。但是在结束语中还加了这么一段话：“就肯定方面来说，我们有权再说一句：幸存下来的理论是我们所知道的最好的理论——是受到最充分检验的理论。”[②]但是，除了是“受到最充分检验的”理论之外，“最好的理论”是什么呢？这是一个最“值得信任的”理论吗？波普尔没有作出任何答案。[③]

当然，即使他最终决定把他的“确证度”解释为逼真性的估计，197 他仍然能够坚持认为：“可靠性”的易谬的估计并不会使他成为一个归纳主义者。但是，他看起来犹豫未决，只是强调在归纳主义者和波普尔学派对这样的公式中的 e 的解释之间的——无疑是重要的——差别：在波普尔的解释中，“只有在 e 是我们所能设计的最严格的检验的一个报告的情况下，$c(h,e)$才能被解释为确证度”。[④]

---

① Popper〔1959〕，p. 419.

② 同上书。

③ 顺便提一下，正是在确证度的第三条注释及其附录中波普尔同意他的确证度可被解释为“我们的信念的合理性量度”。但是，这句话显然是说漏了嘴；它与他的哲学的总的精神是相违背的；根据波普尔的哲学精神，信念无论是归纳的还是非归纳的，无论是非理性的还是“合理性的”它在合理性的理论中都没有任何地位。合理性的理论必定是关于合理的行动的，而不是关于“合理的信念”的。（在 Watkins〔1968*b*〕中有一段类似的话，在那里他说：至少在某些场合会反常地相信：更被确证的理论却只有较低的逼真性(p. 281)。）但是，为什么它是反常的呢？（参看玻尔兹曼(Boltzmann)的见解，前引文，p. 186，脚注①。）

④ 同上书，p. 418。基伯格在他的综述（参看边码 p. 194）中没有领会这一点：他宣称波普尔的直觉在很大程度上与卡尔纳普和凯梅尼的一致；基伯格的这一主张之荒唐可笑不亚于某些人，他们断言：两个科学家多半对争论的事有一致意见，因为他们提出类似的公式，而不顾对两个公式中的符号，他们在解释时却有不同的意义。

但是，这仍然远远没有解决他的 $c(h,e)$ 的哲学意义这个问题，尤其在它为统计的 h 的提供一个确证度规的时候更没有解决 $c(h,e)$ 的哲学意义问题。

但是，不管波普尔把他的 $c(h,e)$——依他的肯定的、非辩论的解释——看作是“同义反复的”还是“综合的”意义上的证据支持的量度，它似乎与我的这样一个论点相冲突，即只有在一个理论取代另一个理论之处才能比较“确证度”。[①] 而波普尔的度规似乎是，给定了统计地解释的检验证据就可以对所有统计假说赋予精确的数值。

这个表面上的冲突的简单解答是：波普尔的度规只量度了统计理论的确证的一个狭隘的方面。

(1) 首先，人们必须记住：在波普尔的公式中，任何真正普遍的理论的确证的量度是一样的，因而根据这种说法，一个理论比另一个理论具有少得多的经验内容仍然可以获得数值上相同的确证度。[②] 但这样一来，波普尔对统计理论的确证的数值评价就没能“适当地照顾到该理论的可检验度”[③]——因此它是不令人满意的。如果我们要适当地考虑理论的可检验度，我们也许可能选择一种由波普尔的内容和他的“确证度”所组成的“矢量的”评价；但这样一来，线性次序就消失了，更不用说度规了。

(2) 波普尔的度规也因为第二个独立的根据而失败。扼要重

---

① 参看边码 p. 184。

② 参看边码 p. 195。

③ Popper〔1934〕，§ 82.

述一下，他提供的公式是

$$c(h,e)=\frac{p(e,h)-p(e)}{p(e,h)+p(e)}.$$

他断言：这一公式产生一个度规，如果 h 是 $p(a,b)=r$ 形式的真正的普遍统计理论，在这里，p 是他的趋向（或，任何种类的客观的、物理的概率），a 涉及各类事件（实验的结果），而 b 表示实验装置、随机的机制，或"总体"。他的 e 代表"统计地解释的关于 h 的报告"，或简言之，是"h 的统计抽象"，即具有如下形式的陈述："在〔a 的〕一个具有大小为 n 并且满足条件 b（或者它是在总体 b 中随机地取出来的），a 在 $n(r\pm\delta)$ 个实例中被满足。"[①]我们必须以这样一种方式来设计实验，即实验结果使 $|p(e,h)-p(e)|$ 足够大是可能的（这是波普尔的严格性要求）。 198

但是，我早已论证过：（除了零以外）没有任何东西可以作为假说的*绝对*概率：我们只可以在给定某个理论的前提下计算特殊假说的*相对*概率。[②] 如果是这样的话，e 的"绝对概率"就是零，并且 $c(h,e)$ 就等于 1。按照波普尔的意见，无论如何，$p(e)=2\delta$，而不等于零。[③] 但是，波普尔所说的"e 的绝对概率"事实上是给定理论 h^*（对于同样宽度的 h 来说，它的所有统计抽象都是等概率的）以后 e 的相对概率。因此，波普尔的"绝对概率"这个表述是令人误解的：他的公式应该写成：

---

① Popper〔1959〕, p. 410. 为了这一讨论的目的我不想对这种统计证据的解释理论提出质疑。

② 参看边码 p. 193。

③ Popper〔1959〕, pp. 410—411，尤其是 p. 413 上的脚注 * ④。

$$c(h,e)=\frac{p(e,h)-p(e,h^*)}{p(e,h)+p(e,h^*)}.$$

（类似地，波普尔令人误解地把 $1-2\delta$ 称做 e 的内容的量度，或 e 的精确度的量度。因为令 e 为："在总体 b 中的 1000 次随机选择中结果是 a 的为 500±30 次。"下述陈述，像(1)"总体是 b_1（不是 b）"；(2)"结果是 a_1（不是 a）"；(3)"选择不是随机的"；(4)"在从 b 中作 1000 次随机选择中结果是 a 的点 328 次"；像这样一些陈述全都是 e 的潜在证伪者，并且它们的总量度是 1；但是，如果人们把注意力局限于(4)类的"严格的统计的潜在证伪者"的集合，就像波普尔在这个注释中所做的那样，我们就可以正确地赋予比较小的集合以量度 $1-2\delta$。但这样一来，人们更应该称之为 e 的"严格的统计内容的量度"）。

波普尔的公式事实上是一般公式

$$c(h,e,h')=\frac{p(e,h)-p(e,h')}{p(e,h)+p(e,h')}$$

的一个特殊例子，在这里，h' 是一个检验理论，并且 e 必定是 h 相对于 h' 的某种严格检验证据，即对于 $|p(e,h)-p(e,h')|$ 来说，假定一个近于 1 的值是可能的。但是，我将要论证：波普尔公式的这 199 个推广的形式只有当 h' 是一个真正有科学意义的竞争理论，而不仅仅是一种无知状态的拉普拉斯重建时才有某种意义。

而且，全部 $c(h,e,h')$ 所能告诉我们的只是：h 比 h' 能更好地说明 e，或者反之亦然。但是，为了得到这么多信息，我们并不需要这一公式，而只需要考虑 $p(e,h)$ 和 $p(e,h')$：我们宁愿要 h 和 h' 之中的一个，它对于某给定的严格的检验证据 e 有更大的说明力。

这本质上是费希尔的似真性比率方法与波普尔的实验设计的结合。这种方法并不想给我们提供关于给定 e 时所有 h 的一个绝对度规，而只从很好地定义的一类竞争的假说中选出最好的假说。[①]我将更加高度评价统计理论，如果它们击败了几个真实的有科学意义的竞争对手的话：但这些胜利的累积效果不能产生所有统计假说的线性次序，更不用说关于某绝对标度的度规。

必须认识：关于确证的任何绝对的、普遍的度规依赖于为 h 任意选定一个突出的检验理论。在波普尔的第三条注释中，在 h 的样本集上的一种等分布似乎起这种突出检验理论的作用：例如，在凯梅尼和奥本海姆的著作中，$\bar{h}$ 大体上起类似的作用。[②]

每当我们考虑不同的（有真正科学意义的）检验理论，绝对的普遍的度规就立即消失，并且被代之以一种仅仅是局部的次序，这种局部次序确定了对竞争理论的比较定性的评价。而这正是归纳逻辑与现代统计技术之间的决定性区别。归纳逻辑或确认理论的纲领打算构造一种有着绝对度规的普遍的逻辑的确认函项，而这种函项又反过来依赖于一个突出的检验理论。这个检验理论通常采取了对一种普遍的形式语言的语句进行拉普拉斯原始分布的形式。但是，这种无理论的（或者，如果你愿意的话也可叫做单理论的）方法是无用的，而一个绝对的，普遍的确认函项的纲领是空想的纲领。现代统计技术至多试图比较科学上的相互竞争的理论的

① 参看，例如，巴纳德（Barnard）对于萨维奇（Savage）和其他人的阐述〔1962〕，pp. 82 和 84。

② 参看他们的〔1952〕，定理 18。

证据支持。不幸的是：波普尔 1934 年的思想预见了现代统计学的许多发展，可是他在 1958—1959 年又提出统计理论的一个普遍的、绝对的、逻辑的度规——这思想与他的哲学的总的精神是完全背离的。

例。让我们计算这样一个假说 h 的确证度；假说 h 说的是：在印第安家庭中，随着孩子数目的增加（给定年龄的）孩子的身高的趋向急剧降低，该假说的确证度接近于 1。

200 让我们取假说 h^* 作为检验理论。假说 h^* 说的是：不存在这样的相互关系，并且身高是无论家庭的大小在概率论上是常数。让我们进一步假定：事实上在所有现存的例子中，（印第安）孩子的身高与（印第安）家庭的大小成反比。这样，对于任何较大样本，$p(e,h)$ 将接近于 1，并且 $p(p,h^*)$ 将接近于零：因此，任何较大样本对相对于 h^* 的 h 是一种严格的检验。如果我们承认 h^* 是一个**绝对的**检验理论，我们就必须说：h 被高度地确证：$c(h,e)\approx 1$。

但是，假定有人提出了一个竞争的理论 h'，按照 h'，孩子的身高是——以趋向于 1 的数字——正比于平均每日消耗的热量。我们怎样才能设计一个关于相对于 h' 的 h 的一个严格检验呢？按照我们的先前的 e，我们能有 $p(e,h)=p(e,h')$。但是，如果这样的话，先前与检验理论 h^* 有关的决定性的证据现在却变得与检验理论 h' 无关了。这时我们必须取使得 $|p(e',h)-p(e',h')|$ 的值为高的一组事件作为检验证据。这样一种检验证据将由一组营养充足的大家庭来提供，因为如果 h 是真的并且 h' 是假的，或者与此相反，则 $|p(e',h)-p(e',h')|$ 都可能接近 1。为了进行这一实验，可

能需要一代人的时间，因为我们必须抚养出一些营养充分的印第安大家庭，这种家庭按照我们原来的假设现在并不存在。但在做完这一实验以后，我们可得 $c(h,e',h')\approx -1$ 使得 h 决定性地不能借助于 h' 来确定。①

我们的例子表明：检验的严格性和假说的确证度取决于检验理论。同一个检验可能相对于一个检验理论是严格的，而相对于另一个检验理论却是不相干的；一个假说的确证度当它击败一个检验理论时可以很高，而当它被另一个检验理论击败时它的确证度可以很低。这也表明：大量的现有证据可能在某些竞争理论看来是不相干的；但是，少数有计划的严格的证据可能是决定性的。最后，我们的例子还表明：企图根据 e 来得出 h 的确证度的**绝对的**数值价值的努力是多么地没有希望。

所有这些对于波普尔学派的哲学家是老生常谈；但是，对于无理论的归纳逻辑学家则必定是彻底反常的。

① 这说明，严格的检验证据可以怎样分辨"缺乏可辨认性"的情况。参看肯德尔(Kendall)和斯图尔特(Stuart)〔1967〕，卷 II，p. 42。

201

第九章　关于波普尔的编史学*

如果科学理性的理论太狭窄，即如果它的标准太高，那么它就会使*太多*的现实的科学史似乎是非理性的——这是对它的理性重建的讽刺。一个认为科学增长是理性的范式的历史学家如果在狭窄的理性理论的指导下，往往要么对历史作贫困的和截断的说明，要么歪曲历史史实以便使科学的实际增长与他们的理性形象更为一致。[①]〔波普尔没有完全摆脱这种引诱。〕特别是，他拒绝正视两个〔历史〕事实：(1)时常被列举出来的"判决性实验"，最初被当作为无关紧要的反常，而不是作为"反驳"(通常只有在同旧研究纲领作斗争后取得胜利的新研究纲领的支持下，它们才作为"判决性实验"而获得承认)；(2)所有重要的理论都是生来就要"被反驳的"。当然，按照波普尔的发现逻辑，第一个事实是非理性的：*第一次*被确证的反驳在方法论上必定已是判决性的。可是，第二个事实

---

* 这篇论文可能写于60年代中期，看来最初似乎是一篇更长的论文的已完成的一部分。我们在这里发表的是在拉卡托斯手稿中找到的两种不同文本的后一种。然而，我们附加了某些从另一种文本中摘取的材料作为附录。拉卡托斯认为这篇论文还需要进行广泛的修改和详尽阐述，在未修改之前，他本不准备发表它。——编者注

① 就*伦理学*来说，可以出现相似的情况。一位具有维多利亚时代道德标准的历史学家要么会对历史中道德的作用感到失望，要么他的历史重建将是假的。

又会使得理论的被接受是暂时的、非理性的。〔那么就不用奇怪，这两个事实往往会隐没在波普尔的科学史理性重建的背景之中。〕

波普尔把反常转变为"判决性实验"，并夸大它们对科学发展的瞬时冲击。在他的描述中，伟大的科学家们会欣然接受反驳，这是他们的问题的主要来源。例如，他声称——无视洛伦兹在1905年后的工作——迈克耳逊—莫雷实验决定性地推翻了经典的以太理论，而且他还夸大了这个实验在爱因斯坦相对论的出现中的作用。[①]（虽然波普尔从未像贝弗里奇那样歪曲历史，后者通过提出把爱因斯坦作为经济学家们的一个榜样，企图说服经济学家采用一种经验论的方法。按照贝弗里奇的伪证主义重建的观点，爱因斯坦"〔在他关于引力的工作中〕是从〔反驳牛顿理论的〕事实，从行星水星的运动，从月亮的无法解释的反常运动开始的"。[②] 但是，当然爱因斯坦关于引力的工作（"广义相对论"）产生于他的狭义相对论研究纲领正面启发法的"创造性转换"，并且可以肯定他的工作不是产生于对水星近日点的反常进动或月亮脱离常规的运动的沉思。）波普尔戴了一副朴素证伪主义的简单化的眼镜，声称拉瓦 202

① 参见 Popper〔1934〕，第30节和 Popper〔1945〕，第II卷，pp. 220—221。他强调爱因斯坦的问题不是如何说明"反驳"经典物理学的实验和爱因斯坦并"不……打算批判我们的时空概念"。但爱因斯坦肯定是这样做了。他对我们的时空观念的马赫式批判，特别是他对同时性概念的操作主义式评论在他的思考中起了重要的作用。* 或者参阅 Zahar〔1973〕和〔1977〕。——编者注

② Beveridge〔1973〕。贝弗里奇运用这个故事是为了为经验主义经济学提供一个榜样。利普西（Lipsey）在他的朴素证伪主义时期选用了贝弗里奇的话作为他〔1963〕著作的座右铭。（具有讽刺意味的是在此书于1966年再版时，他在书中声明他已转过来反对证伪主义，但他仍然保留了这段座右铭。）

锡的经典实验反驳(或"倾向于反驳")燃素说,而玻尔—克拉默斯—斯莱特的理论受到了康普顿实验的沉重打击。波普尔还过于简化了对宇称〔守恒〕原理的反驳。[①]

此外,波普尔忽视了理论生来就是被反驳的和一些定律尽管伴有已知的反例,但仍然被进一步说明而不是遭到摒弃的历史事实。所以,他往往是睁着一只瞎眼盯着原来就知道只是后来才被树为"判决性反证据"的反常。例如,他错误地认为"在牛顿理论出现之前,伽利略和开普勒的理论均未遭到反驳"。[②] 此处的语境是重要的。波普尔认为一种最重要的科学进步模式是一个判决性实验让一个理论留下不遭反驳而使它的竞争对手遭到反驳。但是事实上,在大多数(如果不是全部)两种竞争理论并存的情况下,人们知道两种理论同时受到反常的感染。由于在这种情境下波普尔的方法论未提供理性的指导,所以他顺从了这种诱惑,把这种情境简化为他的方法论可以应用的情境。

狭隘方法论的一个灾难性后果是它乞灵于外部的——心理的、社会的——说明,因为它的理性说明的内部框架太快地解体了,而且它使现实问题的情境过于贫困化了。阿加西在许多有趣的讨论中证明了归纳主义编史学是如何向庸俗马克思主义者的任性的思辨敞开大门的。[③] 但他所提倡的证伪主义编史学还没有走到足以改变这种情境的地步。例如,波普尔学派坚持在"判决性实

① Popper〔1963*a*〕,pp. 220、239、242—243.

② Popper〔1963*a*〕,p. 246.

③ Agassi〔1963〕,p. 23.

验”之后抛弃一个理论,[①]向那些赶时髦的“知识社会学家们”敞开 203
大门,这些学者试图说明——可能是不成功的——作为原有权威的反对革命启蒙内创新的非理性的、令人厌恶的、反动的顽固性的这种竞争的纲领的进一步发展。但正如我已经表明的,这种后卫战斗完全可以用我的科学研究纲领方法论的观点从内部加以说明。

在波普尔的追随者中,正是阿加西承担了详尽阐述波普尔科学哲学的编史学含义的主要工作。这项工作的成果是出版了他的那众所周知的著作:《走向一种科学的编史学》(*Towards an Historiography of Science*)(1963年)。阿加西对归纳主义编史学进行了卓越的批判,但他对约定论编史学的批判性评述并不令人满意,事实上,最后,他的著作的积极部分是对证伪主义编史学的摧毁性的控诉。

波普尔从未提及阿加西的这本被大多数历史学家认为是波普尔学派关于编史学的标准文本的著作。我希望他会把我现在的批判作为或者为它辩护,或者声明与它脱离关系的机会。

正如阿加西所提出的,他的主要的编史学问题是“事实是怎样发现的”?[②] 他声称答案将取决于我们关于与发现有关的现存理论和观察两者之间的关系的见解。培根派认为这种关系是彼此独立的,发现只有在理论(即偏见)被排除时才能作出。发现是自然

① 关于波普尔在这种观点上偶然的犹豫参见第Ⅰ卷,第一章,p. 94,n. 5。

② 这是他发表于〔1959〕年的文章的标题;但看来他的意思是重要的事实是怎样发现的。阿加西的全部论述被事实的发现和规范的发现的混合而稍稍受损。“发现”是一个规范的术语,而不仅仅是一个事实的术语。我们可以观察一个事实,甚至表述它,而用不着作出一个“发现”:“发现”意味着事实获得了重要性。

界打在科学心灵的空白状态上的烙印。休厄耳派认为这种关系是一种可演绎性关系，只有当提出了能预见新奇事实的新理论时才会出现发现。发现就是新思想的证实。波普尔学派认为这种关系是一种不相容的关系，当旧的理论被检验和反驳时就导致了发现。发现不可能在它们反驳的理论存在之前作出，"所有的发现……都是对旧理论的反驳。……按照波普尔的观点，事情的关键之点在于：不管一个观察事实是根据了新思想而被预见到（休厄耳）或者不是（培根），它的新奇性和惊人程度取决于它对合理的科学理论的反驳"。[①]

阿加西声称培根和休厄耳是错误的，而波普尔是正确的。他指出"如果波普尔的理论是错的，那么我们可以通过寻找一个重要的发现并不与先于它的重要思想发生直接冲突的例子来批判它"。[②] 当然，这是一个史学研究纲领的声明，阿加西正是从这里204 劲头十足地出发的。他取了某些事实的发现和重建了经过它们的检验与反驳，而被培根传统推入幕后的理论。但是他没有注意到，正如他所解释的波普尔的观点也许可以用不同的理由来加以批判：通过反常的次数，即按照他的术语，观察与理论相矛盾的次数，而并不增添一个"真正的发现"。[③] 为了鉴别这种批判的性质，必须做到两点。

首先，必须阐明在术语"〔事实的〕发现"中的规范要素的含义：

---

① Agassi〔1963〕, p. 64.
② Agassi〔1963〕, p. 64.
③ Agassi〔1959〕, p. 2.

人们不能让它像“真正的”这类限定留在形而上学的暗影之中。我建议，一个事实的发现是真正的和重要的，如果它导致了一般的问题情境的巨大的改变，如果它改变了问题的合理选择，如果它转移了两个竞争的研究纲领的平衡状况的话。例如，1831年关于水星近日点反常进动的发现和1887年的迈克尔逊—莫雷实验都不具备真正的发现的资格。其次，人们必须认识到我们关于真正的发现的评价是合理性的评价；如果一个事实的发现产生了改变潮流的狂热的激动，那么这并未给予发现以理性的重要性。我们必须等待着看看这种激动是否是理性的——而这只有通过很久以后的事后认识才能够明白。[①]

在指出了阿加西遗漏了他的编史学观点最重要的批判模式[②]之后，让我们来看看他的史学案例研究和瞧瞧他是如何剪裁历史材料以使它适合于他的理论的。

(1) 阿加西的第一个例子是“赫兹〔1887〕低估了他的光电效应的发现的错误”。[③] 阿加西的问题是为什么赫兹观察和描述的这个效应直到爱因斯坦1905年的论文发表后才为人们所关注。他的答案是赫兹“犯了一个逻辑错误：他认为这一效应可用麦克斯韦的理论把它作为共振效应来解释”。[④] 只有爱因斯坦“证明了〔这个效应〕与麦克斯韦的理论发生冲突”。[⑤]

---

① 参见第Ⅰ卷，第1章，pp. 86—87。

② 当然，只要按照我的科学研究纲领方法论，这种模式就很明显了。

③ Agassi〔1963〕，p. 64.

④ 阿加西声称赫兹认为这种效应是一种共振效应是错误的。共振理论只是在密立根之后才获得：参见 Richtmyen〔1955〕，p. 98。

⑤ Agassi〔1963〕，p. 64.

犯逻辑错误的不是赫兹，而正是阿加西本人。揣测一种效应在一种纲领内是可解释的是一个方法论判断的问题而不是一个硬性的逻辑关系问题。此外，如果我们通过光电效应理解由光子打出电子的效应，那么这个“事实”的发现不可能在密立根和爱因斯坦之前作出。赫兹所偶然观察到的全部东西不外是一种无法解释的电流。一种无法解释的电流在逻辑上不能与麦克斯韦的研究纲领相矛盾；只有爱因斯坦的研究纲领，以及这一研究纲领的光子理论和光子与电子相互作用的理论与麦克斯韦的纲领不一致。这种不一致在赫兹的时代完全不存在：他观察到的只不过是一种反常。[1] 这个发现以一种休厄耳的方式到来：作为一种对取代——和反驳——麦克斯韦研究纲领的一种新研究纲领的确认。阿加西用赫兹缺乏逻辑敏锐性的说法来说明对赫兹的观察的忽视是完全错误的。我的说明是这是一个（关于光波和电流的）重要的反常，当按照一个新理论框架把它重新解释为关于光子和电子的一个事实时，就转化为一个重大的发现。

205

（2）按照阿加西的说法，迈克尔逊的实验立刻作为重要的发现而为人们所欢呼。但它只反驳以太说，在当时它并未证实任何东西。阿加西声称：“其结果是整个证实的哲学的崩溃。”[2]人们感到疑惑，阿加西是否读过迈克尔逊的论文。迈克尔逊宣布他已经证明了斯托克斯的理论。而且，数年内他对他的实验和结论被忽视而感到失望。阿加西声称它本身作为一个证伪实验，具有“巨大

---

① 关于“反常”的定义参看第Ⅰ卷，第1章，p. 72，脚注③。

② Agassi〔1959〕，p. 3. 亦可参看他的〔1963〕p. 64。

影响”,[①]这完全是胡说。

(3) 阿加西在别处也提到了哈恩—迈特纳的核裂变的发现,这一发现反驳了一个理论而未证实另一个理论:一个“引人注目的反期望的案例”。我想他是指的哈恩—斯特拉斯曼的实验。但真实的情况完全不是这么一回事。哈恩和斯特拉斯曼所发现的不是“核裂变”,而是在轰击铀时,钡似乎是不可解释地出现了。只有迈特纳和弗里希把哈恩—斯特拉斯曼的反常解释为核裂变:这一解释被玻尔和卡尔卡尔(Kalckar)精心发展成一个独立的可检验的假说。这一假说又依次为弗里希和其他许多学者所确认。[②]

阿加西被为什么事实的发现使发现者吃惊的问题迷住了:他认为这是对休厄耳学派关于重大的事实发现是理论的证实这一思想的反驳。但是,按我的看法,除了科学家们的心理反应与理性的考虑有有限的关联之外,阿加西的吃惊的例子描述了一类每天发生的反常的偶然发现;只是后来的重新解释才推崇了他们中的一些——包括阿加西挑选出来的一些——为判决性实验。但是,按照新的竞争纲领来看,术语“事实的发现”以及它的规范含义必须为实验的重新规定而保留,除非我们想使数以千计的微小的反常 206

① Agassi〔1959〕,p. 4.

② 在 Richtmyer〔1955〕,pp. 539—541 以及其他地方,尤其在是 Wehr 和 Richards 的〔1960〕,p. 305 中正确地叙述了这一故事。* 虽然拉卡托斯在这里的说明不是很清晰,但他的观点或许是发现的重要性只有在第一次做这实验之后的若干时候以后才可以被认识,这一实验是在随后才被认为是作出了发现;如果这是真的,那么这看来似乎削弱了认为发现的重要性依赖于它们对原有理论的反驳的那种主张。(亦可参看 p. 206 n* 关于奥斯特的评注。)——编者注

在科学史中具有永恒的地位,这些反常使它们的发现者们陷入歇斯底里的兴奋状态——接着很快就被忘得一干二净。

(4) 阿加西最喜欢的案例研究是奥斯特的电磁效应的发现。这是可以理解的——奥斯特的发现通常被引用为伟大的偶然发现之一;[①]只是近来有人论证它是休厄耳式的重大发现;这一发现是由一位终身致力于寻找电力与磁力之间本质统一性证据的科学家作出的。[②] 阿加西开始证明这两种说法都是错的:奥斯特的发现归因于他检验牛顿的所有的力都是有心力的理论的突然决定,直到那时他一直坚信这一理论是正确的,[③]这一决定立即由流芳百世的发现作为报偿——即牛顿的这个理论是错误的。对于他来说,这一发现是"如此令人震惊,以致他在几个月内一直没有发表它;他感到困惑不解和为难"。[④] 天呀!严格地说,阿加西的这一历史解释是不可检验的。我们永远不可能发现当奥斯特在重新放置导线的著名的最后一分钟他头脑里考虑的是什么。但有些考虑削弱了阿加西解释的基础。

首先,如果奥斯特很清楚地意识到他已经反驳了牛顿泛中心说(pancentrism),那么他为什么在他关于故事的不同的细致的叙述中从未这样说过?为什么他从未批判安培对这种效应的牛顿式解释?最后,阿加西声称奥斯特感到震惊和在数月内不发表他的结果却是阿加西想象的虚构。根据明显可得的证据,他过于高兴,

① 例如,Lenard〔1933〕,p. 186。

② 例如,Stauffer〔1957〕。

③ 根据阿加西所说的"奥斯特是牛顿派一类的人"Agassi〔1963〕,p. 72。

④ Agassi〔1959〕,p. 4.

并匆匆忙忙地发表了他那简短肤浅的出版物。*

而且，阿加西的断言，即奥斯特是个“信奉牛顿学说的科学家和他坚信所有的力都是向心力——阿加西用来说明奥斯特的所谓的吃惊的一个极重要的组成部分——看来仅仅是一种幻象”。① 207

(5) 最后，我要说说阿加西提及的伽伐尼和伦琴的发现。在这些案例中，他一点都不知道如何来重建被反驳的理论。在伽伐尼的例子中他满足于倡议：“一件很有趣的事也许是努力重建伽伐尼的一些深刻思想以表明它们导致了某种与蛙腿有关的令人失望的期望和表明这一发现就是对这些他未提及其内容的深刻思想的反驳。”②在伦琴的例子中，他充满自信地断言“伦琴正在检验一些

---

* 如果对阿加西公平一点的话，应当指出拉卡托斯在此处所攻击的主张只有在他的(并且是“通俗的”)短文〔1959〕中才能找到。在他的专著〔1963〕(例如，见 p. 74)中，阿加西论证了完全不同的主张，即奥斯特只是在 1820 年 7 月才真正作出他的发现(而不是通常所认为的要早几个月)。因为奥斯特在此后不久就公布了他的发现，所以“延迟数月”这几个字也就消失了。

奥斯特本人的说明(从 Stauffer〔1957〕, pp. 49—50 中引用的自传中可以看到)相当明确。他在他的电流对磁针有某种作用的发现和他的“支配这一作用的定律”的发现之间作了区分。据说前一个发现是在 1820 年年初的一次著名讲演中作出的。可以肯定，这一发现与它在 1820 年 7 月被发表的出版物之间间隔了几个月。根据他本人的说明，显然在 1820 年 7 月他已确信他发现了“支配这一作用的定律”。(奥斯特明确地谈到了他一发现这个定律就“迫不及待”地发表了它。)奥斯特说明道，耽搁是因为被在 1820 年初的重复实验耽误了，这些实验显示了“只有微弱的作用”。他接下去说明道这还由于他“几个月来被日常事务缠得脱不开身”和他有“一种肯定的爱拖延的爱好和利用他那空闲的时刻在思想的世界中漫游”(同上书)。——编者注

① 我发现专业历史学家皮尔士·威廉斯在他的评论中已经说了“〔阿加西〕对奥斯特电磁效应的发现的分析尽管是猜测性的，却清楚地显示了划时代的事件”，这确实是令人啼笑皆非的。在我看来，阿加西的分析比斯托弗的分析倒退了一步。

② Agassi〔1963〕, p. 66.

与各种阴极管射线的性质有关的假说”。[①] 编史学变成了证伪主义的形而上学！

当然，按照我的观点，伽伐尼和伦琴的“发现”都没有直接的关联。实际上，伦琴认为他“发现”了纵向的以太振动。[②] 只是伴随着事后的认识，一个“发现”才变为真正的发现：如果它被嵌入进步的研究纲领的话。如果它没有被嵌入进步的研究纲领，那么也许它仍然放在，可能永远放在科学史的古董店中。确实，如果阿加西完全认真地推行他的路线，那么他就会把一些默默无闻者变为最优秀的科学家，说那些天文学家他们是第一个观察到与开普勒的椭圆的偏离以及以后与牛顿的轨道的偏离的人；或者把那些发表了数以百计的关于辐射、荧光、超感觉力等的偶然观察的人从默默无闻者变为杰出的科学家。所有这些都会与“合理的”科学理论相矛盾。在阿加西看来，(朴素)证伪主义的主要长处之一是人们立刻就明白了他们知道了什么。他对那些“事后诸葛亮”表示了巨大的轻蔑。[③] 在我看来，这种轻蔑是乌托邦式的。

我希望所有这些表明了阿加西对事实的发现的证伪主义解释是站不住脚的，也表明了向经验学习所得甚少。阿加西水晶般清晰地表明了他的编史学兴趣只集中在事实的发现上，因为他认为科学是从经验中学习，而人们通过在经验的帮助下反驳过去的理

① Agassi〔1963〕，p. 67. 着重号是我加的。

② Röntgen〔1895〕. 确实，伦琴只是一个具有中等才能的物理学家；他那侥幸的成就被他发现的 x 射线的广泛技术运用而大大地夸大了。既然，在阿加西的编史学中，偶然的发现被当作批判天才的杰作来重建，侥幸的平庸之辈成了发现的英雄。

③ 例如，参见他的〔1963〕，pp. 48—51。

论而向经验学习。这一理论导致了在坚持错误的理性原则的名义下从根本上重写历史，这一理性原则就是：在面对相反的事实证据时必须抛弃理论，科学史是简单的试错法的历史，是理论和反驳的实验的历史。这是一种理性理论——和学习理论——无疑，它对某些早先的理论来说是个巨大的进步，在我早先的论文中我把它归属于“波普尔1”，即朴素的证伪主义。但波普尔也包含有更进步的、为阿加西忽视了的休厄耳式的“波普尔2”的要素。[①] 208

关于“超证伪主义”的附录

按照“超证伪主义者”（波普尔肯定从来不是他们之中的一个）的观点，取代一个理论的努力的唯一理性动机是理论的实验失败；所以说，一个否定的实验结果在它反驳一个理论时成了*这个*继承理论的前导。这种观点构成了反思辨的保守主义者的后卫争论的本质。超证伪主义者认为，在居统治地位的理论被判决性实验击败之前沉溺于理论的增生是非理性的。那时他们甚至认为，人们一定不要提出古怪的堂·吉诃德式的幻想：真正的科学家思辨是*有知识的*猜测，但是除了判决性实验本身之外还有什么能够给猜测以知识呢？科学的增长不遵循一种简单的达尔文的盲目突变和自然选择的模式。“突变”必须不是盲目的，而是设计来说明被反驳的理论和反面证据的真理内容的。因此，在实验和理论之间肯

① 阿加西后来认识到，学习过程有时导致推翻“观察”而不是消除理论。但他对这种现象总也摸不着一点头脑。（参看他的〔1966〕。）

定有一种经常地和瞬时地起作用的相互作用。例如，按照反思辨的超证伪主义者的观点，卢瑟福的 α 粒子散射实验“反驳”了汤姆逊的“实”原子模型，它朴实地表明了——似乎几乎是用实验证明——原子基本上是空的，甚至证明了它们是微小的行星系。超证伪主义者也许会同意，或许没有卢瑟福的实验，巴尔末的公式也会“导致”玻尔的研究纲领；但是他们会坚持，如果既没有卢瑟福的“事实”，也没有巴尔末的“事实”，那么整个理论的发展就是不可想象的。

需要强调，解释的事实在科学的增长中有两种非常不同的功能。它们可以用来检验已经提出的理论，确证或者推翻它们；这种功能是发现的逻辑的一部分。它们也可以用作对新理论的刺激；这种功能是发现心理的一部分。但是幻想和梦也可以起刺激的作用。在发现的逻辑中——理论的评价——理论的血统无关紧要；在发现的心理学中和启发法中，实验所起的作用比大多数人所相信的要小得多。

反思辨的证伪主义在曲解判决性实验的历史中起了巨大的作用。回到爱因斯坦狭义相对论的起源这个问题，按照人们的传说，迈克尔逊决定性地反驳了以太理论，似乎迅速地直接导致了爱因斯坦的相对论：“迈克尔逊没有探测到地球通过发光的以太的运动从而引导爱因斯坦提出相对论。”[①]根据普朗克的说法，迈克尔逊的实验“迫使”或“指引”现代物理学转向相对论。[②] 但是，事实上

209

① Gamow〔1966〕, p. 37. 着重号是我加的。

② Planck〔1929〕.

爱因斯坦并不知道迈克尔逊—莫雷的实验或者洛伦兹对这一实验的说明。这一近来令人信服地证实了的事实[①]确实深深地烦扰了反思辨的证伪主义者，并且也曾有过关于爱因斯坦的自传式陈述的可靠性的长期争论。

在这场论战中的一件最有趣的文献是阿道夫·格林鲍姆〔1961〕的著作。格林鲍姆的例子取自爱因斯坦著名的〔1905〕一文中的一段，其中爱因斯坦谈到了“发现任何相对于‘光媒质’（以太）的地球运动的不成功的尝试”。格林鲍姆争辩说

> 对于所有那些否认迈克尔逊—莫雷实验激励人心的作用的相对论史家来说，有义不容辞的义务向我们具体地说明在这里爱因斯坦在心中有什么其他的“发现任何相对于‘光媒质’的地球运动的不成功的尝试”。这一责任也应当由审慎地追忆往事的爱因斯坦本人承担，那时他认可波朗尼发表的声明〔即在1905年，他确不知道迈克尔逊—莫雷实验〕。

但是爱因斯坦论文中的这一段也许涉及了在1850年到1872年间由斐索、雷斯皮基（Respighi）、霍克（Hoek）、艾里和马斯卡尔特（Mascart）所做的一系列检验地球的轨道运动速度对陆上光学现象的影响。[②]

格林鲍姆的兴趣不仅仅在于历史的细节。他感到，认为“实际实验的结果在〔爱因斯坦〕探索相对性原理的过程中不起任何作用”，那是荒谬的。格林鲍姆论证说，“如果是这样的话，爱因斯坦

---

① 参见 Holton〔1960〕。

② 参见 Whittaker〔1951〕。

的理论猜测是否能被认为比那些其名字很快被忘却的堂·吉诃德式科学思想家的夭折的幻想真正地更训练有素——作为只是更为侥幸的对立面——还是一个严重的问题。”

这种反思辨的观点具有笑料的作用。在1960年，伯纳·雅菲写了一本关于迈克尔逊的小册子，他由于迈克尔逊的“以太漂移实验否定了以太的概念”[①]而极尊崇他。他写信给爱因斯坦要求他谈谈迈克尔逊对他的影响。爱因斯坦的回答是：

> 毫无疑义，迈克尔逊的实验就它加强我对狭义相对论原理的有效性的信心而言，对我的工作有巨大的影响。另一方面，在我知道这一实验和它的结果以前，我就相当确信这一原理的有效性。无论如何，迈克尔逊的实验实际上排除了关于这一原理在光学中的正确性的任何怀疑，表明了物理学基本概念的深邃的变革是不可避免的了。[②]

210

雅菲也发现了爱因斯坦1913年在Pasadena(帕萨迪纳)祝贺迈克尔逊80寿辰小型宴会上发表的演说，其中有这样一段：

> 正是您把物理学家引上一条新的道路，通过您的奇迹般实验工作为相对论的发展铺平了道路。您揭示了当时存在的光的以太说中暗中为害的缺陷，激励了H. A. 洛伦兹和斐兹杰惹的思想，并从这里产生了狭义相对论。要是没有您的工作，在今天这一理论并不会此有趣的思辨多点什么；正是您的

① Jaffe〔1980〕, p. 1.

② 同上书，pp. 100—101。着重号是我加的。

证实把这一理论第一次奠定在实在的基础上。[①]

雅菲的结论是“爱因斯坦公开地把他的理论归功于迈克尔逊的实验”。[②] 但雅菲错误地理解了他所引的文本。爱因斯坦透彻明确地阐述了他把迈克尔逊的工作看作是对他的研究纲领的确认,所以对他1905年以后的工作是个极大的鼓舞,但与他在1905年以前的工作没有任何联系。

因此,迈克尔逊的实验“引导”了爱因斯坦建立他的狭义相对论是不正确的。他关于引力的工作(“广义相对论”)也产生于他的狭义相对论研究纲领的正面启发法,而不是产生于水星在近日点的反常进动对牛顿引力理论的反驳!

我在这篇论文中为什么批判保守的“超证伪主义”的原因并不是我认为波普尔是个“超证伪主义者”,而是他的观点没有为反对它提供充分的基础,因为他过高地评价和太直截了当地强调经验反驳在科学的合理增长中的作用了。

---

① Jaffe〔1980〕,pp. 167—168.着重号是我加的。

② Jaffe〔1960〕,p. 101. Grünbaum引述了这一他所赞同的陈述(〔1963〕,p. 381),和(p. 380)并且类似地曲解了爱因斯坦〔1915〕一文。

211

第十章 反常与“判决性实验”(对格林鲍姆教授的反驳)*

引　言

我感谢格林鲍姆教授对我的科学研究纲领方法论的“反—证伪主义”特征的批判，我很高兴有这样一个机会给予答复。我不得不从试图澄清基本的误解开始。我的论文从这样一个问题开始：“关于科学理论我们可以从实验确切地学到些什么和如何来学？”①后来我又作了格林鲍姆称之谓的我的“挑衅性的声明”，即

* 这篇论文是拉卡托斯与格林鲍姆教授之间关于判决性实验的地位的争论的产物。1973年，拉卡托斯在宾夕法尼亚州立大学宣读了一篇论文(作为Lakatos〔1974*d*〕发表)，对此文格林鲍姆作了答辩。这篇论文是对格林鲍姆的答辩的反驳。格林鲍姆的那篇未发表的长篇论文的一部分的标题是“可证伪性和理性”，但是，他很客气地允许在这里发表拉卡托斯从那篇论文中引用的部分(参照页码是Grünbaum〔1973〕打印稿的页码)。然而，不应该认为这些引文表达了格林鲍姆现在的看法。拉卡托斯把这篇在此发表的论文看成是一篇很粗糙的草稿。他在导言的脚注中指出：“我很愿意接受P.克拉克、C.豪森、J.沃特金斯、J.沃勒尔以及A.格林鲍姆对我的以前的观点的建设性批判。”——编者注

① Lakatos〔1974*d*〕, p. 309.

“我们从经验不会学到任何〔科学〕理论的错误”。[①] 如果人们把“理论”解释为“反映事实的(易谬的)命题”,那么,由于在事实和命题之间(在认识论上不可逾越的)鸿沟,我的声明就远远够不上是挑衅性的:它是一种正统的通常说法。这就是说,如果判决性实验必须提出实验的否证证据,那么就没有判决性实验。如果我发表了一个挑衅性声明,那么它就是一个很强硬的挑衅性声明;即没有任何实验结果能单独击败一个“理论”。这无论从我的观点(对它的进一步工作是非理性的),还是从格林鲍姆的观点(实验应当把我们的理性的信念转变为理性的怀疑)来看,都是这样。甚至无论从这两种较弱的观点的哪一种来看,都不存在“判决性实验”。

1. 在科学中不曾存在过判决性实验

我曾在1968年到1971年间发表的几篇论文中说明和详细阐述过我关于“判决性实验”的否定观点,我试图在宾夕法尼亚的专题讨论会上(在成打参考文献的帮助下)概括地提出这一点。[②] 按 212 照我的观点,在科学中我们并不仅仅从猜想与反驳中学习。成熟的科学不是试错法的程序,它不是由孤立的假说以及它们的确认

① Lakatos〔1974*d*〕,p. 310.

② 我要提及我的〔1968*c*〕、〔1971*c*〕和第Ⅰ卷第1、2、3章。我恐怕没记清楚,Smart教授在他的〔1972〕中指责我特别爱好在自身的参考文献中来来往往穿插不停,这往往使我的论文难以理解。但是,当为这种说明风格致歉时,在涉及内容时我是顽固不化的。

或反驳所组成。[①] 伟大的成果和伟大的"理论"不是孤立的假说或事实的发现,而是研究纲领。伟大的科学史是研究纲领史,而不是试错法的历史,也不是"朴素的猜想"史。[②] 没有单个的实验能在改变两个竞争的研究纲领的平衡状态中起决定性的,更不用说是"判决性的"作用。当然,我不否认科学家们有时一般根据事后的认识对某些实验授予"判决性实验"的尊称,这些实验可以成功地用一种研究纲领来说明,但是用另一种研究纲领就不能如此成功地说明(即只有用一种特设性方法可以说明[③])。我也确实不否认某些实验在两种研究纲领之间的消耗战中有决定性的心理作用,它们也许会导致一个研究纲领的瓦解和另一个研究纲领的胜利。[④] 一个反常也许会对在受此反常影响的研究纲领内工作的科学家的想象力和决心有很大的摧毁作用;[⑤]但是我强调,没有一个反常,不管它被称做是"判决性实验"或是不是,会是客观地判决性的。证伪主义者在哪里见过判决性的否定实验,我"预言"过去不存在这类实验。我预言,在历史事实上,在任何被说成是理论和实

① 如果孤立的假说确实构成科学的成果,那么,例如,黑格尔就应该看作是伟大的科学家和爱因斯坦的先驱,因为他含含糊糊地谈到了时空的相互关系。

② 参见我的〔1976*c*〕,特别是 pp. 70—82。对科学说明来说,非形式数学的探讨有明确的含义。

③ 关于三种不同类型的特设性方法的讨论参见我的〔1968*c*〕,pp. 375—390,尤其是 p. 389,脚注 1;以及第 I 卷第 1 章,p. 88,脚注①、②和④。

④ 参见在第 I 卷第 2 章和前面 p. 114 中提出的内史和外史的区别——以及它蕴涵的分工。

⑤ 参见我关于水星近日点的进动、迈克尔逊—莫雷实验、卢默尔—普林舍姆的实验和第 I 卷第 1 章中因支持某些 β 衰变理论而被称之为判决性实验的讨论。当我的〔1970*a*〕正在印刷中时,Holton 的一本有趣的著作〔1969〕出版了,他也支持我的结论(不过,我恐怕不能肯定是他的观点):参见 Zahar〔1973〕。

验之间一对一的命运决斗的后面,人们可以发现两种研究纲领之间复杂的消耗战。① 在此过程的任何给定时刻,人们可以确定两军的相对力量(即想象力的源泉和经验的运气)。我也提出(和创始)了一个编史学研究纲领以检验所有这些方面。②

对于科学的知识的理论,我的观点有清楚的含义③老问题——"我们怎样科学地从经验学习和学习什么?"——以一种新颖的方式获得了解决:"在科学上,我们向经验学习的不是'理论'的真(或几率),也不是'理论'的假(或不可几),而是科学研究纲领相对的经验进步和退化。"

213

这一解决方法涉及方法论的和认识论的问题转换,在此过程中,评价的问题和学习的问题本身要重新解释,"转换"和术语"科学理论"被重新解释("阐明")为"科学研究纲领"。④

格林鲍姆教授在他的论文中几乎没有对我的论点提出反驳。如果他要认认真真地向我的论点挑战,那么他必须挑选一个或更多的所谓判决性实验的具体史例并证明它们在他所描述的方案中的作用。但是,他甚至没有试图这样去做。事实上,在他论文的最后部分他想尽各种办法强调他从未把迈克尔逊—莫雷实验看作是"判决性"实验。在他论文的第一部分他也提到了那些认为巴斯德的1862年的实验是"判决性"实验并认为它预言了最后会击败生

① 例如,参见第Ⅰ卷第1章,p.18。

② 关于编史学研究纲领的一般讨论参见第Ⅰ卷第2章。* 这种编史学研究纲领的一些贡献可在Howson编著的〔1976〕中找到。——编者注

③ 例如,参见第Ⅰ卷第1章,p.38,脚注②。

④ 关于问题的方法论方面和认识论方面两者之间的关系请特别参见第Ⅰ卷,第3章。

命自发产生的观念的人是错了。我较早的论文包含了许多这类例子。那么,格林鲍姆是在哪个地方反对我的观点的呢?

这只是在他论文的第二部分中,即在小标题为“对普遍的证伪主义不可知论的批评”的一部分中显著地出现。[①] 他可以给它以标题:“为偶尔的证伪主义的辩护”,因为他争辩说,至少在一些特殊的例子中,反常可以构成否定的判决性实验并击败理论。[②] 我将首先考察他针对我的不存在判决性实验的论点特别提及的反例,然后检查这些特例的一般性质。

214

① 我已经一而再,再而三地提醒读者,除了我关于“判决性”实验的否定性论点外,我也提出了一种关于科学评价的新理论并批判波普尔过多地打击了归纳主义。所以,我认为把我的观点称为“普遍的不可知论”是一种误解。

② 由于普遍的证伪主义崩溃了,一般地说,证伪主义者倾向于从普遍的证伪主义向偶尔的证伪主义退却:他们试图区分不重要的反常和判决性的否定实验。例如,诺雷塔·凯特基最近企图给一类特殊的“惊人的反常”下定义。(参见 Koertge〔1971〕;或见我的〔1971*c*〕,pp. 177—178。)波普尔现在开始区分“真正的不符合”和通常的不符合。“最初的真正的不符合会反驳〔理论〕。”然而,在他看来,一只黑天鹅就反驳了“所有的天鹅是白的”。水星近日点的进动对牛顿理论构成了一个“非常小的不符合”,但并不反驳它。但是,他提供的区分反驳理论的“真正的”不符合与不反驳理论的“非常小的不符合”两者的一般标准是什么呢?(参见 Popper〔1971*a*〕,p. 9。)在同一次谈话中他说,“一个理论属于经验科学,如果我们说哪一类事件我们应该承认它是一个反驳。”然而,他不得不要么依靠一般标准区分真正的不符合和表观的不符合,要么不得不以特设方法对每一单个理论来具体说明“真正的不符合”。但是后一种方法很难避免波朗尼主义,因为,如果没有专门科学家的权威,这种一个一个的分界会提供什么呢?(参见第Ⅰ卷第2章,p. 137)。马斯格雷夫认识到这个问题(Musgrave〔1973〕),他重新定义了证伪主义以便它意味着反常是问题诸多来源之一。我不知道有一个科学哲学家(甚至包括波朗尼)会否认这一点。如果这依然是朴素证伪主义,那么我们正好可以忘却它。(在 Popper〔1972〕(p. 38,脚注⑤)中,波普尔回答了我的批评,在那里他透露了他现在已经放弃了他的普遍的分界标准,他所要的全部东西不过是科学家应该永远以特设性方法具体说明他的理论,至少是一个他本人所选择的潜在证伪者。他似乎声称,对于精神分析的理论,这一点做不到。但是为什么做不到呢?)

格林鲍姆的特定反例如下：

假定一个或更多的以前成功的理论家发展了一种理论，它包含了空气动力学，它作出了许多各种各样的、大胆的、还未得到检验的预言。假设这一理论 T 是这样的一个理论，它要求在地球大气层中现有的任何种类的飞行器的飞行在物理上是不可能的。特别是 T 要求由人操纵的飞行器不可能存在。那么，**除非我们经常处于幻觉之中**，否则似乎可以推断，我们中的那些在某些时刻不处于幻觉中的人在这段时间里在地面上方的空中就既不会观测到飞机、飞艇、软式小飞艇、直升机，等等，我们也不会发觉我们自己坐在航空器里在空中飞行。我们在这里的中心假说 H 是断言飞行器在空气动力学上的不可能性，而关联的背景知识或辅助条件 A 是至少在某些时候，我们中的某些人不处于幻觉之中，并且可以如此地加以确定。最后，永不屈服的观察陈述或者所谓的基本事实命题是一些非幻觉的观察者确实看到了飞行器在飞行，或者，如果你愿意的话，可说存在着飞行机器。注意，在这种观察上断言飞行器存在的陈述中，这种基本的事实命题并不承担说明这些飞行器中的这个或那个比空气重或比空气轻的复杂的理论责任。

首先，我认为这一例子满足拉卡托斯向我提出的两个要求。它的基本命题或观察陈述至少在真的可能性大大超过假的可能性的意义上是可靠的，它还断言了顽强的事实。拉卡托斯本人至少搭乘一架飞行器从伦敦来出席这一我们都在其中宣读了论文的会议——至少从质上来说——这就像我不是拿破仑一样肯定。至少在某个时候，我们中的一些人不处在幻觉状态中这一辅助假说，至少在质的意义上似乎满足有如此之大的可能性的要求，以至于不会引起任何理性的怀疑。顺便提提，这一要求被认为可以在法庭上得到满足。但当与有很大可能性的辅助条件相合时，空气动力学上不可能性的中心假说 H 确实要求从来没有一个实际上非处于幻觉状态的观察者会看到飞行器在飞行，这正是与我们可靠的基本观察陈述相矛盾的命题。

其次，我认为这个例子有极令人信服的性质，它特别适于作为拉卡托斯非常强硬的要求的反例。因为注意到含有否定飞行器存在的理论 T 至少在质上可以用占压倒优势的几率合理地控告它是错的，而不用像拉卡托斯所要求的那样等待到 T 所属的研究纲领变成退化的或退步的研究纲领。[①]

215　格林鲍姆针对我的论文提出的反例的最有趣的特征是它描述了一种完全是想象的情况。这是否蕴涵着在过去的科学史中他找不到一个判决性实验？事实上，科学史是如此丰富多彩，他未能发现一个实际的例子已经使注重历史的哲学家感到怀疑。[②]

然而，想象的例子可以是重要的。但是不幸得很，格林鲍姆关

① 参见 Grünbaum〔1973〕pp. 62—63。

② 正像我总是强调的那样，将康德原话作意译(1)"没有科学哲学，科学史是盲目的"和(2)"没有科学史的科学哲学是空洞的"。(参见 Crombie〔1961〕，p. 458，这是汉森从我这里转引的，然后参见我的〔1963—1964〕，p. 3 和第 I 卷第 2 章，p. 102。)格林鲍姆似乎在第一点上，而不是在第二点上是个同盟者。

于他的理论 T 说得太少了。关于 T 我们所知道的全部是它在理论上是进步的研究纲领 R 的一部分;它有“许多各种各样的大胆的预言”;但是它也有一个“荒谬的”推论:不存在像飞行器这样的东西。[1] 但是,如果这是驳倒理论 T 的充足理由的话,那么哥白尼的理论就应该被抛弃,因为它含有同样荒谬的推论,即我们的平静稳定的地球是一只疯狂地围绕太阳转的自旋的飞行器;如果一旦证明了牛顿理论蕴涵着在人的一生寿命的时期内行星系要向太阳坍缩,那么它早就该被抛弃了。(当格林鲍姆主张像 T 这样的理论可以在“法庭上”[2]被宣判为被证伪时,他应该记得哥白尼的理论被神圣的宗教法庭正是根据他的这种标准宣判为被证伪了。)

这样,格林鲍姆的“反例”在反对我的不存在判决性实验的论点上一点分量也没有。最伟大的研究纲领的特征是在它们诞生的时候它们的硬核与某些“事实性”陈述和那个时代接受的辅助性假说是不一致的这种事实。即,所有伟大的研究纲领与格林鲍姆的例子相类似:在开始时,他们“丧失了理智”,他们与“事实的”和那个时代确证的理论知识相冲突。然而,它们不会被排除。格林鲍姆的 T 理论也不需要被排除。如果遵循格林鲍姆的唯一证伪主义,[3]那么就不会有科学的进步。如果格林鲍姆的主张是,虽然判

---

① 可以立即(“不用等待”)判断 R 是进步的纲领和 R 是带有反常的纲领——与格林鲍姆的声称正相反。人们所不能立即知道的,如果有的话,是科学家们将在什么时候开始宣布反常为一个“判决性实验”。但是这肯定是外部史的事,它与我和格林鲍姆之间纯规范的讨论没有丝毫关联。

② 参见 Grünbaum〔1973〕,p. 63。

③ 我感到迷惑不解,为什么格林鲍姆坚持用“唯一证伪主义”代替库恩的贴切的术语“朴素证伪主义”。但是,不论如何称呼它,它仍然是朴素的、乌托邦的。

决性实验从来没有出现过，但是，它们在将来会出现，那么他的观点肯定比我的观点更具有挑衅性。

216

2. 格林鲍姆的判决性实验的不可能性和没有它们时评价科学成长的可能性

格林鲍姆教授向我挑战，要我提出一个关于判决性实验在原则上是不可能的这一论点的一般性证明。他写道：

在我看来，拉卡托斯的普遍的证伪主义不可知论被下述事实表明至少是没有理由的，因为他没给出排除任何与所有的如下的集体互不相容的三个陈述 H、A 和 O' 的存在的一般证明：(i)至少在质上，在或多或少可以比较的意义上，即它并不必然要求定量地赋予这样三个陈述中的每一个以严格数量的确证度，H 的先验确证比 A 的先验确证和 O' 的后验确证要低得多，和(ii)A 和 O' 至少在它们每一个为真的可能性比为假的可能性大到如此地步，以致不会产生理性的怀疑的程度上，它们分别被确证了。我坚持，如果任何这样的集体地互不相容的三个一组的陈述存在，那么，至少一般说来，强烈地相信相关的 H 为假是理性的，而为了支持 H 而否认 A 是非理性的。①

即，按照格林鲍姆的说法，(1)存在三个一组的陈述 H、A 和

① 参见 Grünbaum〔1973〕，p. 59，部分是我的斜体字。（H 是检验中的假说，A 是一组相关的辅助理论，O' 报道了某个自明的反驳实验。）

O',它们满足他的两个要求;和(2)如果它们存在,那么"至少一般地说来,强烈地相信相关的 H 为假是理性的,而为了支持 H 而否认 A 是非理性的"。

但是,我拒绝接受格林鲍姆的前提(1);也拒绝接受在任何有趣的说明中的他的推论(2)。

(1) 在别处,我已经详细地阐述了确证的比较只有在一个理论取代另一个理论的(非常例外的)情况下才有可能——即,那儿涉及的理论是相互竞争的。[1] 如果我的论据是正确的,那么因为格林鲍姆的 H、A 和 O'彼此并不相互竞争,所以它们的确证度就是不可通约的。[2] 但是,那样的话,格林鲍姆的三个一组的陈述并不存在。

(2) 为了论争起见,现在让我们假定存在某些可接受的归纳逻辑,它们按照格林鲍姆提议的方法给 H、A 和 O'以指定的确证值。[3]

再次为论证起见,让我们设想三个假说的确证度如下:$c(H, e)\approx 0$,$c(A, e)\approx 1$ 和 $c(O', e)\approx 1$,此处 e 代表全部证据。(如果 H 217 是研究纲领的硬核,A 是辅助带,O'对研究纲领来说是一个"反

① 参见本卷第八章,尤其是边码 pp. 184—185。人们如何能理性地声称,比方说,孟德尔的遗传学比 ß 衰变理论得到了更多的或较少的确证?

② 当然,我意识到归纳逻辑学家力图建立量度函数,它们使我们能够在即使十分不同的领域里也能对理论作这样一种比较;但到现在为止,以建立归纳逻辑为目的的这些研究纲领的退化应该是明显的了。

③ 格林鲍姆声称,"在 A 和 O^1 每个为真比为假的可能性达到如此之大的地步,以致它们不会受到理性的怀疑,至少在这样的程度上,A 和 O^1 每一个都被确证了",按照这种情况,可以赋予这种确证值。即使归纳逻辑学家对归纳逻辑是否能朝着解决休谟问题的方向做些这样的工作都有很大的怀疑。(例如,参见 Salman〔1966〕,p,132。)

常”。)现在让我们设想一个科学家以A'代替A,以便A是更一般的A'的受限制的情况(A和A'是不一致的[①]),而H和A'成功地预言了一些新奇的事实。在我看来,这种取代构成了进步(“一种进步的问题转换”),即便H、A'和O'仍是不一致的。格林鲍姆肯定认为那时的进步是靠非理性地“支持”H和“否认”A而取得的。但是这时,对于科学家来说,“理性的信念”是不相干的!

我的论证在逻辑上没有达到格林鲍姆要求的天衣无缝的“一般证明”的地步。当然,这样一个证明永远不可能达到。首先,就所涉及的(1)而言,一个人总可以以始终一贯的形式赋予任何一组有限的陈述以确认值。我的论据,即所有打算完成这一任务的归纳逻辑的研究纲领都是退化的,没有构成一种严格的逻辑证明:永远不会有归纳逻辑能取得成功。至于(2),格林鲍姆很愿意接受我的论证,但是会反对我对他的术语“假的理性推断”和“非理性地支持”的解释。他可以主张,当对H的假作强有力的推断时,科学家不应过多地受它的干扰,应该不顾一切地发展他(奠基于H)的研究纲领。他可以说他永远不会要求科学家不在不可信任的H的基础上进行研究。事实上,他在论文的后面写道:“因为L.劳丹和P.奎因已经独立地向我指出,一方面,在这里我们必须记住在对一个假说的信念的理性和非理性两者之间的区别;另一方面,依据它从事某种暂时性的研究工作时是理性还是非理性二者之间的区别。”[②]完全正确。但是“区别”是两者之间丰富的不相关性。因为

① 即,受限制的情况通常是像“理想”气体那样的“理想的”、反事实的情况。

② 参见 Grünbaum〔1973〕,p. 87。

(1)无论是理性的还是非理性的,相信或不相信在科学的理性评价中无论如何不起任何作用,在格林鲍姆(和其他人)在定义科学理论中理性的信念程度(或者更恰当地说,信念的合理性程度)的大量工作不为任何目的服务;和(2)还没有人为个别科学家提供过合理性的理论告诉他,在相竞争的研究纲领中他应该选择哪个作为依据来开展工作,或者他是否并在何时应该尝试在他自己的研究纲领的基础上开始研究。格林鲍姆后来所说的全部是“把一个人所有的研究之卵放在一个篮子里是不明智的”;[①]但是,当然,一种范式的垄断是不受欢迎的这一论断是波普尔派对库恩1962年的方法的主要批评;[②]这种价值不大的陈述在个别科学家作他的决策时一点忙也帮不上。一旦格林鲍姆同意——正像他现在做的那样——把理性的信念和理性的评价分开,那么他的论据的第二部分,即(2)就成立了;但是是在一种没有意思的意义上。逻辑单独不能证明一项(逻辑一贯的)哲学努力是没有意思的。但是人们可以争辩说——如果不是靠不可抗拒的演绎逻辑——这种努力是离题的并且确实可能是有害的。在我详细地论述这一点之前,[③]我应该先扼要地澄清我关于实际劝告的观点。 218

注。人们进一步评论:我确实接受了 H、A 和 O' 三个一

---

① 对个别科学家来说,在太轻易地放弃一个研究纲领是不明智的意义上,把他所有的研究之卵放在一个篮子里是明智的;要获得在一个严肃的研究纲领内工作的能力和技巧要花去一个人许多最好的年华。

② 主要参见 Watkins〔1970〕, p. 34 及其后。理论多元主义的合意性也是贾耶阿本德的“认识论无政府主义”和我的“科学研究纲领方法论”明显的推论。

③ 参见下面的第4节。

组陈述的存在，以致A和O'比任何它们各自的竞争者更好地被确证；但是没有哪一个被取代，当然，也没有哪一个"不受到合理的怀疑"。我承认H、A和O'的逻辑不一贯性构成了一个问题，因为我重视演绎逻辑和承认把逻辑一贯性作为调节的原则。那么产生的问题是三者之中的哪一个应该被取代以恢复逻辑一贯性。既然我主张H、A和O'的相对确证度的比较是不可能的，所以对我来说，三者之中没有哪一个是"进步的"(非一特设性的)取代的优惠的候选者。

3. 关于实际的劝告

格林鲍姆教授在另一个想象的例子的帮助下向我提出了一个有关实际的劝告的挑战。他设计了一个想象的正在成长的研究纲领的例子，这一例子是设计来建立一种新的、更可靠的方法以区分急性白血病和单核白细胞增多症。[①] 存在一个旧的、适度成功的研究纲领和一个新的、有前途的，然而并不包含"〔它的〕思辨的重大的确证"的研究纲领：即，按照我的标准，它是退化的研究纲领。[②] 根据假定，两个竞争的研究纲领提出了相互冲突的劝告，格林鲍姆问在实际治疗中应该按哪一种意见办？他"好奇地想知道

① 参见 Grünbaum〔1973〕, p. 64。

② 根据我的定义，"正在成长的"研究纲领是"退化的"研究纲领也许是令人糊涂的。但是，天哪！少年的行为与老年人的行为现象具有很大的相似性，就这一点来说，我们有足够多的机会向许多当代的青年运动学习。

拉卡托斯的科学理性观是怎样判断这类例子的”。[①] 我在几篇论文中已经相当详细地讨论了实际劝告的问题。我的实际劝告是：在任何领域内，人们应该按照给定领域中最“值得信赖的”或者最“可靠的”理论行动。[②] 我们由科学知识的主体构造“最可靠的”知识的主体。然而，由于反常的存在，后者总是前后不一贯的：任何科学家接受(“接受$_1$”和“接受$_2$”)他在它之下工作的一组不始终一贯的命题：他要么不“排除”硬核、辅助理论、纲领的可证伪的说法，要么不“排除”反常。另一方面，〔最可靠的，或者〕“技术知识的主体”是始终一贯的，因为在任何时代，它通过以特设性方式删改研究纲领的方法从“科学知识的主体”导出；在1900年，任何应用科学家只部分接受(“接受$_3$”)牛顿的天文学，那时它未被应用于像水星近日点的进动这种情况。这样，应用科学家(例如，开业医师)就可以与前后一贯的科学知识的主干“一道工作”。[③]

格林鲍姆教授似乎一方面未注意到我对科学方法论的“可接受$_1$”和“可接受$_2$”作了划分，另一方面也未觉察实用的“可接

---

① 参见Grünbaum〔1973〕，p. 65。

② 关于“值得信赖”或“可靠性”(或者“可接受性$_3$”)的概念，参见本卷，第八章，第3节。

③ 关于“可接受性$_1$”、“可接受性$_2$”、“可接受性$_3$”的概念和知识的“科学”主体与“技术”主体的对偶参见同上书。但是让我提醒读者，“技术知识的主体”是在特设性(内容减少)计谋的帮助下由“科学知识的主体”构造出来的。无疑，一个人说得越少，他也就越安全。但是另一方面，涉及构造“技术知识主体”的实用理性是与涉及构造“科学知识主体”的科学理性不同的。所有迄今被人构造出来的和将被人构造出来的技术知识又更像是假的，即使它“行之有效”。

受$_3$”。① 在这一点上我不得不着重强调格林鲍姆以最令人困惑的方式歪曲了我的观点这一事实。他给我加了一顶“认识论的禁欲主义”的帽子，②仿佛我不认为爱因斯坦的研究纲领在认识论上优于牛顿的研究纲领，或者仿佛我把古希腊的神学和量子物理学在认识论上置于同等的地位。当然，这与我的观点正好对立。在尝试证明了波普尔纯粹的科学游戏的弱点之后，③我的科学研究纲领方法论就对“迪昂—蒯因的命题”提供了新颖的积极解答，格林鲍姆在批判其他解答时完全忽略了这一解答。④

220

4. 科学的特征不是理性的信念而是命题的理性取代

格林鲍姆歪曲我的意图的一个重要线索可能是他把科学等同于一组“理性信念”。格林鲍姆把“相信不相信”仅仅描述为一种“惯用语”⑤而不是给它下定义。但是既然他否决在评价科学知识

① 格林鲍姆的论文中“行动和知识的理性推测”这一节表明他不熟悉我对作为行动基础的“归纳原理”的辩护。参见本卷，第八章，第 1 节和第 3 节以及第Ⅰ卷第 3 章，第 2 节的(b)部分。在后者中，我用“研究纲领”来代替“理论”。

② 参见 Grünbaum〔1973〕，p. 68。

③ 格林鲍姆把我的观点描述为“否决主义”；仿佛我认为科学仅仅是一种游戏而与认识论无关。但是我确实把一个猜测的归纳原理置于科学游戏之上，于是严格的不可知论消失了。我在本卷第八章和第Ⅰ卷第 3 章论证了这两者。格林鲍姆就实际劝告提出的挑战表明了他认为我也持有波普尔 1934 年的认识论的不可知论。但是，我没有那样做。

④ 当然，这是重复早就提出过的一点，这必定被看作反对我批判波普尔的过多杀害归纳主义的背景，反对在第Ⅰ卷第 3 章中“为一点儿归纳主义抗辩”的背景。

⑤ 参见 Grünbaum〔1973〕，p. 86。

时我的波普尔学派的“不相信信念”的看法,既然他用几页的篇幅阐述他的异议,所以我们之间就明显地存在一种哲学上的不一致,而不仅仅是语义上的不一致。但是是什么使得他的“理性的相信”不同于我的“接受”(“接受$_1$”、“接受$_2$”、“接受$_3$”)或者“偏爱”呢?

波普尔学派关于科学理性与“理性信念”没有丝毫关系的观点是众所周知的。[①] 但是我提出进一步的证据来支持它。科学通过研究纲领的竞争而进步,而不仅仅是通过猜测与反驳。但是,一个纲领是一个复杂的东西,一种问题转换的特例(即,一系列的命题),再加上数学理论,观察理论,以及事先提供锻造工具的启发式技巧。从整体上看,一个研究纲领不可能要么是真的,要么是假的。人们怎样才能“理性地相信”一个纲领“很可能是真的”? 格林鲍姆会反驳说科学家可以理性地相信或不相信纲领的硬核。但是,并不一定需要(理性地或非理性地)相信他正在遵循着的纲领中的硬核。牛顿不相信他本人的超距作用纲领(在其实在论的解释中);麦克斯韦抱着实际上不相信的态度阐述了运动学理论和普朗克也是抱着实际上不相信的态度对待量子理论。[②]

但是,人们不能理性地相信一个纲领的同时性截面,即“科学知识的主体”吗? 天哪,这种主体总是自相矛盾的。[③] 人们如何能理性地相信一组自相矛盾的命题呢?

---

① 像早期的卡尔纳普一样,波普尔想要驱除术语“信念”甚或“理性的信念”,因为这些术语最初与心理学主义相联系。例如,参见 Carnap〔1950〕,pp. 37—51;和 Popper〔1973〕,在其中处处可见。

② 参见第Ⅰ卷第1章,p. 43。

③ 参见本卷第八章,p. 176。

倡导科学是理性信念的人也许还会反驳:“你本人认可的不矛盾的‘技术知识的主体’又如何呢?你本人没有把它描述为‘可靠的’和‘值得信赖的’吗?为什么它配不上‘理性的信念’?”作为回答,我只能指出科学由进步地取代古希腊神话而成长。比方说,可能从中世纪(或者说,Zande*)以来,信念就开始成长起来。“技术知识主体”中的命题充其量是这种进步的问题转换的最后产物。但是什么东西会使我们理性地相信这种进步问题转换(它的初始命题毕竟是仅仅由动物信念支持的)中的最后关联呢?在问题转换中的哪一点上出现了从动物信念到理性信念的突然的转变呢?断然没有这样的点。我们可以主张进步的问题转换确实以“很大的可能性”使我们走向**真理**,而不是走向反面。但是,就如何评价问题转换来说,把认识论的地位给予我们的约定的这种归纳原理依次也仅仅得到动物信念的支持。所以,问题转换从动物信念(或者,如果你愿意说,是从质朴的公设——一种智力的盗窃,就像罗素惯常用来描述这种“假定”的说法)获得它们的认识论理性。(注意。归纳原理永远不会进步地被取代。)

221

这就结束了我的——休谟的——反对科学中的“理性信念”的论证。我“接受”技术知识的主体,但是,我并不“理性地相信”它。

如果格林鲍姆同意这种论证,还希望找到术语“理性的信念”的某种用处,那么,我将停止反驳:词毕竟仅仅是约定。[1]

---

* Zande,指用中古波斯文所写的《阿维斯陀注释》。阿维斯陀乃波斯古经。——译者注

① 但是我反对“理性地相信硬核”的用法,因为它太易使人误解了——我将把它严格化,甚至在限定的意义范围内,用于我们的技术知识主体。

说了这些,让我关于科学理性再说几点。

理性(在这里,我按照波普尔的说法)与孤立的命题(无论这命题是"基本的"、"科学的",还是"形而上学的")无关,而与我们修正它们的方式以及以后它们与其他命题的关系有关。[①] 这是波普尔最大的创新之一。但是,正像在许多伟大思想家的工作中一样,在波普尔工作中的这种新由于旧的残余而稍稍受损了。他的分界标准是以命题的可证伪性或不可证伪性的术语表述的,而不是以问题转换的进步性或退化性(即,命题系列是进步的或特设性的修正的结果)的术语表述的。尽管有旧式的术语,尽管时常滑入过去的概念框架,但是仔细阅读他的原文仍然可以使人们分辨出突然出现的有力的新思想。[②]

这种从命题到问题转换的科学评价的场所的转移把历史的尺度引入科学评价。(什么时候假说更替是"特设性的",即非理性的、退化的、坏的,迄今未曾得到比波普尔和我本人更注重、更详细的讨论。) 222

但是,理性的人们当然不得不认为对命题(像"拿破仑死了"或"所有的人都有一死")的动物般的信仰仍然在等待进步的更替;他

---

① 参见 Popper〔1934〕,第 20 节:"我的分界标准不能立即应用于陈述的体系……只有参照应用于理论体系的方法才全然有可能问我们是否正在与〔科学或伪科学〕打交道。"正如贝内特简洁地提出的:"〔按照波普尔的观点〕是否某些人的智力行为被认为是'科学的'或是'非科学的',这不取决于他从哪儿获得假说,而取决于当他有了它们之后用它们做什么。"参见 Bennett〔1964〕,p. 35 以及 Latsis〔1972〕,p. 240。

② 参见本卷第八章,p. 178 及其后,和我的〔1968*c*〕和第 I 卷第 1 章,pp. 88—89。为了从旧的概念中分离出波普尔的新颖思想,在我的〔1968*c*〕中,我把波普尔$_2$ 和波普尔$_1$ 分开了。(在波普尔$_2$ 中,"问题转换"的思想是暗含的。另一方面,研究纲领是特殊的问题转换,它们超越了波普尔本人的思想。)

们不同于非理性的人只在于不把他们的信念看得太认真，只在于不把这些信念归之于理性的结果。特别是——让我重申——当科学家遵循一个研究纲领工作时，他并不无论怎样一定需要相信它的“硬核”。还有，即使我们决定授予一个处于一个进步问题转换中的最新命题以“值得理性地相信”的尊敬的称号，我们仍然不应该或者把这个命题，或者甚至把进步描述为“不会引起理性怀疑的”。

我们应当注意另一类型的波普尔学派的警告和更谦虚谨慎地对待科学进步的程度和安全性。例如，让我们来考察伊丽莎白时代的普通英国人。他们没有任何科学：在17世纪前不存在科学。[①] 不过，虽然中世纪的人没有科学，但是他肯定认为信仰具有很大的真理内容。这些信仰中的若干（如“上帝存在”或者甚至“所有的天鹅是白的”[②]）也许甚至比当代的量子理论更接近真理。他有许多这样的关于天气和土壤、关于贵族和主教的权力的信仰，他有关于星占学和巫术的信仰。当然，某些伊丽莎白时代人的信仰被新的信仰取代了，例如，动物式的单纯信仰认为被（比方说）普通的美国人的自由主义信仰取代了。这些新信念中的一些是动物式的单纯信念的非科学取代，像关于精神病的信念取代了信仰巫术，或关于

① “中世纪科学”是迪昂为了恢复天主教教会的名誉并在庸俗马克思主义者中找到了追随者。后者认为社会主义的科学比资产阶级的科学好，资产阶级的科学强于中世纪的封建的科学，封建的科学优于奴隶制的科学。如果是这样的话，他们必须发明某种封建的科学，以便在阿基米德和伽利略之间架起桥梁，他们通过对工匠的技艺冠以“科学的”头衔的方法而做到了这一点。

② 注意，这些命题中没有一个属于进步的研究纲领；所以，按照我的意思，它们都不是科学的。

资本主义和社会主义的信念取代了相信国王与教会的信念。

但是,伊丽莎白时代以来的全部信念的变化都仅仅是时尚方面的变化。这期间还有**科学革命**。但是,取代了谬误或不大可能为真的信念的那些真的或者高度逼近真的信念的突现并不标志着科学革命。牛顿的科学和当代的相对论比伊丽莎白时代的某些“知识”的逼真性可能要低一些。我怀疑,格林鲍姆教授是否会同意——科学研究纲领和它们的科学评价的出现标志着科学革命。科学的特征不是一组特殊的命题——无论它们是已经被证明为真,是高度可几的,简单的,可证伪的,还是值得理性地相信的——而是一种特殊的方法,利用这种方法,一组命题——或者一个研究纲领——被另一组命题或者另一个研究纲领所取代。 223

从来没有能引导我们达到真理的终极证明,即使伊丽莎白时代的信念在进步的问题转换过程中被取代了(像关于热、磁的信念),我们仍在向**真理**前进。我们只能(非理性地)相信,或者宁可说是希望我们已经在向真理前进。除非希望是一种“解答”,否则对于休谟问题仍没有解答。[①]

---

① 我愿意提及受到格林鲍姆非常严厉批判的 Popper 的〔1971*b*〕,实际上是试图答复我的〔1968*a*〕的(本卷,第八章)和〔1971*a*〕(第Ⅰ卷,第 3 章);参见第Ⅰ卷第 3 章末的注释。

224

第十一章　理解图尔敏*

引　言

《人类的理解力》(*Human Understanding*)是图尔敏教授继承维特根斯坦的后期哲学传统的第五部著作。1950年,他首先把这一哲学应用于伦理学,[①]然后在1953年[②]和1958年[③]分别把它应用于科学哲学和逻辑。这是他现在的三卷本的巨著(本书是它的

---

* 在拉卡托斯临死之前一段时间他正忙于写一篇关于S.图尔敏的著作《人类的理解力》的书评。他渐次地更加详细地写了三次草稿,然后搁下了,在1973年夏天又开始写第四稿。这最后一稿,也是最长的一稿,没有最后完成,而且拉卡托斯对它的某些方面还不满意。拉卡托斯想通过把图尔敏的著作置于某些一般的认识论问题和传统的语境中来研究它。事实上,对这些一般问题的重要性的考察占了拉卡托斯第四稿的极大部分,他感到这使得它作为《人类的理解力》的评论是不合适的。我们已经删除了许多一般的材料并把它编成一篇独立的论文作为前面的第六章。无论如何,在这两篇论文之间有某些重合是不可避免的了。这里发表的是以拉卡托斯的第三稿为基础的,但许多地方是以其他几稿,特别是第四稿中的材料修改和扩充了。它最初作为图尔敏著作的书评发表在Minerva(罗马传说中的智慧女神;在这里,是杂志名称。),14,pp. 126—43上。——编者注

① Toulmin〔1950〕.

② Toulmin〔1953*a*〕和〔1953*b*〕.

③ Tbulmin〔1958〕.

第一卷)的主题。本书是他早先在1961年①发表的小册子《预测的理解》的发展。

坦白地说,我更喜欢他那本早先的著作而不是这本新作。J. O. 威兹德姆关于维特根斯坦的哲学曾经写道:"一种有在迷津的小道中漫游的感觉的哲学;迷津就是没有固定的中心。这种引导人们通过迷津的表达方式本身就是传递了某些哲学信息,迷津的'中心'是让人们发现它并无中心。"②就图尔敏的《人类的理解力》一书来说,通过阅读人们感到同样的哲学信息,当然,这迷津比起他早期著作来说要更庞大、更复杂。恐怕我们不能以简洁的"摘要"形式给出这种哲学信息,然后给以明晰的批判。事实上,对一本以维特根斯坦传统写作的著作要给出简短的"摘要"和明晰的批判必然会导致失败。取代这种做法,我想做的是要阐明一个独特的中心问题(它在传统上与科学哲学有联系),然后尝试看看关于这一问题图尔敏是站在什么立场上的。

这一中心问题是那些自以为具有"科学的"身份的理论的(规范的)评价问题。在我看来,这是科学哲学的首要问题。忽略这一问题,或者认为它仅具有第二位作用,这就蕴涵着哲学向严格描述性的科学社会学和科学史投降了。

225

在涉及这一问题时,我将首先概略地描述三种主要的哲学传统。我将论证尽管图尔敏的基本观点充满了问号、歧义性和自相矛盾,但它明显地起源于这三种传统之一的"精英主义"。但是,他

① Toulmin〔1961〕.

② Wisdom〔1959〕, p. 338.

的精英主义背负了维特根斯坦的实用主义牌号的负担。我将表明，图尔敏在《人类的理解力》中回到更传统的达尔文牌号的精英主义是对维特根斯坦哲学中最令人不快的思想之一的自然摆脱：这思想就是哲学家应该组成一个"思想警察队"。但是，我将指出，达尔文式的隐喻的唯一作用是给黑格尔的**理性的狡诈**穿上时髦的科学外衣。图尔敏的隐喻依然是隐喻：它们没有说明的力量。我们将试图彻底揭示图尔敏观点的那些特征，照我看来，它们使得观点本身站不住脚。

1．关于评价科学理论的规范问题的三个思想流派

怀疑论：关于评价问题的一个思想流派，可以追溯皮朗(Pyrrhon)怀疑论的古希腊传统，它是现在众所周知的"文化相对主义"。怀疑论认为科学理论只不过是一族信念，在认识论上它们与数千族其他的信念是并列相等的。虽然某个信念体系可能比其他的信念体系有更大的势力，但是，一个信念体系绝不会比任何其他的体系更"正确"。信念体系可以有变化，但是不会有进步。这一思想流派曾经由于牛顿科学的令人震惊的成功缄默无言，但是在今天，尤其是在**新左派**的反科学团体中，它又重新恢复了势头；它的最有影响的版本是费耶阿本德的"认识论无政府主义"。按照费耶阿本德的观点，科学哲学完全是一种合法的活动；它甚至可以影响科学。注意，这一观点与毛泽东的"百花齐放"的方针不同。费耶阿本德不希望把香花和毒草的"主观"的区别强加给任何人。

任何信念体系——包括它的对手的体系——都是自由自在地发展,并影响其他的信念体系;但是,没有一个具有认识论上的优越性。[①]

分界论:第二个思想流派一心想正面解决分界问题,[②]它是怀疑论的主要对手。这一思想流派起源于古希腊的"独断论"(这是皮朗学派的人给斯多噶哲学起的绰号:我用"独断论"表示客观知识——不易谬的或易谬的——是可行的观点)。它是一种先验主义的传统。莱布尼茨、博尔扎诺、弗雷格属于这一传统,在本世纪,罗素和波普尔也属于这一传统。卡尔纳普早期的工作亦属于这一"分界论的"派别,我的研究纲领方法论也同样如此。按分界论的传统,科学哲学是科学标准的监视者。分界论者重建用来说明大科学家对待具体理论或研究纲领的评价的一般标准。但是,中世纪的"科学"、当代的基本粒子物理学和智能的环境决定论理论也许原来就没有碰到过这些标准。在这些场合,科学哲学企图宣布为退化的研究纲领辩护的努力无效。[③] 226

关于科学进步的一般标准精确地讲究竟是什么,分界论者的

① 我在这里提到的是费耶阿本德1970年的产品,最好参见他的〔1970〕、〔1972〕和〔1975〕。

② 当涉及区分科学和伪科学的黑-白分界问题时,我不在波普尔的严格意义上使用这个"分界问题"的术语。当涉及相互竞争的理论的评价时,我在一般的意义上使用它。(当然,对于按照理论的经验内容、确证度和逼真度的不同程度,波普尔提出了一个连续的评价范围。但是,他的主要兴趣是为他识别具有"可证伪性的"〔白的〕科学和具有"不可证伪性"的〔黑的〕伪科学——或者非科学的分界标准而辩护。)

③ 关于这种好斗的分界论见波普尔在他的〔1963*a*〕,pp. 37—38中的论精神分析学;或Urbach〔1974〕。关于一种揭示作为退化经院哲学的知识的非经验的分支的尝试见我本人在本卷第八章中对归纳逻辑的探讨。

意见是不同的，但是，他们共同具有几个重要的特征。首先，他们都相信弗雷格的第三世界和波普尔的三个世界理论。"第1世界"是物质世界；"第2世界"是意识、精神状态，尤其是信仰的世界；"第3世界"是柏拉图式的客观精神世界，是理念世界。① 分界论者评价认识的产物：命题，定理、问题、研究纲领，以及所有那些属于"第3世界"②并在其中成长的对象（而认识的生产者属于第1世界和第2世界）。与此相一致，他们又都极其重视明确表达的知识。他们很容易地赞成明确表达的知识只是冰山的峰尖。但是，正是人类事业的这一小小的顶峰乃是理性的所在。最后，分界论者对外行人都很民主。他们制定了理性评价的成文法以便在判决的过程中指导外行的陪审团。当然，没有任何成文法或是不易谬的，或是可以毫不含糊地解释的。一个具体的判决和法律本身都可以争论。但是，确有一本（由"分界论"的科学哲学家写的）成文法专著用以指导外行们的判决。③

227

精英论：图尔敏不属于这两个思想流派，而属于第三个思想流派，目前，这一学派也许比前述两个学派更有影响。像分界论一样，精英论学派是"独断论"的翻版；但是，它是一种不民主的、权威

① 这种重大的差异的揭示可在 Popper〔1972〕，pp. 106—190 中找到；尤其是可在 Musgrave 的重要的未发表的博士论文〔1969〕中找到。

② 大多数分界论者赞成，如果命题和事实相符合，那么它们就为真，并由此赞成真理的对应理论。他们中的大多数人谨慎地区分了真理和它的易谬的符号：一个陈述是否与事实一致与我们是否有理由相信它完全是两码事。（见 Popper〔1934〕，第八十四节；和 Carnap〔1950〕，pp. 37—51。）图尔敏的一个基本错误是未注意到这一重大的差别。

③ 关于对图尔敏的分界标准的尖锐谴责，见本卷在边码 pp. 254—260 内的评论，也可见他的〔1972〕。

主义的独断论。它不同于怀疑论——而像大多数分界论一样——它的支持者牛顿、麦克斯韦、爱因斯坦和狄拉克的成就大大优于占星学、维利柯夫斯基的理论*和所有各种伪科学。但是,他们与分界论者相反,他们强调没有,也不可能有可用作把进步与退化、科学与伪科学区分开的明晰的、普遍的标准的成文法。按照他们的看法,科学只能由案例法来判决,法官只能是科学家们自己。如果这些权威主义者是对的,学术的自主性就是神圣不可侵犯的,外行和门外汉就不应该审判科学的精英。如果这些权威主义者是对的,那么,(规范的)科学哲学的学科因为傲慢自大而应该予以废除。波朗尼提倡这种观点,库恩也一样。[①] 奥克肖特的保守的政治观也属于这第三种范畴。按照奥克肖特的观点,人们可以从事政治,但是,从哲学上对政治进行探讨则没有意义。[②] 按照波朗尼的看法,人们可以从事科学工作,但是,从哲学上对科学进行探讨则无意义。只有具有特权的精英人物才从事科学的职业,正像——按照奥克肖特的观点——只有具有特权的精英才从事政治职业一样。所有的精英主义者都着重强调科学的不能明确表达的方面,着重强调科学的"不可言传的方面"。但是,如果这"不可言传的方面"在规范评价中起了作用,那么门外汉显然就不可能作法

---

* I. Velikovsky(1895—1979),美国作家,曾提出一些有争议的天体演化学和史学方面的理论。——校者注

① 波朗尼的原初问题是为保护学术自由免受 20 世纪 30 年代、40 年代和 50 年代的共产主义者的侵害而提供论据;见 Polanyi〔1964〕,pp. 7—9。库恩的问题则完全不同:打破传统的归纳主义和证伪主义对科学增长的说明。见 Kuhn〔1962〕,导言。

② 关于奥克肖特哲学的批判性讨论见 Watkins〔1952〕,pp. 323—327。

官。因为这不可言传的方面只有精英人物才能分享和理解(verstanden)。[①] 只有他们才能判断他们自己的工作。这样,在这种传统下,我们确实有了一种精英论者和崇拜不予言传与不能言传的人的联合。

但是,如果一个理论比另一个理论好,如果科学精英宁愿要另一个,那么了解谁是科学精英就是一个重大的问题。当精英人物强调评价科学活动的第三世界的产物并不存在可接受的普遍标准时,他们可以(和确实)对评价科学的创造者(主要是他们的"第二世界"的精神状态)提供了普遍的标准——决定某些科学家或共同体是否属于精英的法则。作为一个推论,当对于分界论来说科学哲学作为科学标准的监视者时,对于精英论者来说,这一任务由心理学、社会心理学或科学社会学来执行。

228

最早的两个近代精英论者是培根和笛卡儿。培根认为科学头脑是一个清除了"偏见"的头脑;笛卡儿认为它是一种通过怀疑论怀疑的折磨的头脑。纳粹分子认为雅利安科学优于犹太科学。其他的精英论者评价社会的科学性而不是评价个人的科学性。对于某些假马克思主义者来说,科学的质取决于产生它的社会结构:封建的科学优于古代奴隶社会的科学,资产阶级的科学优于封建的科学,无产阶级的科学则是真理。

① 精英论与理解(Verstehen)的学说有密切联系。关于这一点见 Martin〔1969〕,pp. 53—67。当然这一学说与"实证主义者的"标准不合,正像我在第Ⅰ卷第1章,p. 33中提供的标准一样,实证主义的标准也是为了有一个满意的说明。(顺便说一句,"实证主义"看来似乎是德国人的"骂人的词",我称它为"分界论"。)

对不可言传的方面的强调把"知道是什么"的问题转移为"知道怎么做"的问题;从以命题表达的知识转移为以技艺和活动表达的知识。这依次引导了从经典的真理概念——如果命题与事实相符合,那么它是真的——转化为实用主义的真理概念——如果信念产生了有用或有效的作用,那么信念就是"真的"。(分界论者像罗素一样,认为这种理论是法西斯主义智力来源的一部分。[1])命题,以及由此而来的"第3世界"是多余的。

所有那些属于这第三个流派,即精英论传统的学者都陷入了一个关于科学进步的重大问题。他们相信科学能取得真正的进步,但是,既然他们主张没有进步的普遍标准,所以他们必然会运用黑格尔的**理性的狡诈**声称科学中的任何变化都意味着科学的进步。强权即公理——至少在真正的科学家中或真正的科学共同体内是这样;适者生存即进步的标准。

〔我们将看到,图尔敏正是属于这第三种传统。他是一个精英论者。他评价共同体而不是理论,他依赖于某种形式的历史决定论。〕但是,从整体上来说,人们必然会曲解图尔敏的著作,除非人们能意识到贯穿于其中(自然并不充分明显)的一个特征。这个特征是图尔敏忠诚于当代哲学中最蒙昧的传统:后期维特根斯坦的哲学。我现在要谈的正是这种哲学以及它如何与精英论密切相连的问题。

---

① 特别参见Russell〔1935〕。

2. 图尔敏和维特根斯坦的“思想警察队”

G. 赖尔(Gilbert Ryle)谴责所有普遍化为“不明晰化”。[①] 深深影响了库恩[②]的维特根斯坦学派的卡维尔写道，所有可得到的229 维特根斯坦的哲学是“维特根斯坦意图阴影下的共鸣一样的暗示”。[③]这蕴涵着只有对于筛选出来的掌握了它的不可言传的方面的精英，理解——即使在哲学的元—层次上亦是如此——才是可以得到的。按照 A. 肯尼的说法，“〔维特根斯坦的〕《哲学研究》(*Investigation*)包括了 784 个问题，其中只有 110 个得到了回答，而有 70 个答案意味着是错的”。[④]

从事《逻辑哲学论》(*tractatus*)的早期维特根斯坦重新发现了我们通过用我们的语言表达的我们的概念框架的眼镜来观察世界这一事实。这一陈腐的思想——毫无疑问，这是维特根斯坦向比勒(Bühler)学来的——是平凡地为真。现在有旨在制造完美的眼镜的先验论者。像波普尔那样的其他人的目的则在于评价不同眼镜的相对的优点。但是，后期的维特根斯坦否认人们可以把一副眼镜的质同另一副眼镜的质区别开来：人们所能做的全部事情是

① 见 Naess〔1968〕，p. 165。

② 见 Kuhn〔1962〕，p. xiii：“〔卡维尔〕是……我能与他以不完全的语句表达思想的唯一的学者。共同的模式表明了一种使他向我指出一条穿越或绕过几个主要障碍的捷径的融洽。”(重点号是我加的)

③ Cavell〔1962〕，pp. 67—93，尤其是 p. 73。

④ Fann〔1969〕，p. 109. 我怀疑肯尼的论述本身是否意味着是错的？

擦干净他所戴的眼镜。但是，这也是人们的职责。注意维特根斯坦与费耶阿本德二人之间的区别：即使某人戴着肮脏的眼镜到处瞎逛，费耶阿本德也不介意。[①]

按照后期的维特根斯坦的说法，我们通过它来观测世界的眼镜是“语言游戏”。学会一种语言游戏需要比在通常的句法和语义的意义上学会一种“语言”更多的东西。因为这些游戏不仅仅是语义的结构，而且是社会的惯俗：“遵从〔语言游戏的〕一条法则，作一个报告，颁布一条命令，下一盘棋都是风俗（习惯、惯例）。”[②]图尔敏追随维特根斯坦，他不是定义“概念”为“柏拉图式的”对象，即词的指称，而是定义它为“人类理智生活和想象的技艺或传统、活动、程序或手段”(p.11)。“概念是微观的惯俗”(p.352)。图尔敏如此多次地提到维特根斯坦的“概念”，从它们综合的社会习俗，从整个游戏，从游戏又构成的“生活方式”，获得它们的意义。[③] 当图尔敏说“关于概念的问题构成了关于命题的问题的基础”时，他意味着关于真正有生命力的科学活动的深刻问题应该优先于关于命题的真或假的表面的、肤浅的问题。

认识到对维特根斯坦和图尔敏来说，事实在科学理论的接受 230 中并不起明显的作用这一点是重要的。对维特根斯坦来说，也许

---

① 眼镜的隐喻来自波普尔，见他与斯特劳森(Strawson)和沃诺克(Warnock)在Magee, B. 编的〔1971〕中的讨论。

② 关于这一点和类似的说法见 Feyerabend〔1955〕，节 ix。这篇论文产生于费耶阿本德接近于维特根斯坦派的时期，它介于他接近丁格勒(Dingler)派和接近波普尔派时期之间；尽管有对 Wittgenstein 的《Philosophical Investigations》的过于赞同的解释，它还是有用的。至于一个不大留情面的阐述可参见 Gellner〔1959〕。

③ Feyerabend〔1955〕，节 xi。

一种“正确的说明”与“经验不一致”也可以被“接受”。“你必须给出被接受的说明，这是说明的全部要点之所在。”即“正确的类比是被接受的一种说明”。[①] 根据图尔敏的说明，事实的作用可以迅速地描述为：科学的“说明的技术必须……‘与大量的数字记录一致’”。但是，更重要的，“无论如何，它们也必须暂时是可接受的——作为‘对心灵是合意的’和‘绝对的’”。[②]

现在让我们继续看看我们的维特根斯坦难懂的隐语的小词典。除了“语言游戏”和它们的组成成分“概念”之外，维特根斯坦哲学的另一个专门术语是“理解”(Understanding)。在维特根斯坦的哲学中，“理解”意味着社会习俗和语言游戏的承诺的学习。这种学习包括学会感觉到肯定和对“基础”不加怀疑。[③] 人们学会一种游戏，可以是通过由他们的父母、教师、[④]周围的人们的灌输，可以是通过同种语言的使用者的经验，而这些人作为法官，或者更可取地，组成一个军事法庭是充分成熟的。[⑤] 某些怀疑是允许的，但是，其他一些怀疑——关于“基础”的怀疑——则表明怀疑者不

---

① Wittgenstein〔1966〕, p. 18. p. 25.

② Toulmin〔1961〕, p. 115. 顺便提一下，可笑的是由图尔敏提出的作为对经验论无关紧要的让步的第一个与“数字的记录”相符合的明显的最低要求却是一个看来从来没有一个重大的科学理论满足过的要求。例如，牛顿的理论从未与所知的全部事实相符合。参见第Ⅰ卷，第1章，pp. 49—52。

③ 见 Wittgenstein〔1969〕，段 446、449。

④ 关于维特根斯坦的师—生关系的描述，见 Wittgenstein〔1951〕, pp. 310—322 及 p. 106 中相当令人害怕的解释。关于维特根斯坦师—生关系的实践，见 Pascal〔1973〕中令人毛骨悚然的说明。斯特罗森清楚地表述了维特根斯坦的教育哲学：“当然，在教育者—学生的情况中，说明处在适当的地位；但是，说明的目的是使学生按照我们做的那样去做，并自然地去发现它”。Strawson〔1954〕，特别是 p. 81。

⑤ Wittgenstein〔1969〕，段 453、557。

懂得游戏,表明他大概没有能力学会它,或者他在精神上是紊乱的。[①] 一种语言游戏"不是理性的(或非理性的)。它像我们的生活一样,就存在于那儿"。[②] "真理"对于维特根斯坦来说就像对于所有的实用主义者一样,[③]它等于实用的——即社会的——可接受性,检验一个人的"理解力"是看他是否能正确地玩游戏。这样,人们不能赞同或反对一种语言游戏,而只能理解或不理解它的"概念"。人们只能是一个内行,或者(二者必居其一地)是一个外行。"理解〔客观的、外在的〕世界"是妄想,是"空中楼阁"。维特根斯坦—图尔敏的"理解"是"人类的理解:理解我们在其中生活,设法与其符合并生存下去的人类的概念世界,或亚世界"。"理解"是"理解如何正确地玩语言游戏"的速写。这种理解几乎不能从书本中学到。人们必须生活在语言使用者的社会之中,坐在大师们的脚下,偷取他们的神火(Zettles),观察他们的姿态。然后也许会得到"理解",但是,只有全身心地投入其中。在信奉和理解中的任何轻微的动摇会失去一切。 231

在图尔敏《人类的理解力》一书的主题索引中,"理解"一词没有出现。当然,维特根斯坦从未定义术语。它们的意义在于它们的多样的、不可定义的习俗。然而,不断地提问像"说明是什

① Wittgenstein〔1969〕,段 155—156。

② 同上书,段 559。

③ 后期的维特根斯坦肯定是个实用主义者。命题(或更确切地"语言活动")的意义以及由此而来的它的真值是由"游戏"的社会语境给定的。

么”?[①] 或“科学是什么”? 之类的“抽象”问题[②]是维特根斯坦和图尔敏思想条理化技巧的一部分,然后,问题以不连贯的独白的形式慢慢提出,并以“等等”作结束。事实上,句号系统地导致歪曲的表达。用图尔敏的话来说:“简括的科学定义〔像任何简括的定义一样〕不可避免地浮在表面上。任何深入的研究迫使我们认识到〔关于任何事物的〕真理要复杂得多……”[③]盖尔纳称这种技巧是“维特根斯坦的多样化主义”:“在词有的各类用法中有很大的多样性……,〔所以〕关于词的用法和〔意义〕的一般论断是不可能的。”[④]这个“谨慎的信徒”[⑤]给了维特根斯坦和图尔敏有权不定义他们的专门术语,授权给他们即使在他们心不在焉地定义了它们之后也可以是难以捉摸的。当然,如果一个哲学家——或科学家——强调他的“活动”不可能以任何有限序列的命题完全表达出来,所以对他本人作出的概括或脆弱的格言他不负任何责任,那么批判他的观点确实是不容易的。声称确定的问题是“限定的问题”来对它进行批判也不会更容易些。然而,这是又一个专门术语,它意味着在游戏中对于问题没有答案可言。要求一个“限定的问题”表明你还未学会规则;虽然提问它们和遭到断然的拒绝也许会有助于学会这些规则。

我希望我已经清楚地说明了图尔敏的“理解”就像他的“概念”

① 例如,见 Toulmin〔1961〕,p. 14。
② 在维特根斯坦的语言中,“抽象”是一个骂人的词。见 Toulmin〔1974〕,Ⅰ. 41。
③ 同上书,p. 15。
④ 见 Gellner,前引书,p. 30。
⑤ 见 Gellner,前引书,p. 209。

一样,是维特根斯坦的专门术语。[①] 认识到这一点,人们就可以有 232 所警惕,当他引入一个新的专门名词而没有预先给予适当的告诫,人们就可以抓住他的失误。我已经讨论了"语言游戏"——附带地,现在重新命名的"规则"——"概念"和"理解"。另一个关键的深奥术语是"理性"。因为他的所谓的"观念"是技巧、能力、诀窍和行动(确实如此),所以,当发现他的所谓的"理性"意味着通过力图达到(部落中有意义的)行动来与人们的(概念的)世界中的部落习惯相一致,就用不着惊奇了。当图尔敏说出来的话听起来可能像是波普尔派的话时,人们必须提防他。例如,人们会认为他经常说的一段话是抄袭波普尔的:"一个人证明他的理性不是靠赞同某一固定的思想、一成不变的程序,或永恒不变的概念,而是靠一种方式,遇到必要时,他以这种方式改变那些思想、程序和概念"。[②] 但是,可以恰当地解释,这是一种反波普尔的学说。虽然图尔敏的"理性"以"开放的精神反映新的情况"来表现,但是,这种反应必须与语言游戏一致。这样,要判断一个人的"理性"只有把他置于出乎意外的、不寻常的处境中,这种处境需要个人找出合适的部落的反应的机智。他的任务是要以个人的开放精神去适应部落的封闭的精神。这是维特根斯坦—库恩关于在常规科学中解决疑难的思

① 人们可能会认为维特根斯坦不应该运用专门术语;但是,"一致性"——就像关联性一样——对他们来说是无关的。例如,当图尔敏批判亨佩尔、卡尔纳普、波普尔和我的时候,认为"抽象"是一种不可原谅的罪过;例如,见 Toulmin〔1969〕,pp. 129—133。但是,当他开始构造(像"简洁的智力规则那样的")抽象模型时,他说:"当然,我们说明的抽象性质本身不是反对的根据":《人类的理解力》(*Human Understanding*)(p. 361)。事实上,他开始捍卫抽象的必要性和富有成果性了。(同上书,p. 362。)

② 这是他的著作的箴言。亦可见 p. 486。

想。这个“理性的”人用他那开放的、机智的思想来寻找在部落内可接受的范式解法。“理性的”人在理解方面是敏捷的。

但是,这种“理性”会从一个部落变到另一个部落,从一种语言游戏变到另一种语言游戏,从一个社会变到另一个社会。存在有不同的社会。比方说,西方社会不同于苏联社会或阿赞德的部落社会。确实,对维特根斯坦来说,它们是彼此不可转译的不同的语言游戏,它们具有由他们定义的不同的实在。对于他们来说,赞德的语言游戏中存在的是巫术;在西方社会中存在的是上帝,但是,在苏联存在的,我要重复说,存在的既不是巫术,也不是上帝。[①]

但是,即使在一个单个社会中也可以有不同的语言游戏;正如图尔敏提出的,游戏呈现出“概念的多样性”。在西方社会中有道德的语言、科学的语言、宗教的语言、商业的语言,等等。但是,这些界限该定在哪儿呢?没有一个维特根斯坦派试图使语言个体化。[②] 例如,图尔敏的“概念”看来似乎是比维特根斯坦派原来的“语言游戏”更小的单元。但是究竟正好小多少呢?究竟多少“概念”组成了新款式的图尔敏单元,组成了一个“概念域”?我想,组成“概念域”的语言游戏又肯定有最小的尺度,因为一种语言游戏必定是一种强有力的、已确立的社会惯例;它必定会勇敢地面对严峻的考验和张力,在它够得上被称之为一种“语言”之前,它必须是一种“生活的方式”。也许所有这些是“限定的问题”。

---

① 这是圣·安塞尔姆本体论证明的方法,它在维特根斯坦的烦琐哲学中作为著名的“范式案例”又复活了。见 Watkins〔1957〕,pp. 25—33。

② 见 Kenny〔1973〕,pp. 164—165。

关于语言游戏至少有一件事是清楚的——它们应该是完全自主的。与每一种游戏相伴随有其自身的标准。“确定性的一类是语言游戏的一类。”[①]维特根斯坦承认，人们不可能永远阻止不同语言游戏之间的斗争，但是，对于一场斗争，在任何地方只要有可能，他就希望制止这场斗争。他狂热地反对斗争，根据这一点，一个强有力的、规范的“治疗”方法就能修正他的文化相对主义。一个单独的个人肯定不能创始一种语言游戏。如果他那样做了并停止遵循他所属的已确立的游戏的不成文的和不可言传的规则，那么，“事实上”他将在“实际上”没有问题的地方看到问题——像归纳问题、身心问题、自由意志与决定论的问题等问题。必须靠那种被称为哲学和那种旧式哲学的“合法继承者”的医疗方法给持异端者洗脑筋，使他恢复思想健康。[②]

当“新的职业革命哲学家派别”提供了“红卫兵”和“宗教法庭庭长”以确保每一独立的语言游戏中的概念的稳定性并能命令把异端分子送入精神病院时，已建立的各社会必须“和平共处”地生存下来，每一社会都生活在它牢固的“铁幕”之后。一定不能让那些传教士来说服那些不同文化的信仰者改变其信仰；要取缔“冷战”和自由欧洲广播电台。现状是神圣不可侵犯的；要强烈谴责创立新的语言游戏的努力。顺便提一下，这就使维特根斯坦学派陷入了所有现状的维护者提出的标准问题。如果已确立的秩序是神圣不可侵犯的，那么在1917年，人们就必须为沙皇的专制统治辩

① Wittgenstein〔1951〕，p. 224.

② Wittgenstein on Freud〔1966〕.

护，在1937年就必须保卫布尔什维主义。人们应该在哪一时刻背叛呢？什么时候东德或以色列才能变得充分确立了从而具有其“不可更改的边界线”的联合国成员国资格呢？

一些维特根斯坦学派的辩护士声称，维特根斯坦在他比较宽容的时刻愿意考虑温和渐进的变化以允许一种语言游戏有某种对于变化的或扩展的环境的适应性。这肯定是图尔敏的观点，但是，就维特根斯坦而论，我们必须等待对这一“大师的思想”的进一步研究以澄清这一问题。但是，不管维特根斯坦的保守主义多么难以捉摸，它仍然是一种奥威尔*的思想。不应怀疑，维特根斯坦需要职业反革命者以捍卫已有的封闭的社会结构并确定其可允许的灵活程度。正如图尔敏提出的：“我可以轻而易举地颠倒卡尔·马克思的著名论述：问题不在于改变世界，而是理解〔即接受〕它。”[①]

234

在这一语境中没有必要勾画这种更详细的奥威尔世界的“地图”——“地图”是维特根斯坦的另一专门术语。现在让我们集中到一个国家：科学和科学哲学。

科学是一种合法的语言游戏。科学哲学不可能是这样的语言游戏。老式的科学哲学家——以及数学哲学家和逻辑哲学家——的主要缺陷在于企图独立于科学而让他们自己建立一种新的语言游戏。此外，传统的科学哲学家想要建立一种不适当的语言游戏，它具有明确的——维特根斯坦学派说是“机械的”——规则以区别

* 奥威尔(George Orwell，1903—1950)，英国讽刺小说家，著有《兽园》、《一九八四》等讽刺小说。——校者注

① Toulmin〔1957〕，p. 347. 关于图尔敏把理解和接受等价，见边码 pp. 230—231。

科学和伪科学，并具有明确的标准以识别科学内的进步或退化。这些干涉他人事务者甚至企图把语言与它的社会语境区别开来和发明它们的脱离现实的“观念的第3世界”。[①] 弗雷格的反—心理学主义的逻辑污染了常识；波普尔的假说—演绎模型和卡尔纳普的归纳逻辑甚至企图使科学本身走上邪路并使它面对假问题。像一致性、可证伪性、证据的权重等之类的分界论的外部标准对于科学生活本身构成了严重的危险。维特根斯坦对“分界论”的指控是：他们是科学疆土中的外来传教士。科学哲学必须听凭科学按其本性自然发展。他认为，那些称之为“数理逻辑学家”的不合格的数学语言的使用者歪曲了数学语言游戏，他写了一卷书——让我们说“进行了一本书的行动”——以驱除这些数理逻辑学家。[②] 图尔敏教授是维特根斯坦学派的宗教法庭庭长之一，他领导了两场驰名的十字军之战，一场是讨伐演绎逻辑，另一场则是向归纳逻辑开战，他依次拿卡尔纳普、塔尔斯基、亨佩耳和奈格尔开刀。[③]

一个健康的、封闭的科学共同体并不需要维特根斯坦学派的科学哲学家。健康的科学就在那里工作。麻烦只有当老式的哲学

---

① 对维特根斯坦学派来说，弗雷格的反—心理学主义是头号罪行。青年时期的维特根斯坦力图建立真理的非—心理学主义的对应理论的尝试是又一主要罪行。维特根斯坦和大多数牛津运动的派别成员又把时钟拨回到了实用主义（例如，见Wittgenstein〔1969〕，p. 422 和 Naess〔1968〕，p. 156）。顺便提一下，在这种意义上，维特根斯坦的哲学也大大地影响了库恩(Kuhn〔1962〕)。

② “数理逻辑完全歪曲了数学家和哲学家的思想”。(Wittgenstein〔1956〕，p. 48。)

③ 尤其见 Toulmin〔1953〕，前引处和〔1966〕。

235 和外行企图去腐蚀共同体时才会发生。[①] 新式的哲学家也许是科学共同体的正常成员，这时他们必须从他们的监视塔中跑出来，将革命扑灭于萌芽之时，恢复概念的稳定性，然后再度撤回，静静地保持警戒的状态。从外面引起好的变化是不可能的，这只会导致腐蚀和退化。按照维特根斯坦的观点，数学史和科学史确实是充满了由外界干涉者引起的这种退化；大概只有"新的革命的思想警察部队"的建立才能维持它的健康。"为和平的斗争"永远不会停止：退化和"非理性"是可能的——与黑格尔相反——强权并不永远是正义。

3. 图尔敏对黑格尔和维特根斯坦的达尔文式的综合

最后，让我们把全部注意力集中于图尔敏本人。记住，我的主张将是图尔敏坚定地站在"精英论"传统一边。但是，由于维特根斯坦对他的影响和他回避某些维特根斯坦的问题的企图，所以他的精英论是一种特殊的类型。

图尔敏从维特根斯坦那里继承了实用主义。事实上，对图尔敏来说，大多数科学哲学家的主要错误是把注意力集中在关于命

① W. H. 沃森(Watson)强烈地表示了这种思想："物理学的精神是由思考它、做实验、对它进行探讨、著书和讲授它的物理学家给出的。这是唯一的值得有的精神。其余的则是一种病理学的病态，它阻止人们学习自然，劝阻人们真正参与那种创造性过程。在正常情况下，它是不自然的。正如维特根斯坦有一次曾经评述的，哲学应该把我们从下述观念中解放出来，这种观念是：有一种学术医生，他可以为那些没有能力为他们本人治病的物理学家和其他科学家治病。"(〔1967〕, p. xi)

题的“逻辑性”(“第 3 世界”)的问题和它们的可证明性、可确认性、概然性与可证伪性上,而不是集中在有关技艺和社会活动——“概念域”和“规则”——的“合理性”问题上,以及它们的“现钞价值”上——它们能导致的实际的利益和损失上。[①]

对于图尔敏来说,关于一个结论是否是一组前提的逻辑推论的没有结果的烦琐哲学问题——与命题间的关系相关的问题——应该由关于人们的活动在考虑到人们所掌握的信息的情况下是否合适的问题来代替。一个有效的推理不是这样一种推理,在这一推理中结论与前提处于确定的“第 3 世界”关系之中,甚至它也不是这样一种推理,在这一推理中,如果理性的人相信前提,那么他不得不相信结论。相反地,它是这样一种推理,在其中基于前提之上的行动是合适的,即成功的。按照图尔敏的观点,“逻辑不是……思维的科学,而是思维的艺术”。[②]

对图尔敏来说,关于命题的真和假、命题的确认、确证、证伪等等问题应当由关于“概念”,即“技艺”的“合适性”、“实际有效性”、“能力”和“生存价值”的问题来取代。[③] 所有这些都是纯粹和简明 236

---

① 图尔敏在他的每一篇论文和他的著作的每一章中一再重复这个基本思想。一个典型的实例是:“关于获得适当结论的重要事情是要准备在考虑到由人们所掌握的信息的情况下做合适的事情:一个保险统计员对逻辑的重视程度主要不是靠他是否正确来衡量,而更多的是靠他的账目上的盈利与亏损情况来衡量”(Toulmin〔1953〕,p. 95)。

② 同上书。多少年来,图尔敏一直企图在逻辑学中发动一场反革命的运动。他劝我们放弃人类认知史中最惊人的进步研究纲领之一——数理逻辑——数理逻辑提供了人类有史以来创造的最有效的进行客观批判的武器。他建议我们用模糊的“精英论的”、维特根斯坦派的“推理纲领”来取代它。

③ 这样,Toulmin(〔1974〕,I. 22)建议我们“把我们的注意力从真命题和命题系统的累积转向相继地更有力的概念和说明程序的发展”。

的实用主义。[①]

冲突和变化给实用主义者提出了难题。如果不同的人发现，不同的"说明程序"给予他们以"理解"，那么坦率的实用主义看来似乎要使我们处于一种极端主观主义或文化相对主义的形式之中。维特根斯坦通过建立"思想—警察"以清除每一共同体内的持不同政见者和异端分子的方法"解决"了这个问题。但对图尔敏来说，"概念变革"——只要不是太激烈——不但是可能的，它有时甚至是合乎需要的。这是图尔敏对维特根斯坦的主要背离。图尔敏遣散了维特根斯坦的残忍的"思想—警察"，但是仅仅以引入——公认更为文雅但绝不是更可接受的——**理性的狡诈**为代价。

图尔敏的**理性的狡诈**保证使在达尔文的生存斗争中，至少在一门适当地组成的科学"学科"内的那些是正确的"概念—变体"生存下来。甚至"权威科学家们"也不能接受任何旧的概念，因为**理性的狡诈**把"外部的客观约束力"强加于他们。如果科学家们采取了错误的行动，那么就会有黑格尔的自我纠正的机制来揭露他们判断的缺陷，所以，在"长期的过程"中——事实上，只有在"全过程"中——理性才是奏效的。

这样，对图尔敏来说——不同于怀疑论者维特根斯坦！——*强权即正义*；适者生存是进步的标准。图尔敏《人类的理解力》的

① 我在前面(p. 28)已经具体说明实用主义最独特的特征之一是它否认"第 3 世界"的存在。因为图尔敏没有"第 3 世界"的明晰观念，所以他的否认是相当转弯抹角的。或许他的最清晰的论述是在他对卡尔纳普的《概率的逻辑基础》的评论中，他在那里批判卡尔纳普，因为卡尔纳普把"逻辑关系放在物质基础之上"，即，把"第 3 世界"的对象归因于像第 1 世界的客体一样的真实存在。(Toulmin〔1953〕, pp. 86—99.)

第一卷的最后一章冠之为“**理性的狡诈**”。最后一句话可能出自于黑格尔本人之手:“现在,至少可以说一件事。因为那些我们自己信奉的‘理性事务’在后继的历史过程中继续起作用,所以,从长远的观点来看,早期思想家称之为**理性的狡诈**的历史经验的相同判决将处罚所有那些——无论是故意地,或者是由于疏忽——按照过时的战略继续行动的人。”他把社会达尔文主义应用于科学:适者生存。“‘什么给予科学思想以价值和它们如何战胜它们的对手呢?’的问题可以简单地以达尔文的方式提出:‘是什么给予它们以生存价值呢’?”[1]图尔敏的问题转换使得像我本人这样的“分界论”哲学家成为多余的:“它不是为那些把〔他们的判断〕强加于科学的哲学家的。”[2]他继续说:“哲学家必须〔唯有〕分析可以依据它们判别科学变体和判断它们是有价值的或者是不合格的标准。”[3]或者:“所谓在科学中是正确的是业已被证明是正确的,所谓在科学中是‘可证明的’是业已发现是可证明的。”(p. 259)这样,哲学家一定不需制定他本人的标准;他只被允许去分析科学家自己的标准。但是,这肯定会把他从一个哲学家转变为一个描述性的历史学家——于是他会发现他的恭顺的服务得到了皇家学会的赏识。[4] 人们会奇怪,为什么当哲学家仅仅被允许记录、描述,或者至多“分析”科学家自己的标准时,图尔敏还在不断地谈论科学哲

237

[1] Toulmin〔1961〕, p. 111.“从长远来看”解决了我们通常称之为“科学史”中的所有基本争论;这种争论是科学陷入非科学的可悲的,但是是必然的倒退。

[2] 同上书,p. 110。

[3] 同上书,p. 110。

[4] 在大不列颠,皇家学会支持科学史家:它拒绝为科学哲学提供资金。

学呢?[1] 这肯定是社会史家的职责。因为图尔敏对历史的尊崇，下述的句子也许是最具有特征性的:“一个历史学家〔不能〕由于早期的科学家没有直接跳到1960年的观点而因此对他们作出公正的批评。”[2]这是否意味着我们需要经历从阿基米德到伽利略的黑暗的中世纪?(当然，这是天主教徒—黑格尔的观点。)确实，图尔敏的信奉正是这样，因为在他看来所有的变革——在科学共同体内——都是进步，实际进步的速度是它的必要速度。

当图尔敏在他的第三卷[3]所讨论前两卷[4]中纯描述的概念生态学时提议揭示客观规范理性的真正原理。但是，如果图尔敏果真相信他的黑格尔的**理性的狡诈**，那么他的杰作第三卷就不必写了。如果**理性的狡诈**保证了进步，那么变化的描述就是进步的描述。

但是，如果在科学共同体内关于某些提议的变革有争论，结果会怎样呢?例如，在牛顿学派和笛卡儿学派之间长期的意见不一致，结果会怎样呢?或者爱因斯坦和玻尔的争论，结果会怎样呢?在这种争论中，两方中只有一方可以是对的。图尔敏的答案是，在238 这种有两方或者多方提出“战略改变”的场合，只有等待历史的裁

① 但是，即使是图尔敏的达尔文式隐喻的描述精确性也受到了挑战。它在一个评论中受到挑战，对此我愿意推荐感兴趣的读者参阅:Cohen〔1972〕, pp. 41—61。

② Toulmin〔1961〕, p. 110.

③ *The Rational Adequacy and Appraisal of Concepts*(《理性的适当性和概念的评价》)。

④ *The Collective Use and Erolution of Concepts* 和 *The Individual Grasp and Development of Concepts*(《集体的惯俗和概念的演变》和《个人的把握和概念的发展》)。

决。这里他引入了历史决定论的陈腐的特设性策略：**从长远看**。在1687年，每个人都已明白哥白尼是正确的，而他的反对者是错的。在19世纪，每个人都已很清楚，在动力学方面牛顿学派是对的，而笛卡儿学派肯定是错了；同时，每个人也已很清楚牛顿的光学是错的。今天，也只有今天，人们才清楚，当"牛顿的动力学理论在1880年或再往后一点还保有它们本身合理的理智权威时，《光学》(*Optiks*)的影响在18世纪末以前一直在起小小的作用。事实上，到1800年时，《光学》的持续的权威不过代表了一个伟大人物比次要人物有更权威性的支配权而已……如果我们举《原理》(*Principia*)和《光学》两个例子来说明科学变革的一个独特理论，那么我们必须认识到它们在范式术语的十分不同的意义上起着范式的作用"(p. 111)。[①] 但是，图尔敏引入的事后认识真的解决了这个问题吗？一个明显失败的研究纲领在将来的某个时候可以卷土重来。到那时，"历史的判决"看来似乎是颠倒的。我们如何知道我们占优势的事后认识是足够长远的事后认识呢？看来，图尔敏应当认为只有从"终结的长远来看"，只有在我们都已死绝的，并作出**最后的判决**的那一天时，"真正的理性"才能被揭示。

但是，如果是这样，人们的历史理性重建就会不断地改变。事实上，包含有"绝对的"评价的图尔敏的第三卷在人类灭绝之前不能被写出来，像图尔敏声称的到了1976年肯定也写不出来。如果图尔敏意味着按照"最终阐明的理性"人们可以说明蜿蜒曲折的道

① 牛顿的权威妨碍了光学的发展的观点在Worrall〔1976〕中被证明是站不住脚的。

路的哪一部分通向险峻的峰，哪一些人才能迂回地达到那儿，那么按照这种见解，人们必须一直等到人类历史的终结。只有当历史达到它最终的完美境地——黑格尔的普鲁士王国——时，外行们才能最终理解在“历史的长征”中某些表面的奇异的背离所服务的目的。正如G.卢卡奇(Georg Lukacs)在他较乐观时常说的，**理性的狡诈**通过弯弯曲曲、蜿蜒曲折的道路而不是通过笔直的大道达到顶峰。只有到达这顶峰，人们才能达到对历史的真正理解。就我所能理解的而言，图尔敏赞同这一点。“如果我们不辞辛劳地确切详细地理解……〔一项完满的人类事业〕，……那么，到那时——而且只有在那时——我们才能〔首先〕理解什么把它们〔即那些卷入事业之中的东西〕算作理智的‘成就’或者理论的‘改进’〔进步〕和——在特殊的问题情形中——它们在怎样的程度上通过应用判别原理和他们采用的选择标准而被证明了。”(p. 318)当两个概念域之间的达尔文斗争继续进行的时候，我们也许会在卡夫卡式*的盘旋曲折的迷津中迷失方向，我们也许“既不能看到一般的‘方法’，也不能看到一个明确的结局”。“然而，尽管那样，科学仍然是理性的。”①当从顶峰朝下看时就会认识到这一点，从顶峰的有利地位看，每一事件的结果将都是可以证明的和理性的，但是，只有经过事后的认识才能证明。不能言传的终结的理解就像密涅瓦女神的猫头鹰，只有在天黑之后才出来活动。

---

* 卡夫卡(F. Kafka，1883—1924)，奥地利小说家，幻想小说的创造者。——校者注

① Toulmin〔1974〕，5. 43.

这样，在历史的终结之时，什么科学变革构成了科学进步就会清楚了。然而，看来似乎在历史终结之前图尔敏不会写出他的第三卷（或任何规范的科学史）。

图尔敏通过引入他那有特殊牌号的"精英论"力图避免这一困难。按照图尔敏的观点，有特权的精英与**理性的狡诈**有一条热线相通。虽然这条热线不是完美无缺的，虽然精英人物不可能准确无误地预言未来，但是它在理性上是出色的。"最高法院的法官"可以下"理性的赌注"。[①]

图尔敏的"精英论"正好与我的定义吻合。按照他的说法，"概念判断"是案例法的事，而不是法典法的事，是判例的事，而不是原则的事。这样，就有一批精英，他们有不可言传的关于哪条道路可以通向顶点的不完全的知识。[②]

精英的权威不仅在需要"战略改变"的"不明了的"案例[③]中是需要的，而且在小的、战术性问题中也是需要的，即在相同的"说明理念"的语境内部提出变革（我想这些变革与我在同一个研究纲领内的创造性变革是一致的）的问题中也是必要的。即使在这种"清楚的实例"[④]中，在提出的"概念变体"间的选择要求"在损益间取

---

① Toulmin〔1974〕,3.41.

② 我已经提到过图尔敏断然反对分界论，反对可以按照普遍的分界标准判断进步的思想（见前引文，p. 127，注①）。对于科学的评价"没有一般的处方"（Toulmin〔1961〕,pp. 14—15）。或者："至于这个〔哪一个'概念变体'可以累进地归入科学〕的问题不可能给出一般的公式和决定程序。"（〔1971〕,p. 552.）图尔敏对"归纳主义……证实、证伪、确认、确证和反驳"的嘲笑和对我的科学研究纲领方法论的嘲笑是从他的精英论导出的结果。（同上书，〔1972〕,p. 480。）

③ Toulmin〔1974〕,3.32.

④ 同上文,2.4。

得平衡”，因而需要“判断”[1]：“判断”只属于那些“在行业中有权威名望的科学家，他们的名望基于他们……在‘获取**自然界**相关方面的……意义’的事业中的……他们的经验的范围”。[2]

给出了**理性的狡诈**和一群有特许的权力接近它的作业的精英人物后，一个这样的精英人物即使没有受益于事后认识也可以给出理性的忠告。伽利略就证明哥白尼是正确的，即使在当时并没有明显的证据证明这一点。[3] 如果一个科学史家也是这同一群精英人物中的一员，那么他会写出一部图尔敏派的理性史。精英人物的判断不是主观的，因为它处于**理性的狡诈**[4]或老式的笛卡儿术语的外部压力之下，精英人物得到仁慈的上帝的援助之手的指引。[5]

240

如果只有精英人物才能觉察出进步，那么重要的是知道谁是先知——我们必须不让假先知将我们引入歧途。这样，像所有精英论者一样，图尔敏区分的是人和共同体，而不是成果。而且，既

---

① Toulmin，2.41.

② 同上文，3.11。这里，“关联”是与时间无关的。

③ 正如波朗尼指出的：“他〔即大科学家〕可以有一种关于尚未被发现的事物的不可言传的先知。事实上，这是哥白尼学派在牛顿证明日心说不仅是计算行星轨道的方便理论而且确实是真实的这一点之前的140年里，他们反抗沉重的压力并热情地坚持时必定已经打算肯定的那类先知。”(〔1967〕，p.23.)按照图尔敏的说法，开普勒例示了波朗尼所说的这种先知。(Toulmin〔1974〕，4.32.)

④ 同上文，3.4。

⑤ 笛卡儿需要上帝的指引以便确认推理的有效性。今天，一分图灵机也会做到这一点。图尔敏不愿意听到关于图灵机的谈论。他要恢复特许的接近逻辑的方法：“在逻辑中和在道德中一样，真正的理性评价问题——把可靠的论据同不可信任的论据区分开来，而不是把一致的论据和不一致的论据区分开来——需要经验、洞察力和判断力。”(Toulmin〔1958〕，p.188)

然实用主义的图尔敏认为科学是活动,那么同样重要的是知道谁在科学地活动,而谁又不是。这样,图尔敏的精英论的逻辑迫使他接受心理学主义和社会学主义。① 尽管这些学说早就由于弗雷格、胡塞尔和维也纳学派使它们成为不可信的了,但是图尔敏还是热忱地接受这两者。图尔敏信奉“心理学主义”的最清晰的陈述是他对维特根斯坦的评价:“维特根斯坦的特有的品格是高度清晰地表达,虽然有大量不可用言辞表现的、个人的观点。”②像波普尔和盖尔纳(Gellner)这样的维特根斯坦的“伦敦反对派”的麻烦是他们仅仅通过维特根斯坦的著作来判别维特根斯坦的智力产物,而不是考察著作的作者:“真实的人,真实的哲学家,〔从而他的哲学〕却没有被他们注意到。”③

但是,对于图尔敏来说,科学是共同的活动。所以,他主要关心的是区分科学共同体而不是科学人物。在这样做的时候他遵循维特根斯坦、波朗尼和库恩的传统,他把科学共同体描述成一个封闭的社团。图尔敏以他新的术语学给出了什么时候“理性的事业”构成了“严密的学科”的五个“相关的”标准:

> (1)有关的活动是有组织的和直接指向具体的、现实的一组一致的共同理想。(2)这些共同的理想把相应的要求强加给所有那些献身于有关活动的专业追求的人。(3)产生的讨论为“理性”的产生提供了训练的场所,在证明的论据的语境 241

① 见边码 p. 228。

② Toulmin〔1969〕, p. 59. 亦可见 Toulmin〔1953〕, pp. 94—97,在那里他全心全意地信奉心理学主义,至少以其“精致的”形式,即实用主义的形式。

③ Toulmin〔1969〕, p. 59.

中，讨论的作用是要表明程序的革新在多大程度上符合这些共同的要求，从而改进当前积存的概念或者技巧。(4)为了这一目的，专业论坛发展了，在其中公认的“理性生产”的程序被运用来证明共同接受的新颖程序的正确性。(5)最后，同样的共同理想决定用来判断这些产生出来支持那些革新的论据的合适性的标准(p.379)。①

这里描述的图景是一幅没有激进的更替方案的社团的图景，在那里，人们只能“改进”，而不能取代“现时积存的概念”，一个社团的成员资格取决于忠诚于特定学说的誓言(“信奉共同的理想”)，在那里只有“专业论坛”可以判决关于特殊案例的这些学说的含义。在这个封闭的社团中，批判的再评价和修正是允许的，但是，只有“合格的判决”才能做到这一点。外行们是无能为力的，精英人物是自我永存的。

4. 结论

〔在选定背负了实用主义和历史决定论的精英论之时，在我看来，图尔敏正好选择了所有可能的哲学当中的最糟的哲学。但是，我愿意以一个或两个具体的批判来结束此文，这些批判也许甚至对于那些倾向于追随图尔敏的选择的人也是中肯的。〕

首先，我发现图尔敏在他的著作中极少给出科学史中的实际

---

① 人们奇怪，为什么图尔敏竟能背叛了维特根斯坦的、这样一种明确的、虽然公认是模糊的、一般的特征的传统。

变革的实例是有趣的，据说，这些实例根据任何一般的标准都不能被承认是进步的。在他确实给出少数实例中的几个实例中，他已被驳倒了。例如，按照他的观点，不可能给出可接受的成文法，按这种成文法，哥白尼的理论优于托勒密的理论，亦不可能给出任何成文法的证明“动量的相对论性的概念”优于“牛顿的动量”。但是，最近已证明有一种成文法可以说明这两个案例。[①]

其次，对于一个真正的科学共同体——或如图尔敏称之为的“严密的学科”——(它的共同目标是“说明”)[②]检验图尔敏的五条标准时，竟能证明天主教神学、苏联的马克思主义和科学论派*都是较，比方说，量子力学更好的范式案例。如果在一个表观统一的学科内“说明的理想”相互冲突，那么对图尔敏来说，这学科缺乏意见一致，必须把它降级为一门“非真正”的学科(pp. 382—383)。根据这些条件，牛顿的物理学只有在笛卡儿派承认失败并接受牛顿的说明的理想之后才成为是科学的(p. 381)。图尔敏关于“说明的理想”和意见一致的“充分”程度的概念从来未被说清楚，并且我发现它们相当难以捉摸。但是，看来在说明的理想方面相当容易有不同的意见；事实上，牛顿和莱布尼茨、玻尔和爱因斯坦以及德尔布吕克和卢里亚就是这样的例子。但是假定在科学共同体内对意 242

① 见第Ⅰ卷，第4章和Zahar〔1973〕。

② 见边码p. 240。图尔敏的“严密的学科”的最富想象力的实例是“皇家卖淫学院”(Royal College of Prostitution)(〔1972〕，p. 405)。但是，这个学院勉强地不能算作是“科学的”——它的理想不是一个说明的理想。

* 科学论派(Scientology)，20世纪50年代兴起的一个美国教派，后又传入英国及其他国家，由哈德门创立。其前身是称为推智学的一种心理疗法，后归入科学论。——校者注

见一致的背离必须“只是在边缘上有意义”，那么这样的共同体必定是小的宗教“微型共同体”。看来，牛顿的共同体必须不同于笛卡儿的共同体；玻尔的共同体必须不同于爱因斯坦的共同体。①

但是，我想要图尔敏面对的主要具体困难就是这个。他如何知道哪一个“‘概念域’的生态学”需要研究？没有某种观点，人们就不可能研究科学史，不管愿意不愿意，这种观点将等于某种——暂时性的——科学的定义。图尔敏巨著的计划——如我已经说过的“真正的理性”要在第三卷中描述——似乎暗示了他认为真正的理性会在前两卷中分析的描述的历史中显现出来。但是，如果图尔敏把他的注意力集中于占星学、巫术或者黑手党而不是物理学和化学，那么同样的“真正的理性”原理会出现吗？

在把像巫术史这样的东西从科学史中驱逐出去时，图尔敏已经用了一般的分界标准、科学进步的成文法和他如此全然蔑视的整个观念。看来如果图尔敏论无偏见的理性的著作终于写出来了，那么它肯定会是第一部。如果科学的理性不仅在于某给定的时间在某给定的地方——比方说1933年在柏林，或者1949年在莫斯科——存在什么，那么任何理性原理必定会具体阐明某些把科学与伪科学区分开来的某种规范。但是，这样，理性的评价必须先于而不是追随全部经验史。正如我已经指出的，“内部（规范）史是首要的，外部（描述经验的）史居于第二位”。②

① 库恩先于图尔敏退却到这个稀奇古怪的观点：关于库恩退却的一个讨论见Musgrave〔1971〕，尤其是p. 289。

② 第Ⅰ卷，第2章。

我赞同图尔敏的没有一种分界标准是绝对的观点。关于分界标准，我是一个易谬论者，正如关于科学理论我是一个易谬论者一样。它们二者都容易受到批判，我已经具体阐明了一些标准，根据这些标准不仅可以判断一个研究纲领比另一个研究纲领优越，而且根据它们也可以判断一种分界标准比另一种分界标准高明。[①]但是，从命题的易谬性到它们被抛弃我作不出维特根斯坦的推论。我并不惊慌：我不会从明确表达的命题转向从事科学和评价科学的不可言传的技能。因为这样做是通过后门重新引入在黑格尔的 243 **理性的狡诈**的帮助下的证明主义的实用主义版本。我要在科学和科学哲学两方面澄清这些主题，在这两方面逻辑可以援助批判并帮助评价知识的增长。图尔敏的人类理解力的改进并不用到逻辑，因为逻辑是他绝对地谴责的“柏拉图—命题的”方法的一部分。这主要是因为我深信没有演绎逻辑就不能有真正的批判，就没有进步的评价，所以我坚持老式的波普尔型的批判和知识的增长，所以人们不可能说服我用图尔敏的——在我看来是不加批判的、模糊的和混乱的——《人类的理解力》来取代它。

① 见第Ⅰ卷，第3章。

第 三 部 分

科学与教育

第十二章　给伦敦经济学院院长的一封信*

亲爱的院长：

学院管理委员会机构的**多数派报告**……含有一个原则，即学生以及全体教职员工应该决定学院的总的学术政策。[①] 这一原则明显地与学术自主的原则相悖，按照这一原则，学术政策的制定完全是某些资历深的大学教师的事。后面这一原则的贯彻执行在很长的历史过程中已经实现——并被坚持下来。我来自世界的另一部分，在那里从未完全贯彻执行这一原则，在那里，在过去的30年到40年里，首先是在纳粹，其后是在斯大林主义的压制下，这一原则遭到了悲剧性的侵蚀。作为一个大学生，我在我读书的大学里目睹了纳粹学生要求在教学大纲里注明抵制“犹太的—自由主义的—马克思主义的影响”。我看见了他们如何与外界的政治力量相呼应，经过多年的努力——不是没有某些成功——影响了学校

* 这封信是在1968年当伦敦经济学院发生学潮时写的，它最初发表在C.B.考克斯和A.E.戴森主编的：《为教育而战，一本黑皮书》(*Fight for Education, A Black Paper*)上。——编者注

① 伦敦经济学院的管理委员会机构包括学校董事、教师和学生。1968年2月，他们发表了两个报告：**多数派报告**和**少数派报告**，这是由两个学生D.阿德尔施泰因和D.阿特金森写的。

的聘任工作并使那些反对他们的帮派的教师遭到解雇。后来我成了莫斯科大学的研究生，那时，共产党中央委员会的决议规定了遗传学的教学大纲，并把持异议者送上了死亡的道路。我也记得，当时学生们要求禁止讲授爱因斯坦的“资产阶级的相对主义”（即他的相对论）并要求那些讲授这种课程的教师公开检讨他们的罪过。不必怀疑，这不仅仅是巧合，〔联共〕中央委员会制止了这场反对相对论的特殊运动并把学生们的注意力引向数理逻辑和数量经济学，正如我们所知，多年来，他们成功地阻挠了这些学科的发展。（我幸运地没有被迫目击北京大学的学生在他们的“文化大革命”时期对大学教授的羞辱。）

248　在这个国家里援引这些可怕的回忆也许不是地方。据说，在这里，在学生要求的背后没有政治的力量或动力。他们的要求不同于崇拜希特勒、斯大林和毛泽东的青年学生的要求，他们的目的是改进而不是侵蚀这种见闻广博的研究和合格的教学的大学传统。

但是，情况果真是这样吗？伦敦经济学院学生会采纳的“**少数派报告**”有一种也许直接取自毛的“文化大革命”的大字报的基本哲学。正如它的作者之一的阿德尔施泰因提出的：

> 管理人员中有学生代表仅仅是开端，代表制可能是好的，也可能是坏的——它可能给出一种虚假的、团结的感觉。对学生来说，下一步是开始管理他们自己的课程，最初是通过他们自己的团体来管理。然后要求他们应该管理一门课程的具体的一部分：它的内容，应该如何来教和由谁来教。

对于学生来说，下一步是任命他们自己的教师和由他们自己进行某种教学。最主要的是学生应该劳动一定的时间。如果学术问题和脑力问题与实际生活相联系，它们才变得有意义……

我接受战斗性这个词，但是对于我来说，它意味着人们准备考虑那些会达到他们的目的任何行动，与他们的目的一致的行动。人们不应排斥任何行动的方式，仅仅因为它在过去从未被接受过……

我们开创了违反常规的运动。

我们不接受常规的限制，因为它们是不民主的。

当民主失败时，这样做是唯一的方法……①

人们应该不加评论地对伦敦经济学院管理委员会机构的一名成员的这样一个极端主义的宣言听之任之吗？人们能够不经过争论，不担心这只是得寸进尺的开端而接受这种纲领的“最初”阶段吗？按照**多数派报告**，我们能这样做。我将论证我们不能这样做。

1. **多数派报告**的关键性缺点是它没有区分两类完全不同的学生要求。

第一类要求是要求自由发表学生的抱怨和批评，要求保证这些抱怨和批评会得到适当的重视；也要求至少是同等地甚或是有比教师更多的权力来参与涉及他们本身的事务的决定。这些要求首先遭到大学权威的家长式统治(in loco parentis)的传统观念的

① 《泰晤士报》，1968年3月18日。重点号是我加的。

拥护者的反对——在许多地方仍然是这样——但是，在我看来，这些要求在伦敦经济学院已经正当地不再遭到反对了。

第二类要求完全是不合理地争取学生权力的要求，这是些关于学生有权任命委派新的大学教授、职务，制定教学大纲的要求，一般地说是涉及教学和研究内容的要求——与学生有批评权利的要求相对立的要求。“革命派”的政策是把两者的区别弄得模糊不清。这一政策取得了相当大的成功，这主要是由于这种得到广泛传播但又未被证明的假设，即，如果没有为了“革命的”战斗性，甚至可能正当的要求也不会被满足到它们现在被满足的程度。但是，不管这是真的还是假的，它不会改变简单和可悲的事实，即这些好斗分子对非政治性的和建设性的学生要求都毫无兴趣。他们只是鼓吹那些为了政治上的利益而争取自由的要求，以便为他们争取(他们的)权力的要求赢得学生们的支持。他们正在偷偷摸摸地把反对学术家长制的正义反叛转变为反对学术自主性的政治造反。这就是为什么要划清两类要求的界线是如此之重要。**多数派报告**的主要过失是它未能这样做。

249

例如，值得提到的是，全国大学教师联合会执行委员会在最近的决议中作了十分清楚的区分。他们赞同

(1) 在系一级，应该有学生参加系委员会或研究委员会的联合师—生委员会；

(2) 一般地说，在任何处理像居住设施、餐厅和伙食供应、学生福利等事务的委员会中应该有学生自己选出来的学生代表；

(3) 应该有一个由教师和学生人数大致相等的评议会下属的学生事务委员会，在当对学生来说是重要的事情提交讨论时，这个委员会应当直接向评议会和评议会下属的其他委员会提出意见。

但是，他们反对学生参与行政会议和评议会："大学生按照其定义还在学习他所学的课程的内容是什么，他们没有处在作出关于课程设置这类事务的决定的职位上……"

当然，这并不意味着他们"不在"批评这样的事务的"职位上"。但是，我们学院的学生确实有权私下地（例如向大学生的学监）和公开地（例如在《河狸》[①]上或系的师—生委员会上）批评教学和研究的内容与方法，甚或一些个别的课程、班级、聘任等并要求讨论。问题倒是他们还没有真正利用这种权力。应该鼓励——甚至帮助——他们最有效地利用这种权力。

但是，在批评和协商的权力与参与作出决定的权力之间有一条不同的界线。没有哪一位教师会否认政府或学生有权批评大学生活的任何一个方面，或有权获得有关的信息。但是，没有哪一位教师会赞同议会（或党的政治局）应该在决定教学人员的聘任、教学大纲等方面有发言权。

关于**学生的权力**以及**政府的权力**是没有什么争论的。在一种重要的意义上，学生可以是学术共同体的一部分，而政府则不是；但是学生所接受的教育是靠纳税人提供巨额的经费，因此，可以说 250

① 《河狸》(*Beaver*)是伦敦经济学院学生会的会报。

纳税人的代表比靠他们提供学习经费的学生更有权力干预**大学**的生活。好斗的学生经常引用消费者应该能影响他所买货物的生产的比喻:他们没有注意到在这种类比中,真正的消费者是**国家**——他们只是被发放的货物。学术自主性是一层薄薄的墙,在由国家提供教育经费的时代,没有别的东西能保护学生不受政治的干预。

这或许就是为什么尽管我们承认学生有批评的自由我们还是要抵制学生的权力的最重要的理由:因为尽管我们承认政府有批评的自由,我们还是抵制政府〔干预〕的权力。当然,在学生和政治家中间都会有人相信批评的自由在没有政权的情况下是无用的。但是,在大学的发展史上充满了相反的证据。事实上,主要的危险是学术界充分意识到学术自主性没有真正的权力基础,因而是太快,而不是太慢地屈服于外界的批评和压力:最新的证据正是这个**多数派报告**。我认为,如果现在行政委员会和评议会中没有学生代表,如果有人问他们在三年内他们的哪些建设性批评和建议未被认真考虑过,那么回答会是“无”。

人们也许会问,限定形容词“建设性的”是不是任意地忽略某些批评的一种方法。这一问题引导我到另一种两类学生要求的分界。我的第一个分界是批评的自由与作决定的权力。当然,批评的自由和表达要求的自由是不受限制的,对于“建设性的”和“破坏性的”批评和要求两者来说都是适用的。但是,如果我们看一看学生要求的具体内容,那么我们发现它们可以分为两类。一些学生要求更好的教学设施,更合理的考试结构、更好地协调的教学大纲、更出色的演讲、课堂教学、讨论班、参考书目、更优越的图书馆的设施,等等,等等。这些学生希望学校更好地为旧的扩展和传递知识的理想服务。另一些学生要摧毁作为学术中心的大学，并企图把它们转变为社会的和政治的冲突与斗争的先锋及中心，无论这种冲突与承诺可能意味着什么。正如阿德尔施泰因—阿特金森的报告提出的："发现本身在于行动。"我的第二个分界在于区分这种寻求改进我们所知的大学的"建设性"要求和那种寻求破坏它的"毁灭性"要求。可悲的是这两类要求已经合二而一了。

现在，我的两条分界标准一致了：我强调，那些注意力集中于"建设性"要求的人满足于学生的自由，而那些注意力集中于"破坏性"要求的人则想获得学生的权力。

2. 事实上，在**多数派报告**中就为什么学生应该被准许进入评议会和行政委员会而言既没有一个正面的论据；也没有反驳甚至提到的明显的反面论据。 251

因此，我想以具体的形式提出若干反面论据。第一个论据在我已经说过的内容中是暗含的。学术自主性在任何时候和每一个地方都在受到不同的强度与不同的成功程度的冲击（最近的例子是军政府清洗希腊的大学和华沙大学的7名"自由派—犹太复国主义的"教授被解雇）。所以，学术自主性的原则必须得到清楚的陈述和辩护。然而，我不知道在什么地方有出版物对它进行了逻辑一贯的和令人信服的辩护。理由很简单：只要学术自主性受到侵害是可以忍受的，优秀的大学教师就宁愿去做他们的研究和教学，而不愿去写宣言为学术自主性辩护。然而，当它变得不可忍受时，再试图公开为保卫学术自主性辩护就已经太晚了，因为在政治上它已经成为不可能的了。这就是为什么当侵害刚露头时就要站出来反对它是至关重要的，并且要让辩论渗入到那些更不可能发表它们的国家中去。

我几乎不怀疑我们学生的大多数会理解和正确评价对学术自主性的有力辩护。任何这种努力的缺乏是整个事件中最令人困惑的特征之一。

但是,现在让我们来考察学生的成员参加评议会和行政委员会的更为直接的实际后果。

"建设性的"学生成员所作的贡献也许是有用的,但是极其有限,并且,事实上几乎不能期望会超出他们只要利用已有的渠道就能作出的贡献,而不用担任评议会和行政委员会的成员。让我们记住,即使是一个资历深的教师要成为一个够格的成员至少也要花一年的时间,而且,一旦当学生们对评议会的问题和程序比较熟悉之时,他们又必须离开它了。"破坏性的"学生成员的作用会怎样呢?一旦他们进入行政委员会和评议会,他们就会遵循某些共产国际领袖通常称做的"色拉米战术"*:一片一片地分割学术传统。他们会首先为增加学生成员的名额而战,然后为侵蚀"预定的主题"①而战;他们会在议事日程上提出附加项目,抗议中止他们最喜爱的学术上不称职的人的教学合同,要求开设有关异化、文化革命,或者美国人(但不是共产党人的)在越南的战争罪行等等,等等方面的新讲座。他们会为加强非专业人员的董事在学校事务中的作用而战,随着这些差异,他们会想要作为工会代表的董事,"前

* 色拉米(Salami),一种意大利腊肠。——校者注

① 多数派报告建议,应当把学生正常地排除在一张包括学术职务聘任、提升等在内的"预定主题"表的讨论之外,"由〔各个委员会的〕主席提出的事务的任何其他范畴或项目也是'预定主题'"。

卫派”代表的董事，以及其他等的代表的董事，而不是作为目前的“城市类型”的董事。他们会把他们全部时间、精力奉献给他们的进一步的目标，如果我们要能够反对这些目标，我们只有放弃全部的学术活动才能以全部时间来保卫我们的学术生活。他们会无情地和系统地利用学生会对评议会的压力，毫无疑问，他们会尽量利用主席犯的任何错误；他们会发表歪曲事实的声明，等等，等等。我不认为他们会赢得他们的案件；但是很快就会讨论最敏感的议事日程，并会在评议会会议之前在董事的非正式的预备会议中取得一致意见，而且，为了避免毛主义分子的阻挠不用讨论就会通过。他们为了回避以前积累起来的学生的压力，会在“任何其他事务”的名义下在评议会上开始行动。但是，这时学生们会感到——正当地——受骗了，群众性的抗议会接踵而至。好斗分子就不会孤立了。

我认为这清楚地表明了两件事。首先，它表明那些人的自相矛盾，这表现在他们同时迫切要求排除非专业人员的董事而又要求增加学生代表；和迫切要求学院的管理更为民主。但是，严格地说，可以肯定学生像非专业人员的董事一样不能胜任学术事务；对一个民主的评议会来说，没有什么比有一个公开致力于它的破坏的少数派(即使是很少数的)和从而产生的一种围攻心理更为危险的事了。其次，它表明，在有毛主义的少数派存在的情况下，学生代表加入评议会不会减小只会增加学生闹事的危险。事实上，这已经在柏林的自由大学得到了证明，那里的极端主义分子设法进入了评议会，他们正在迫使实现他们的革命的第二“阶段”：要求有三分之一是学生代表，三分之一是资历较浅的和临时的教职员工。

当然，人们也许会希望“破坏”分子不会被选入评议会和行政委员会。某些**多数派报告**的签名者私下把希望完全寄托在**学生会的改革**之上，认为这将会把学生会变为公正的代表组织——肯定它现在还不是——因而减小毛主义的派别成员在评议会中出现的机会。但是，据我了解，这样一个**改革**正在受到有效的阻挠，即使它获得通过，它也不会把政治极端主义分子关在大门之外。因为，如果我们正视现实，那么无论**学生会**采纳的选举结构是什么，在学生中推选自己作为评议会和行政委员会候选人的只有极少数几个会是未来的教师。想要在短短的三年的课程中获得最大的收益的那些认真学习的学生通常是不会支持选举和为竞选而游说的。至少有相当一部分学生代表会属于一群“活跃分子”，他们公开寻找机会破坏作为学习场所的大学，并把它们转变为政治斗争的中心，253 他们公开承认，他们要利用作为评议会和行政委员会成员的机会来促进他们的政治目的的实现。

多数派报告的被采纳对在人数上较少的一群学生极端分子会是一个很大的鼓励。伦敦经济学院学生的骚动看来似乎使伦敦经济学院的教师不能觉察这群人对国家不利。**全国学生联合会**没有要求学生成员参加评议会和行政委员会；但是，如果伦敦经济学院的教师承认了它，那么他们怎么还能抵制他们好斗的派别呢？然而，不列颠的大多数教师不同于伦敦经济学院的姑息者，他们会抵制他们。在“抵制的”大学和“姑息的”大学中都会随之出现数年的动乱。对 20 世纪 60 年代容许的基调作出保守的反应甚至会导致要求议会应该在评议会设监督者以保证大学进行的那种教育正是纳税人付他们的钱时所期望的。这也不是完全不可能的事。

也许会有人反对我，说我夸大了危险。但是，我并不坚决认为，如果我们采取姑息的态度，大学传统就必然会在不多几年内被摧毁。然而我确实主张，大学的传统被建立起来并一直延续到今天，这真是一个奇迹。关于这种延续没有什么是必然的：我们必须始终反对对它的侵蚀，以便在如此频繁地发生的周期性的社会和政治危机中，当对大学的攻击变得剧烈时可以处于较有利的地位。

3. 当然，我并不认为学术自主性本身足以充分保证知识的增长，支持和改进大学教育的标准。也有许多与学术自主性相一致的危险疾病。但是，通过侵蚀学术自主性寻找医治这种疾病的方法并不比用法西斯主义、共产主义，或毛主义来治疗议会民主的疾病更好。我将根据如下的我对“建设性的”和“破坏性的”学生要求的分界提出我的动议：

> 本理事会欢迎任何为改进师—生关于教学的内容和方法的对话提供渠道的建议。它赞同系一级的师—生委员会，赞同学生参加他们也许能作出有用的直接贡献的学院委员会。同时，本理事会坚决反对任何对学术自主性的侵蚀，支持在大学内学术政策仅仅由教师单独作出决定的原则。[①]

你的忠诚的

I. 拉卡托斯

1968 年 3 月 28 日

---

① 伦敦经济学院的学术理事会既反对多数派报告，也反对少数派报告。然而，在 1968 年 11 月 13 日，这个理事会通过了一个动议：“代表学院作出涉及一般学术标准的事务的决定的职权必须完全归于并必须被理解为完全归于学校的教师。”

第十三章　科学哲学的教学*

发表在《泰晤士报教育增刊》(*The Times Educational Supplement*)(1961 年 7 月 7 日)上的由霍斯金先生撰写的文章已经清楚地阐明了科学的历史—与—哲学由于师资的缺乏,现在正处于它的迅速发展的相当关键的阶段。我愿意再次强调这一观点。确实,我不知道这种急刹车的情况是否不应该适用于外省的聘任和全国范围内学位课程的设置。我们的学科是一门极其困难的学科,它是一门介于逻辑、科学方法、哲学、科学和历史之间的边缘学科,这使得许多人认为一门边缘学科没有地盘,一个在它"限定"的领域中无所作为的人也可在这个边缘上走钢丝。我们不能容忍科学史—科学哲学家从普通的说明中学习数学、科学和历史的局面。这就是为什么我认为除了聘任科学史家和科学哲学家外,我们应该适当地注意建立研究中心以教育科学史家和科学哲学家,并在传播这一福音之前,或者至少与此同时,便加强这一新的知识领域。

我强调的第二点涉及对最近对这门学科兴趣增长的评价。大

* 这篇短文翻印自 A. C. 克龙比(Crombie)编的《科学的变迁》(*Scientific Change*),1963 年。——编者注

学生吵吵闹闹地要求开科学史—与—科学哲学课程不是赞同他们的愿望的理由。他们吵吵闹闹不是因为他们突然变得对像阿拉伯人在保存古代传统中的作用之类的问题发生强烈的兴趣，而是因为他们不喜欢在一方面教历史，在另一方面又教自然科学的那种方式。历史的教学仍然漠视科学这种最激动人心和最崇高的人类冒险事业，而科学和数学的教学受到通常的权威主义教学方式的破坏。这就表明，知识以固定在概念框架中的绝对正确的体系形式表现出来，而不允许讨论。问题—情景的背景永远不予陈述，有时已经难以追踪了。科学*教育*——按照分割技术而被原子化了——已经退化成了科学*训练*。难怪它使得那些批判的头脑感到沮丧。

现在，科学史—与—科学哲学不得不一方面揭示历史中的科学，另一方面又要揭示科学中的历史，并通过这样做对这两者都施加重要的*治疗的影响*。如果我们做不到这一点，那么我们不久会面对一种局面，在这种处境下，科学史—与—科学哲学的众多的分支会把现在两门不开化的学科（借用查尔斯·斯诺男爵（Sir Charles Snow）的用法）转变为三门学科，而不是帮助这两门学科都变得文明起来。 255

现在在我看来，这种治疗的方面只被狭隘地作了说明。在“科学史能给予文科大学生一种有价值的关于科学的见识吗？”这个通常的问题中，术语“文科”应该删去。我们不能接受现在讲授科学的不文明的方法——即使对学科学的学生来说也不能这样教。

我要说的第三点是对**科学伟人**的旧计划的一点小小反思。我认为，在大学生的水准上把科学与科学史—与—科学哲学结合起来是非常困难的。为了多种目的，我们肯定需要有才智的人们，他们有传统文科教育的全面的优势，他们不会惧怕科学，或者排斥科学。这可以通过发展一种集中研究 17 世纪的而不是古典时期的人文学科的那种模式的新型荣誉学派来实现。这也许是人类史上最新的伟大事件，关于人类史的概要性观念可以在大学生这一水平上达到。

第十四章　科学的社会责任*

罗素指出,尊重真理具有犹太—基督教的渊源。科学尊重真理并不超过天主教对真理的崇敬;它们的不同只在于怎样去认识真理。对于科学来说,权威是理性和经验,对于天主教来说,权威则是天启。但是,伽利略和宗教裁判所有一种共同的基础:他们两者都渴求以命题清楚表达的**真理**,而命题的真假是不取决于提出它们的人或把它们印刷出来的机器的。在这种意义上,天主教徒和科学家都受到拉维兹博士称之为的“古典”传统的影响。他们都追求真理,他们的不同只在于怎样相对于命题的真或假或者相对于命题为真的概率来评价命题。

科学在经过与教会的长期斗争之后才获得它的自主性——它把决定上帝、道德、政治的事务留给了教会和非科学家,但是,就关于宇宙的事实真理而言,它主张理性和经验的法则。科学家们和哲学家们在有关理智与经验的相对证明能力方面,在判断科学的——特别是**相互竞争**的科学的——理论的一般标准方面,都是

* 1970 年 2 月 18 日,拉卡托斯向由不列颠学会召开的科学的社会责任会议提交了这篇论文,此文是与 J. R. 拉维兹博士论战的一部分。拉卡托斯不打算发表这篇论文,至少是不打算以现在的形式发表。——编者注

不一致的；但是，在具体的案例中，他们似乎最终会达到非常完美的一致意见：例如，所有的科学家都同意爱因斯坦的力学优于牛顿的力学。

科学评价的价值和方法继续受到外界的攻击。怀疑论者，例如休谟，对科学的夸张的、要求确实可靠的知识的主张表示怀疑。像波普尔一样，某些人甚至对科学要求（可证实的）盖然的知识的主张表示怀疑。但是，科学可以很好地与怀疑论者的批判和平共处，只要这些怀疑论者不提出一组竞争的目标和标准。只要我们赞同牛顿、法拉第、麦克斯韦和爱因斯坦代表了人类成就的顶峰，只要他们对**宇宙蓝图**的探索不受外界干扰而得以继续进行，那么关于我们的具体理论，是什么使得它们的成就伟大和客观，我们应该从这些成就中学到的真正的理智的态度是什么，对于这些问题我们可以有不同的意见。

然而，浪漫主义者和实用主义者确实提出了一组彼此竞争的科学目标与标准。257 他们不仅像怀疑论者一样确实主张理智是无力的，而且他们还主张理智必须用感觉、情绪和意志来取代。他们颂扬不可言喻性、不可表达性，宣扬对明确性的蔑视。但是，当然，在命题中什么是不可言喻的和不可表达的是不可能不因人而异地被批判与被评价的。对于这些浪漫主义者和实用主义者来说，个人的东西是至高无上的。取代提出明确地表达的关于自然的观念和使它们经受事实的严厉批判，他们赞扬他们称之为理解的那种神秘的与自然的交流。他们憎恶抽象的和言语的，赞扬具体的和本能的。一个浪漫主义者"看见一个单纯的贫困的农民家庭会掉眼泪，但是，对一个经过相当慎重的考虑之后作出的为改善作为一个阶级的广大农民的状况的计划会无动于衷"。他会为看见电视播放的一群残废的越南人而哭泣，但是，他断然不会抨击未被电视播放的、他永远不可能看见的2000万俄国人在集中营中被杀害的情况。

从卢梭经过费希特、柯尔律治和黑格尔到希特勒、斯大林、萨特、海德格尔和马库泽的浪漫主义者都用与科学家不同的眼光观察科学。他们的问题不是哪个理论更接近真理。黑格尔认为，英国的牛顿歪曲了他心目中的英雄、神奇的德国人开普勒的深刻的、难以形容的想象力，并迫使它归入空洞的强求一致的数学公式。希特勒把德国科学与犹太科学区分开来；他甚至未曾想到问一问哪一种科学更接近真理。斯大林认为无产阶级的和社会主义的科学优于资产阶级的科学：他认为资产阶级的科学是为资产阶级服务的，社会主义的科学是为无产阶级服务的，他把资产阶级的遗传学家送入集中营迫害致死。贝尔纳教授曾经一度认为，人们可以通过考察创造理论的社会阶级而查明哪一个理论更为先进。奴隶社会的科学劣于封建的科学，封建科学不如资产阶级的科学，等等。这种观点的一个结果是社会主义者和天主教教徒的联盟，他们两者从既得利益出发都表明（断言）中世纪科学并不像通常所认为的那样糟。

这样看来，浪漫主义（和实用主义）是把外部的标准应用于科学并企图迫使它遵从这些标准。马库泽声称那种以为纯科学的目的是追求不考虑社会后果的真理的思想是一种危险的思想。按照**新左派**的观点，某些像原子核物理学和遗传学一类的研究必须停止。科学共同体的自主性必须摧毁。正是社会应该完全有权确定科学家的选题，禁止某些问题的研究和慷慨地资助另一些问题的探索。对真理的追求没有自主的价值。

因此，在这里我向拉维兹博士提出我的第一个问题。关于这[258]一争论他是站在什么立场上的？他希望压制研究的某个分支和有价值的科学成果的发表吗？他想要一个决定科学家可以做什么和必须做什么的极权主义国家吗？或者应该允许像牛顿、麦克斯韦和爱因斯坦那样的纯科学家不担惊受怕地工作吗？

按照我的观点，科学本身没有社会责任。按照我的观点，社会的职责正是——维护非政治的、超然的科学传统和允许科学纯粹以它内部生活决定的方式寻求真理。当然，科学家作为公民应该像所有其他的公民一样有责任努力使科学**应用**于正确的社会和政治目的。这是一个不同的、独立的问题，按照我的意见，这是一个应该通过议会决定的问题。当然，作为一个公民，为了**使**科学服务于反污染，而不是服务于污染，服务于保卫自由而不是服务于征服弱小民族，我愿全力以赴。在这里，我向拉维兹博士提出我的第二个问题。在我看来，不列颠人民最重要的社会责任之一是用科学来保卫这个国家的自由。按照我的观点，只有通过维护为军队工作的应用原子核科学家的高度社会威望的方法才能做到这一点。那么，拉维兹博士要不列颠工程师制造的是什么呢：为保卫自由的核保护伞还是张伯伦的奴隶制的保护伞？

参考书目

Abel, N. H. [1826*a*]: 'Untersuchungen über die Reihe

$$1+\frac{m}{1}x+\frac{m\cdot m-1}{1\cdot 2}x^2+\cdots,$$

Journal für die Reine und Angewandte Mathematik, **1**, pp. 311—339.

Abel, N. H. [1826*b*]: 'Letter to Hansteen', in S. Lie and L. Sylow (*eds*): *Oeuvres Complètes*, vol. 2, pp. 263—265. Christiana: Grondahl, 1881.

Adam, C. and Tannery, P. [1897—1913]: *Oeuvres de Descartes*. Twelve volumes. Paris: Leopold Cerf.

Agassi, J. [1959]: 'How are Facts Discovered?', *Impulse* **3**, pp. 2—4.

Agassi, J. [1961]: 'The Role of Corroboration in Popper's Methodology', *Australasian Journal of Philosophy*, **39**, pp. 82—91.

Agassi, J. [1963]: *Towards an Historiography of Science*. Wesleyan University Press.

Agassi, J. [1966]: 'Sensationalism', *Mind*. N. S. **75**, pp. 1—24.

Alexander, H. G. (*ed.*) [1956]: *The Leibniz-Clarke Correspondence*. Manchester University Press.

Arnauld, A. and Nicole. P. [1724]: *La Logique, ou l'Art de Penser*. Translated into English by T. S. Baynes as *The Port-Royal Logic*. Edinburgh: Sutherland and Knox, 1861.

Ayer, A. J. [1936]: *Language, Truth and Logic*. London: Victor Gollancz.

Ayer, A. J. [1956]: *The Problem of Knowledge*, London: Macmillan.

Bar-Hillel, Y. [1955—1956]: 'Comments on "Degree of Confirmation" by Professor K. R. Popper', *British Journal for the Philosophy of Science*, **6**, pp. 55—57.

Bar-Hillel, Y. [1956—1957]: 'Remark on Popper's Note on Content and Degree of Confirmation', *British Journal for the Philosophy of Science*, 7, pp. 245—248.

Bar-Hiller, Y. [1963]: 'Remarks on Carnap's Logical Syntax of Language', in P. A. Schilpp(*ed.*): [1963], pp. 519—544.

Bar-Hillel, Y. [1967]: 'Is Mathematical Empiricism Still Alive?', in I. Lakatos (*ed.*): [1967], pp. 197—199.

Bar-Hillel, Y. [1668*a*]: 'Inductive Logic as "the" Guide of Life, in I. Lakatos (*ed.*): [1968*a*], pp. 66—69.

Bar-Hillel, Y. [1968*b*]: 'The Acceptance Syndrome', in I. Lakatos (*ed.*): [1968*a*], pp. 150—161.

Bar-Hillel, Y. [1968*c*]: 'Bunge and Watkins on Inductive Logic', in I. Lakatos (*ed.*): [1968*a*], pp. 282—285.

Baumann, J. J. [1869]: *Die Lehren von Zeit, Raum und Mathematik*, volume 2. Berlin: G. Reiner.

Beck, L. J. [1952]: *The Method of Descartes: A Study of the Regulae*. Oxford: Clarendon Press.

Bell, E. T. [1939]: *Men of Mathematics*. London: Victor Gollancz.

Bell, E. T. [1940]: *The Development of Mathematics*. New York: McGraw-Hill.

Benacerraf, P. and Putnam, H. (*eds.*) [1964]: *Readings in the Philosophy of Mathematics*. Oxford: Basil Blackwell.

Bennett, J. [1964]: *Ralionality*. London: Routledge and Kegan Paul.

Bernays, P. [1939]: 'Bemerkungen zur Grundlagenfrage', in F. Gonseth (*ed.*): *Philosophie Mathématique*, pp. 83—87. Paris: Hermann.

Bernays, P. [1965]: 'Some Empirical Aspects of Mathematics', in P

Bernays and S. Dockx (*eds.*): *Information and Prediction in Science*, pp. 123—128. New York: Academic Press.

Bernays, P. [1967]: 'Mathematics and Mental Experience', in I. Lakatos (*ed.*): [1967], pp. 196—197.

Bernays, P. and Hilbert, D. [1939]: *Grundlagen der Mathematik*, volume 2.

Berlin:Springer.

Beveridge, W. [1937]: 'The Place of the Social Sciences in Human Knowledge', *Politica*, **2**, pp. 459—479.

Boltzmann, L. [1896—1898]: *Lectures on Gas Theory*. Translated by S. G. Brush. Berkeley and Los Angeles: University of California Press, 1964.

Born, M. [1949]: *Natural Philosophy of Cause and Chance*. Oxford: Clarendon Press.

Bourbaki, N. [1949*a*]: 'The Foundations of Mathematics for the Working Scientist', *Journal of Symbolic Logic*, **14**, pp. 1—8.

Bourbaki, N. [1949*b*]: *Topologie Générale*. Paris: Hermann.

Bourbaki, N. [1960]: *Eléments d'Histoire des Mathématiques*. Paris: Hermann.

Boyer, C. B. [1949]: *The Concepts of the Calculus*. New York: Columbia University Press.

Braithwaite, R. B. [1953]: *Scientific Explanation*. Cambridge University Press.

Braithwaite, R. B., Russell, B. A. W. and Waismann, F. [1938]: 'Symposium: The Relevance of Psychology to Logic', *Aristotelian Society Supplementary Volume*, **17**, pp. 19—68.

Broad, C. D. [1922]: Review of Keynes [1921], *Mind*, N. S. **31**, pp. 72—85.

Broad, C. D. [1952]: *Ethics and the History of Philosophy*. London: Routledgeand Kegan Paul.

Broad, C. D. [1959]: 'A Reply to my Critics', in P. A. Schilpp (*ed.*): *The Philosophy of C. D. Broad*, pp. 711—830. New York: Tudor.

Brunschvicg, L. [1912]: *Les Etapes de la Philosophie Mathématique*. Paris: Librairie Félix Alcan.

Cajori, F. [1924]: *A History of Mathematics*. 2nd edition. New York and London: Macmillan, 1961.

Campbell, N. [1920]: *Foundations of Science*. New York: Dover, 1957.

Carnap, R. [1928]: *Scheinprobleme in der Philosophie*. Frankfurt am Main: Surkamp, 1966.

Carnap, R. [1930—1931]: 'Die Alte und die Neue Logik', *Erkennlnis*, 1. Translated into English in A. J. Ayer(*ed.*): *Logical Positivism*, pp. 133—145. London: George Allen and Unwin.

Carnap, R. [1931]: 'Die Logizistische Grundlegung der Mathematik', *Erkenntnis*, **2**, pp. 91—105. English translation in P. Benacerraf and H. Putnam(*eds.*): [1964], pp. 31—41.

Carnap, R. [1935]: Review of Popper's [1934], *Erkenntnis*, **5**, pp. 290—294.

Carnap, R. [1936]: 'Testability and Meaning', *Philosophy of Science*, 3, pp. 419—471.

Carnap, R. [1937]: *The Logical Syntax of Language*. London: Kegan Paul. (Revised translation of *Logische Syntax der Sprache*. Vienna: Springer, 1934.)

Carnap, R. [1946]: 'Theory and Prediction in Science', *Science*, **104**, pp. 520—521.

Carnap, R. [1950]: *Logical Foundations of Probability*. Chicago University Press.

Carnap, R. [1952]: *The Continuum of Inductive Methods*. Chicago University Press.

Carnap, R. [1953*a*]: 'Inductive Logic and Science', *Proceedings of the American Academy of Arls and Sciences*, **80**, pp. 189—197.

Carnap, R. [1953*b*]: 'What is Probability?', *Scientific American*, **189**, pp. 128—130, 132, 134, 136.

Carnap, R. [1953*c*]: 'Remarks to Kemeny's Paper', *Philosophy and Phenomenological Research*, **13**, pp. 375—376.

Carnap, R. [1958]: 'Beobachtungssprache und Theoretische Sprache', *Dialectica*, **12**, pp. 236—247.

Carnap, R. [1960]: 'The Aim of Inductive Logic', in E. Nagel, P. Suppes and A. Tarski (*eds.*): *Logic, Methodology and Philosophy of Science*, pp. 303—318. Stanford University Press.

Carnap, R. [1963*a*]: 'Intellectual Autobiography', in P. A. Schilpp (*ed.*): [1963], pp. 1—84.

Carnap, R. [1963*b*]: 'Replies and Systematic Expositions', in P. A. Schilpp (*ed.*):[1963],pp. 859—1013.

Carnap,R. [1966]:'Probability and Content Measure', in P. K. Feyerabend and G. Maxwell(*eds.*):*Mind,Matter and Method*,pp. 248—260. University of Minnesota Press.

Carnap,R. [1968*a*]:'On Rules of Acceptance',in I. Lakatos(*ed.*):[1968*a*], pp. 146—150.

Carnap,R. [1968*b*]:'Inductive Logic and Inductive Intuitions',in I. Lakatos (*ed.*):[1968*a*],pp. 258—267.

Carnap,R. [1968*c*]:'Reply',in I. Lakatos(*ed.*):[1968*a*],pp. 307—314.

Carnap, R. and Stegmüller, W. [1964]: *Inductive Logic und Wahrscheinlichkeit*. Vienna:Springer.

Cauchy,A. L. [1813]: 'Recherches sur les Polyèdres', *Journal de l'Ecole Polytechnique*,**9**,pp. 68—86. (Read in 1811.)

Cauchy,A. L. [1821]: *Cours d'Analyse de l'Ecole Royale Polytechnique*. Paris:de Bure.

Cauchy,A. L. [1823]:*Résumé des leçons sur le calcul Infinitésimal*. Paris:de Bure. In *Oeuvres Complètes*,*Séries* 2,volume 4,pp. 5—261.

Cauchy,A. L. [1853]:'Note sur les séries convergentes dont les Divers Terms sont des Functions Continues d'une Variable Réelle ou Imaginaire entre des Limites Données', *Comptes Rendus des Séances des l'Académie des Sciences*,**36**,pp. 454—459.

Cavell. S. [1962]: 'The Availability of Wittgenstein's Later Philosophy', *Philosophical Review*,**71**,pp. 67—93.

Cherniss,H. [1951]:'Plato as Mathematician',*The Review of Metaphysics*, **4**,pp. 395—425.

Church,A. [1932]:'A Set of Postulates for the Foundation of Logic',*Annals of Mathematics*,**33**,Second Series,pp. 346—366.

Church, A. [1939]: 'The Present Situation in the Foundations of Mathematics',in F. Conseth(*ed.*):*Philosophie Mathématique*, pp. 67—72. Paris:Hermann.

Chwistek,L. [1948]:*The Limits of Science*. London:Kegan Paul.

Cleave,J. P. [1971]:'Cauchy,Convergence and Continuity',*British Journal for the Philosophy of Science*. **22**, pp. 27—37.

Cohen, I. B. [1974]: 'Newton's Theory *vs* Kepler's Theory and Galileo's Theory', in Y. Elkana (*ed.*): *The Interaction Between Science and Philosophy*, pp. 299—338. New York: Humanities Press.

Cohen, L. J. [1968]: 'An Argument that Confirmation Functors for Consilience are Empirical Hypotheses', in I. Lakatos (*ed.*): [1968*a*], pp. 247—250.

Cohen, L. J. [1972]: 'Is the Progress of Science Evolutionary?', *British Journal for the Philosophy of Science*, **24**, pp. 41—61.

Cornford, F. M. [1932]: 'Mathematics and Dialectics in the Republic VI—VIII', *Mind*, **41**, pp. 37—52 and 173—190.

Courant, R. and Robbins, H. [1941]: *What is Mathematics*? Oxford University Press.

Couturat, L. [1905]: *Les Principes des Mathématiques*. Hildesheim: Georg Olms, 1965.

Crombie, A. C. (*ed.*) [1961]: *Scientific Change*. London: Heinemann.

Curry, H. B. [1958]: *Outline of a Formalist Philosophy of Mathematics*. Amsterdam: North Holland.

Curry, H. B. [1963]: *Foundations of Mathematical Logic*. New York: McGraw-Hill.

Curry, H. B. [1965]: 'The Relation of Logic to Science', in P. Bernays and S. Dockx (*eds.*): *Information and Prediction in Science*, pp. 79—98. New York and London: Academic Press.

Descartes, R. [1628]: *Rules for the Direction of the Mind*, in E. R. Haldane and G. R. T. Ross (*eds.*): [1911], pp. 1—77.

Descartes, R. [1637]: *Discourse on the Method of Rightly Conducting the Reason*, in E. R. Haldane and G. R. T. Ross (*eds.*): [1911], pp. 81—130.

Descartes, R. [1638]: 'Letter to Mersenne, 11 October 1638', in C. Adam and P. Tannery (*eds.*): [1897—1913], volume 2, pp. 379—405.

Descartes, R. [1644]: *Principles of Philosophy*, in E. R. Haldane and G. R. T. Ross (*eds.*): [1911], pp. 203—302.

Descartes, R. [1664]: *Description du Corps Humain*, in C. Adam and P. Tannery(*eds.*): [1897—1913], volume 2. pp. 223—290.

Dirichlet, P. L. [1829]: 'Sur la Convergence des Séries Trigonométriques que Servent à Représenter une Function Arbitraire entre des Limites Données', *Journal für die Reine und Angewandte Mathematik*, **4**, pp. 157—169.

Dorling, J. [1971]: 'Einstein's Introduction of Photons: Argument by Analogy or Deduction from Phenomena?', *British Journal for the Philosophy of Science*, **22**, pp. 1—8.

Drury, M. O'C. [1960]: 'Ludwig Wittgenstein', *The Listener*, January 28, pp. 163—165.

Du Bois Reymond, P. D. G. [1874]: 'Über die Sprungweisen Werthänderungen Analytischer Functionen', *Mathematische Annalen*, 7, pp. 241—261.

Duhamel, J. M. C. [1865]: *Des Méthodes dans les Sciences de Raisonnement*, volume 1. Paris: Bachelier.

Duhem, P. [1906]: *La Théorie Physique; son Objet, sa Structure*. English translation of the second (1914) edition: *The Aim and Structure of Physical Theory*. Princeton University Press, 1954.

Eilenberg, S. and Steenrod, N. [1952]: *Foundations of Algebraic Topology*. Princeton University Press.

Einstein, A. [1905]: 'Zur Elektrodynamik der Bewegter Körper', *Annalen der Physik*, **17**, pp. 891—921.

Einstein, A. [1915]: 'Die Relativitätstheorie', in E. Warburg(*ed.*): *Physik*. Leipzig: Teubner.

Engels, F. [1894]: *Anti Dühring*. 3rd edition. London: Lawrence and Wishart, 1955.

Fann, K. T. [I969]: *Wittgenstein's Conception of Philosophy*. Oxford: Basil Blackwell.

Feferman, S. [1968]: 'Autonomous Transfinite Progressions and the Extent of Predicative Mathematics', in B. van Rootselaar and J. F. Staal(*eds.*): *Logic, Methodology and Philosophy of Science* III. pp. 121—135. Amsterdam:

North Holland.

Feigl, H., Maxwell, G. and Scriven, M. (*eds.*) [1958]: *Minnesota Studies in the Philosophy of Science*, **2**, *Concepts, Theories and the Mind Body Problem*. Minneapolis: University of Minnesota Press.

Feyerabend, P. K. [1955]: 'Wittgenstein's *Philosophical Investigations*', *Philosophical Review*, **64**, pp. 449—483.

Feyerabend, P. K. [1962]: 'Explanation, Reduction and Empiricism', in H. Feigl and G. Maxwell (*eds.*): *Minnesota Studies in the Philosophy of Science*, **3**, pp. 28—97. University of Minnesota Press.

Feyerabend, P. K. [1970]: 'Against Method', in M. Radner and W. Winokur (*eds.*): *Minnesota Studies for the Philosophy of Science*, **4**, *Analyses of Theories and Methods of Physics and Psychology*, pp. 17—130. University of Minnesota Press.

Feyerabend, P. K. [1972]: 'Von der Beschränkten Cültigkeit Methodologischer Regeln', in R. Bubner, K. Cramer and R. Wiehl (*eds.*): *Dialog als Methode*, pp. 124—171. Göttingen: Vanderhoeck and Ruprecht.

Feyerabend, P. K. [1975]: *Against Method*. (Expanded version of Feyerabend [1970].) London: New Left Books.

Fisher, R. A. [1922]: 'On the Mathematical Foundations of Theoretical Statistics', *Transactions of the Royal Society of London*, Series A, **222**, pp. 309—368.

Fourier, J. [1822]: *Théorie analytique de la Chaleur*. Translated into English as *The Analytical Theory of Heat*. New. York: Dover.

Fraenkel, A. A. [1927]: *Zehn Vorlesungen über die Grundlegung der Mengenlehre*. Leipzig and Berlin: B. G. Teubner.

Fraenkel, A. A., Bar-Hillel, Y. and Levy, A. [1973]: *Foundations of Set Theory*. 2nd edition. Amsterdam: North Holland.

Frayne, T., Morel, A. C. and Scott, D. S. [1962—1963]: 'Reduced Direct Products', *Fundamenta Mathematica*, **51**, pp. 195—228.

Frege, G. [1893]: *Grundgesetze der Arithmetik*, Volume 1. Jena.

Fries, J. F. [1831]: *Neue oder Anthropologische Kritik der Vernunft*. Heidelberg: Winter.

Galileo, G. [1630]: *Dialogue Concerning the Two Chief World Systems*. Translated by S. Drake. University of California Press, 1967.

Gamow, G. A. [1966]: *Thirty Years that Shook Physics*. Garden City, New York: Doubleday.

Giedymin, J. [1968]: 'Empiricism, Refutability, Rationality', in I. Lakatos and A. Musgrave (*eds.*): [1968], pp. 67—78.

Gellner, E. [1959]: *Words and Things*. London: Victor Golancz.

Gödel, K. [1931]: 'Discussion zur Grundlegung der Mathematik', *Erkenntnis*, **2**, pp. 147—148.

Gödel, K. [1938]: 'The Consistency of the Axiom of Choice and the Generalized Continuum Hypothesis', *Proceedings of the National Academy of Sciences*, **24**, pp. 556—557.

Gödel, K. [1944]: 'Russell's Mathematical Logic', in P. A. Schilpp (*ed.*): [1944], pp. 125—153. Reprinted in P. Benacerraf and H. Putnam (*eds.*): [1964], pp. 211—232.

Gödel, K. [1947]: 'What is Cantor's Continuum Hypothesis?', *American Mathematical Monthly*, **54**, pp. 515—525.

Gödel, K. [1964]: 'What is Cantor's Continuum Hypothesis?', in P. Benacerraf and H. Putnam (*eds.*): [1964], pp. 258—273. Revised and expanded version of Gödel [1947].

Good, I. J. [1960]: Review of Popper [1959], *Mathematical Reviews*, **21** (2), pp. 1171—1173.

Goodstein, R. L. [1951*a*]: *Constructive Formalism*. University College Leicester.

Goodstein, R. L. [1951*b*]: *The Foundations of Mathematics*. University College Leicester.

Goodstein, R. L. [1962]: 'The Axiomatic Method', *Aristotelian Society Supplementary Volume*, **36**, pp. 145—154.

Grattan-Guinness, I. and Ravetz, J. R. [1972]: *Joseph Fourier, 1768— 1830*. Cambridge, Mass.: M. I. T. Press.

Grünbaum, A. [1961]: 'The Genesis of the Special Theory of Relativity', in H. Feigl and G. Maxwell (*eds.*): *Current Issues in the Philosophy of*

Science, pp. 43—53. New York: Holt, Reinhart and Winston.

Grünbaum, A. [1963]: *Philosophical Problems of Space and Time*. Second edition, 1973. Dordrecht: Reidel.

Grünbaum, A. [1973]: 'Falsifiability and Rationality', *unpublished*.

Gulley, N. [1958]: 'Greek Geometrical Analysis', *Phronesis*, **33**, pp. 1—14.

Haldane, E. R. and Ross, G. R. T. (*eds.*): [1911]: *The Philosophical Works of Descartes*, volume 1. Cambridge University Press.

Hankel, H. [1874]: *Zur Geschichte der Mathematik in Altertum und Mittelalter*. Hildesheim: George Oims, 1965.

Hardy, G. H. [1918]: 'Sir George Stokes and the Concept of Uniform Convergence', *Proceedings of the Cambridge Philosophical Society*, **18/19**, pp. 148—156.

Heath, T. L. [1925]: *The Thirteen Books of Enclid's Elements*. Second edition. Reprinted, New York: Dover, 1956.

Hempel, C. G. [1945*a*]: 'On the Nature of Mathematical Truth', *American Mathematical Monthly*. **52**, pp. 543—556. Reprinted in P. Benacerraf and H. Putnam(*eds.*): [1964], pp. 366—381.

Hempel, C. G. [1945*b*]: 'Studies in the Logic of Confirmation', *Mind*, **54**, pp. 1—26, 97—121.

Hempel, C. G. [1965]: *Aspects of Scientific Explanation*. New York: The Free Press.

Hempel, C. G. and Oppenheim, P. [1945]: 'A Definition of "Degree of Confirmation"', *Philosophy of Science*, **12**, pp. 98—115.

Henkin, L. [1947]: *The Completeness of Formal Systems*. PhD Thesis. Princeton University.

Herbrand, J. [1930]: 'Les Bases de la Logique Hilbertienne', *Revue de la Métaphysique et de la Morale*, **37**, pp. 243—255.

Hesse, M. [1964]: 'Induction and Theory Structure', *Review of Metaphysics*, **18**, pp. 109—122.

Heyting, A. [1967]: 'Weyl on Experimental Testing of Mathematics', in I. Lakatos(*ed.*): [I967], p. 195.

Hilbert, D. [1923]: 'Die Logischen Grundlagen der Mathematik', *Mathematische Annalen*, **88**, pp. 151—165.

Hilbert, D. [1925]: 'Über das Unendliche', *Mathematische Annalen*, **95**, pp. 161—190. Translated into English in J. van Heijenoort (*ed.*): *From Frege to Gödel*, pp. 367—392. Harvard University Press, 1967.

Hintikka, K. J. J. [1957]: 'Necessity, Universality and Time in Aristotle', *Ajatus*, **20**, pp. 65—90.

Hintikka, K. J. J. [1968]: 'Induction by Enumeration and Induction by Elimination', in I. Lakatos (*ed.*): [1968*a*], pp. 191—216.

Hintikka, K. J. J. and Remes, U. [1974]: *The Method of Analysis*. Dordrecht: D. Reidel.

Holton, G. [1960]: 'On the Origins of the Special Theory of Relativity', *American Journal of Physics*, **28**, pp. 627—631 and 633—676.

Holton, G. [1969]: 'Einstein, Michelson, and the "Crucial" Experiment', *Isis*, **6**, pp. 133—197.

Houel, J. [1878]: *Calcul Infinitesimal*, volume 1. Paris.

Hume, D. [1739]: *A Treatise of Human Nature*. Oxford: Clarendon Press.

Huyghens, C. [1690]: *Treatise on Light*. University of Chicago Press, 1945.

Jaffe, B. [1960]: *Michelson and the Speed of Light*. London: Heinemann.

Jeffrey, H. and Wrinch, D. [1921]: 'On Certain Fundamental Principles of Scientific Enquiry', *Philosophical Magazine*, **42**, pp. 269—298.

Jeffrey, R. [1968]: 'Probable Knowledge', in I. Lakatos (*ed.*): [1968*a*], pp. 166—181.

Joachim, H. H. [1906]: *The Nature of Truth*. Oxford University Press.

Kalmár, L. [1959]: 'An Argument against the Plausibility of Church's Thesis', in A. Heyting (*ed.*): *Constructivity in Mathematics*, pp. 72—80. Amsterdam: North Holland.

Kalmár, L. [1967]: 'Foundations of Mathematics—Whither Now?', in I. Lakatos (*ed.*): [1967], pp. 187—194.

Kemeny, J. [1952]: 'A Contribution to Inductive Logic', *Philosophy and Phenomenological Research*, **13**, pp. 371—374.

Kemeny, J. [1955]: 'Fair Bets and Inductive Probabilities', *Journal of Symbolic Logic*, **20**, pp. 263—273.

Kemeny, J. [1958]: 'Undecidable Problems in Elementary Number Theory', *Mathematische Annalen*, **135**, pp. 160—169.

Kemeny, J. [1959]: *A Philosopher Looks at Science*. Princeton: Van Nostrand.

Kemeny, J. [1963]: 'Carnap's Theory of Probability and Induction', in P. A. Schilpp(*ed.*): [1963], pp. 711—737.

Kemeny, J. and Oppenheim, P. [1953]: 'Degree of Factual Support', *Philosophy of Science*, **20**, pp. 307—324.

Kendall, M. G. and Stuart, A. [1967]: *The Advanced Theory of Statistics*, volume **2**. 2nd edition. London: Charles Griffin.

Kenny, A. [1973]: *Wittgenstein*. London: Allen Lane.

Keynes, J. M. [1921]: *A Treatise on Probability*, London: Macmillan.

Kleene, S. C. [1943]: 'Recursive Predicates and Quantificrs', *Transactions of the American Mathematical Society*, **53**, pp. 41—73.

Kleene, S. C. [1952]: *Introduction to Metamathematics*. Amsterdam: North Holland.

Kleene, S. C. [1967]: 'Empirical Mathematics?', in I. Lakatos(*ed.*): [1967], pp. 195—196.

Kleene, S. C. and Rosser, J. B. [1935]: 'The Inconsistency of Certain Formal Logics', *Annals of Mathematics*, **36**, pp. 630—636.

Klein, F. [1908]: *Elementary Mathematics from an Advanced Standpoint*. New York: Dover.

Kneale, W. C. [1949]: *Probability and Induction*. Oxford: Clarendon Press.

Kneale, W. C. [1950]: 'Natural Laws and Contrary to Fact Conditionals', *Analysis*, **10**, pp. 121—125.

Kneale, W. C. [1955]: 'The Necessity of Invention', *Prgceedings of the British Academy*, **41**, pp. 85—108.

Kneale, W. C. [1961]: 'Universality and Necessity', *British Journal for the Philosophy of Science*, **12**, pp. 89—102.

Kneale, W. C. [1968]: 'Confirmation and Rationality', in I. Lakatos(*ed.*): [1968*a*], pp. 59—61.

Koertge, N. [1971]: 'For and Against Method', *British Journal for the Philosophy of Science*, **23**, pp. 274—290.

Kreisel, G. [1956—1957]: 'Some Uses of Metamathematics', *British Journal for the Philosophy of Science*, **7**, pp. 161—173.

Kreisel, G. [1967*a*]: 'Informal Rigour and Completeness Proofs', in I. Lakatos (*ed.*) [1967], pp. 138—171.

Kreisel, G. [1967*b*]: 'Reply to Bar-Hillel', in I. Lakatos (*ed.*): [1967], pp. 175—178.

Kreisel, G. [1967*c*]: 'Comment on Mostowski', in I. Lakatos (*ed.*): [1967], pp. 97—103.

Kreisel, G. and Krivine, J. L. [1967]: *Elements of Mathematical Logic*. Amsterdam: North Holland.

Kuhn, T. S. [1962]: *The Structure of Scientific Revolutions*. Second edition. University of Chicago Press, 1970.

Kuhn, T. S. [1963]: 'The Function of Dogma in Scientific Research', in A. C. Crombie (*ed.*): [1961], pp. 347—369.

Kuhn, T. S. [1970*a*]: 'Reflections on my Critics', in I. Lakatos and A. Musgrave (*eds.*): [1970], pp. 231—278.

Kuhn, T. S. [1970*b*]: 'Postscript—1969' to second edition of Kuhn [1962], pp. 174—210.

Kuhn, T. S. [1971]: 'Notes on Lakatos'. in R. C. Buck and R, S. Cohen (*eds.*): *P. S. A.*, *1970*, *Boston Studies in the Philosophy of Science*, **8**, pp. 137—146. Dordrecht: D. Reidel.

Kyburg, H. [1964]: 'Recent Work in Inductive Logic', *American Philosophical Quarterly*, **1**, pp. 1—39.

Lakatos, I: see Lakatos Bibliography, *below* pp. 274—276.

Latsis, S. [1972]: 'Situational Determinism in Economics', *The British Journal for the Philosophy of Science*, **23**, pp. 207—245.

Lehman, R. S. [1955]: 'On Confirmation and Rational Betting', *Journal of Symbolic Logic*, **20**, pp. 251—262.

Leibniz, G. W. F. [1678]: 'Letter to Conring, 19 March', in L. Loemker (*ed.*): *Leibniz's Philosophical Papers and Letters*, pp. 186—191. Dordrecht: Reidel, 1967.

Leibniz, G. W. F. [1687]: 'Letter to Bayle', in C. I. Gerhardt (*ed.*): *Philosophische Schriften*, **3**, p. 52. Hildesheim: George Olms, 1965.

Leibniz, G. W. F. [1704]: *Nouveaux Essais*. First published, 1765.

Lenard, P. [1933]: *Grosse Naturforscher*. Translated into English as *Great Men of Science*. London: G. Bell and Sons, 1933.

Lenin, V. I. [1908]: *Materialism and Empirio-Criticism*, in *Collected Works*, volume 13. London: Lawrence and Wishart, 1938.

Levy, A. and Solovay, R. M. [1967]: 'Measurable Cardinals and the Continuum Hypothesis', *Israeli Journal of Mathematics*, **5**, pp. 234—248.

Lhuilier, S. A. J. [1787]: *Exposition Elémentaire des Principes des Caleuls Supérieurs*. Berlin: G. J. Decker.

Lipsey, R. G. [1963]: *Positive Economics*. London: Weidenfeld and Nicolson. Second edition, 1966.

Lusin, N. [1935]: 'Sur les Ensembles Analytiques Nuls', *Fundamenta Mathematica*, **25**, pp. 109—131.

Mach, E. [1883]: *Die Mechanik in ihrer Entwicklung*. Translated into English as *The Science of Mechanics*. La Salle: Open Court, 1960.

Mackie, J. [1963]: 'The Paradox of Confirmation', *British Journal for the Philosophy of Science*, **13**, pp. 265—277.

Magee, B. (*ed.*): [1972]: *Modern British Philosophy*. London: Secker and Warburg.

Mahoney, M. S. [1968—1969]: 'Another Look at Greek Geometrical Analysis', *Archive for the History of the Exact Sciences*, **5**, pp. 319—348.

Martin, D. A. and Solovay, R. M. [1970]: 'Internal Cohen Extensions', *Annals of Mathematical Logic*, **2**, pp. 143—178.

Martin, J. [1969]: 'Another look at the Doctrine of Verstehen', *British Journal for the Philosophy of Science*, **20**, pp. 53—67.

Masterman, M. [1970]: 'The Nature of a Paradigm', in I. Lakatos and A. Musgrave(*eds.*): [1970], pp. 59—89.

Mehlberg, M. [1962]: 'The Present Situation in the Philosophy of Mathematics', in B. M. Kazemier and D. Vuysje (*eds.*): *Logic and Language: Studies Dedicated to Professor Rudolf Cornap on the Occasion of his Seventieth Birthday*, pp. 69—103. Dordrecht: Reidel.

Merton, R. [1949]: 'Science and Democratic Social Structure', in *Social Theory and Social Structure*, pp. 604—615. New York: Macmillan. Enlarged edition, 1965.

Miller, D. W. [1974]: 'Popper's Qualitative Theory of Verisimilitude', *British Journal for the Philosophy of Science*, **25**, pp. 166—177.

Mises, L. von [1960]: *Epistemological Problems of Economics*. Princeton: Van Nostrand.

Mostowski, A. [1955]: 'The Present State of Investigations on the Foundations of Mathematics', *Rozprawy Matematyczne*, **9**. Compiled in collaboration with A. Grzegorczyk, S. Jaśkowski, J. Łoś, S. Mazur, H. Rasiowa, and R. Sikorski.

Musgrave, A. [1968]: 'On a Demarcation Dispute', in I. Lakatos and A. Musgrave(*eds.*): [1968], pp. 78—88.

Musgrave, A. [1969]: *Impersonal Knowledge*. Unpublished PhD thesis, University of London.

Musgrave, A. [1971]: 'Kuhn's Second Thoughts', *British Journal for the Philosophy of Science*, **22**, pp. 287—297.

Musgrave, A. [1973]: 'Falsification and its Critics', in P. Suppes (*ed.*): *Proceedings of the 1971 Bucharest International Congress for Logic, Philosophy and Methodology of Science*. Amsterdam: Elsevier.

Myhill, J. [1960]: 'Some Remarks on the Notion of Proof', *The Journal of Philosophy*, **57**, pp. 461—471.

Naess, A. [1968]: *Four Modern Philosophers*. University of Chicago Press.

Nagel, E. [1944]: 'Logic without Ontology', in Y. H. Krikorian (*ed.*): *Naturalism and the Human Spirit*. New York: Colombia University Press. Reprinted in P. Benacerraf and H. Putnam(*eds.*) [1964], pp. 302—321.

Nagel, E. [1963]: 'Carnap's Theory of Induction', in P. A. Schilpp (*ed.*):

[1963],pp. 785—825.

Neumann, J. von [1927]: 'Zur Hilbertischen Beweistheorie', *Mathematische Zeitschrift*, **26**, pp. 1—46.

Neumann, J. von [1947]: 'The Mathematician', in R. B. Heywood (*ed.*) *The Works of the Mind*, pp. 180—196, Chicago: University of Chicago Press.

Newton, I. [1686]: 'Letter to Halley'. Quoted in D. Brewster [1855]: *Memoirs of the Life, Writings and Discoveries of Sir Isaac Newton*, volume **1**, p. 441. New York: Johnson Reprint Corporation, 1965.

Newton, I. [1713]: 'Letter to Roger Cotes, 28 March', in J. Edelston (*ed.*): *Correspondence of Sir lsaac Newton and Professor Cotes*, pp. 154—156. Cambridge University Press, 1850.

Newton, I. [1717]: *Optics*. New York: Dover, 1952.

Nidditch, P. H. [1954]: *Introductory Formal Logic of Mathematics*. London: University Tutorial Press.

Pascal, B. [1659]: *Les Réflexions sur la Géométrie en Général (De l'Esprit Géométrique et de l'Art et Persuader)*. In J. Chevalier (*ed.*): *Oeuvres Complètes*, pp. 575—604. Paris: La Librairie Galliard, 1954.

Pascal, F. [1973]: 'Ludwig Wittgenstein; a Personal Memoir', *Encounter*, **41**, unmber 2, August, pp. 23—39.

Pearce Williams, L. [1963]: 'Review of Agassi' [1963], *Archives Internationales d'Histoire des Sciences*, **16**, pp. 437—439.

Planck, M. [1929]: 'Zwanzig Jahre Arbeit am Physikalischen Weltbilt', *Physica*, **9**, pp. 193—222.

Polanyi, M. [1964]: *Science, Faith and Society*. University of Chicago Press.

Polanyi, M. [1967]: *The Tacit Dimension*. London: Routledge and Kegan Paul.

Popper, K. R. [1934]: *Logik der Forschung*. Vienna: Springer. Expanded English edition: Popper [1959].

Popper, K. R. [1948]: 'Naturgesetze und Theoretische Systeme', in S. Moser (*ed.*): *Gesetz und Wirklichkeit*, pp. 43—60. Innsbruch and Vienna: Tyrolia Verlag.

Popper, K. R. [1949]: 'Note on Natural Laws and So-called "Contrary to Fact Conditionals"', *Mind*, **58**, pp. 62—66.

Popper, K. R. [1952]: 'The Nature of Philosophical Problems and their Roots in Science', *British Journal for the Philosophy of Science*, **3**, pp. 124—156. Reprinted in Popper [1963*a*], pp. 66—96.

Popper, K. R. [1955—1956]: '"Content" and "Degree of Confirmation", a Reply to Dr. Bar-Hillel', *British Journal for the Philosophy of science*, **6**, pp. 157—163.

Popper, K. R. [1956—1957]: 'A Second Note on Degree of Confirmation', *British Journal for the Philosophy of Science*, **7**, pp. 350—353.

Popper, K. R. [1957]: 'The Aim of Science', *Ratio*, **1**, pp. 24—35. Reprinted in Popper [1972], pp. 191—205.

Popper, K. R. [1957—1958]: 'A Third Note on Degree of Confirmation', *British Journal for the Philosophy of Science*, **8**, pp. 294—302.

Popper, K. R. [1959]: *The Logic of Scientific Discovery*. London: Hutchinson.

Popper, K. R. [1963*a*]: *Conjectures and Refutations*. London: Routledge and Kegan Paul.

Popper, K. R. [1963*b*]: 'The Demarcation between Science and Metaphysics', in P. A. Schilpp (*ed.*): [1963]. Reprinted in Popper [1963 *a*], pp. 253—292.

Popper, K. R. [1968*a*]: 'On Rules of Detachment and so-called Inductive Logic', in I. Lakatos (*ed.*): [1968 *a*], pp. 130—138.

Popper, K. R. [1968*b*]: 'Theories, Experience and Probabilistic Intuitions', in I. Lakatos (*ed.*): [1968 *a*], pp. 285—303.

Popper, K. R. [1971*a*]: 'Interview with Bryan Magee', in B. Magee (*ed.*) [1972].

Popper, K. R. [1971*b*]: 'Conjectural Knowledge: My Solution of the Problem of Induction', *Revue Internationale de Philosophie*, **95—96**, pp. 167—197. Reprinted in Popper [1972].

Popper, K. R. [1972]: *Objective Knowledge*. Oxford: Clarendon Press.

Pringsheim, A. [1916]: 'Grundlagen der Allgemeinen Functionenlehre', in M. Burkhardt, W. Wutinger and R. Fricke (*eds.*): *Encyklopädie der*

Mathematischen Wissenschaften, **2**, Erste Teil, Erste Halbband, pp. 1—53. Leipzig: Teubner.

Putnam, H. [1967]: 'Probability and Confirmation', in S. Morgenbesser (*ed.*): *Philosophy of Science Today*, pp. 100—114. New York: Basic Books.

Quine, W. V. O. [1941*a*]: 'Element and Number', *Journal of Symbolic Logic*, **6**, pp. 135—149. Reprinted in *Selected Logical Papers*, pp. 121—140. New York: Random House, 1966.

Quine, W. V. O. [1941*b*]: 'Review of Rosser: "The Independence of Quine's Axioms *200 and *201"', *Journal of Symbolic Logic*, **6**, p. 163.

Quine, W. V. O. [1953 *a*]: 'On *w*-inconsistency and a So-called Axiom of Infinity', *Journal of Symbolic Logic*, **18**, pp. 119—124. Reprinted in *Selected Logical Papers*, pp. 114—120. New York: Random House, 1966.

Quine, W. V. O. [1953*b*]: 'Two Dogmas of Empiricism', in *From a Logical Point of View*, pp. 20—46. Harvard University Press.

Quine, W. V. O. [1958]: 'The Philosophical Bearing of Modern Logic', in R. Klibansky (*ed.*): *Philosophy in the Mid-Century*, volume 1, pp. 3—4. Firenze: La Nuova Italia.

Quine, W. V. O. [1963]: *Set Theory and its Logic*. Harvard University Press.

Quine, W. V. O. [1965]: *Elementary Logic*. Revised edition. New York: Harper Torchbooks.

Quine, W. V. O. [1972]: *Ontological Relativity and Other Essays*. New York: Columbia University Press.

Ramsey, F. P. [1925]: 'The Foundations of Mathematics', *Proceedings of the London Mathematical Society*, **25**, pp. 338—384. Reprinted in *the Foundations of Mathematics and other Essays*. Edited by R. B. Braithwaite. London: Kegan Paul, 1931.

Ramsey, F. P. [1926*a*]: 'Truth and Probability', in *Foundations of Mathematics*, pp. 156—198.

Ramsey, F. P. [1926 *b*]: 'Mathematical Logic', *The Mathematical Gazette*, **13**, pp. 185—194. Reprinted in *The Foundalions of Mathematics*.

Reichenbach, M. [1936]: 'Induction and Probability', *Philosophy of Science*, **3**, pp. 124—126.

Renyi, A. [1955]: 'On a New Axiomatic Theory of Probability', *Acta Mathematica Academiae Scientiarum Hungaricae*, **6**, pp. 285—337.

Rescher, N. [1958]: 'A Theory of Evidence', *Philosophy of Science*, **25**, pp. 83—94.

Richtmyer, F. K., Kennard, E. H. and Lauritsen, T. [1955]: *Introduction to Modern Physics*. Fifth edition. New York: McGraw-Hill.

Ritchie, A. D. [1926]: 'Induction and Probability', *Mind*, N. S. **35**, pp. 301—318.

Robbins, L. C. [1932]: *An Essay on the Nature and Significance of Economic Science*. Second edition, 1935. London: Macmillan.

Robert, A. [1937]: 'Descartes et I'analyse des Anciens', *Archives de Philosophie*, **13**, cahier 2, pp. 221—242.

Robinson, A. [1963]: *Introduction to Model Theory and to the Metamathematics of Algebra*. Amsterdam: North Holland.

Robinson, A. [1966]: *Non-Standard Analysis*. Amsterdam: North Holland.

Robinson, A. [1967]: 'The Metaphysics of the Calculus', in I. Lakatos (*ed.*): [1967], pp. 28—40.

Robinson, R. [1936]: 'Analysis in Greek Geometry', *Mind*, **45**, pp. 464—473. Reprinted in *Essays in Greek Philosophy*, pp. 1—15, Oxford: Clarendon Press. 1969.

Robinson, R. [1953]: *Plato's Earlier Dialectic*. Second edition. Oxford: Clarendon Press.

Röntgen, W. C. [1895]: 'Übet eine Neue Art von Strahlen', *Sitzungsberichte der Würzburger Physikalische-Medicinischen Gesellschaft*, Jahrgan, 1895. Translation in *X-rays and the Electric Conductivilty of Gases*, pp. 28—47. Edinburgh: Livingston, 1958.

Rosser, J. B. [1937]: 'Gödel's Theorems for Non-Constructive Logics', *Journal of Symbolic Logic*, **2**, pp. 129—137.

Rosser, J. B. [1941]: 'The Independence of Quine's Axioms * 200 and * 201', *Journal of Symbolic Logic*, **6**, pp. 96—97.

Rosser, J. B. [1953]: *Logic for Mathematicians*. New York: McGrawHill.

Rosser, J. B. and Wang, H. [1950]: 'Non-Standard Models for Formal Logics', *Journal of Symbolic Logic*, **15**, pp. 113—129.

Russell, B. A. W. [1895]: 'Review of G. Heyman's: *Die Gesetze und Elemente des Wissenschaftlichen Denkens*', *Mind*, **4**, pp. 245—249.

Russell, B. A. W. [1896]: 'The Logic of Geometry', *Mind*, **5**, pp. 1—23.

Russell, B. A. W. [1901*a*]: 'The Study of Mathematics' in *Philosophical Essays*. Page references are to reprint in *Mysticism and Logic*, pp. 48—58. London: George Allen and Unwin, 1917.

Russell, B. A. W. [1901*b*]: 'Recent Work in the Philosophy of Mathematics', *The International Monthly*, **3**. Reprinted as 'Mathematics and the Metaphysician', in *Mysticism and Logic*. London: George Allen and Unwin, 1917.

Russell, B. A. W. [1903]: *Principles of Mathematics*. London: George Allen and Unwin.

Russell, B. A. W. [1910]: *Philosophical Essays*. London: George Allen and Unwin.

Russell, B. A. W. [1912]: *Problems of Philosophy*. London: George Allen and Unwin.

Russell, B. A. W. [1919]: *Introduction to Mathematical Philosophy*. London: George Allen and Unwin.

Russell, B. A. W. [1924]: 'Logical Atomism', in J. H. Muirhead (*ed.*): *Contemporary British Philosophy: Personal Statements*, First Series, pp. 357—383. Reprinted in R. C. Marsh (*ed.*): *Logic and Knowledge*, pp. 323—343. London: George Allen and Unwin, 1956.

Russell, B. A. W. [1935]: 'The Revolt Against Reason, in *Philosophical Quarterly*, **6**, pp. 1—19. Reprinted as 'The Ancestry of Fascism', in *In Praise of Idleness*, pp. 53—68. London: George Allen and Unwin.

Russell, B. A. W. [1944]: 'Reply to Criticism', in P. A, Schilpp (*ed.*): [1944], pp. 679—741.

Russell, B. A. W. [1948]: *Human Knowledge: Its Scope and Limits*. London: George Allen and Unwin.

Russell, B. A. W. [1959]: *My Philosophical Development*. London: George Allen and Unwin.

Russell, B. A. W. and Whitehead, A. N. [1925]: *Principia Mathematica*, volume 1. Second edition. Cambridge: Cambridge University Press.

Rychlik, K. [1962]: *Theorie der Reellen Zahlen im Bolzano's Handschriftlichen Nachlasse*. Prague: Verlag der Tschechoslowakischen Akademie der Wissenschaften.

Ryle, G. [1954]: *Dilemmas*. Cambridge University Press.

Sacks, G. E. [1972]: 'Differential Closure of a Differential Field', *Bulletin of the American Mathematical Society*, **78**, pp. 629—634.

Salmon, W. [1966]: *The Foundations of Scientific Inference*. University of Pittsburg Press.

Salmon, W. [1968*a*]: 'The Justification of Inductive Rules of Inference', in I. Lakatos (*ed.*): [1968*a*], pp. 24—43.

Salmon, W. [1968*b*]: 'Reply', in I. Lakatos (*ed.*): [1968*a*], pp. 74—97.

Savage, L. J., *et al.* [1961]: *The Foundations of Stalistical Inference*. London: Methuen.

Schilpp, P. A. (*ed.*) [1944]: *The Philosophy of Bertrand Russell*. Northwestern University Press.

Schilpp, P. A. [1959—1960]: 'The Abdication of Philosophy', *Kant Studien*, **51**, pp. 480—495.

Schilpp, P. A. (*ed.*) [1963]: *The Philosophy of Rudolf Carnap*. La Salle: Open Court.

Schläfli, L. [1870]: 'Über die Parcielle Differentialgleichung $\frac{dw}{dt} = \frac{d^2 w'}{dx^2}$', *Journal für Reine und Angewandte Mathematik*, **72**, pp. 263—284.

Schlick, M. [1934]: 'Über das Fundament der Erkenntnis', *Erkenntnis*, **4**. Translated into English as 'The Foundation of Knowledge' in A. J. Ayer (*ed*): *Logical Positivism*, pp. 209—227. London: George Allen and Unwin.

Seidel, P. L. [1847]: 'Note über eine Eigenschaft der Reihen, welche Discontinuirliche Functionen darstellen', *Abhandlungen der Mathematik-*

Physikalischen Kiasse der Königlich Bayerischen Akademie der Wissenschaften, **5**, pp. 381—394.

Shimony, A. [1955]: 'Coherence and the Axioms of Confirmation', *Journal of Symbolic Logic*, **20**, pp. 1—28.

Shoenfield, J. [1971]: 'Measurable Cardinals', in R. O. Gandy and C. E. M. Yates (*eds.*): *Logic Colloquium*'69, pp. 19—49. Amsterdam: North Holland.

Sidgwick, H. [1874]: *The Methods of Ethics*. London: Macmillan.

Sierpinski, W. [1935]: 'Sur une Hypothèse de M. Lusin', *Fundamenta Mathematica*, **25**, pp. 132—135.

Smart, J. J. C. [1972]: 'Science, History and Methodology', *British Journal for the Philosophy of Science*, **23**, pp. 266—274.

Smith, D. E. [1929]: *A Source Book in Mathematics*. New York: Dover, 1959.

Solovay, R. M. and Tennenbaum, S. [1967]: 'Iterated Cohen Extensions and Souslin's Problem', *Annals of Mathematics*, **94**, pp. 201—245.

Specker, E. P. [1953]: 'The Axiom of Choice in Quine's *New Foundations for Mathematical Logic*', *Proceedings of the National Academy of Sciences, U. S. A.*, **39**, pp. 972—975.

Stauffer, R. C. [1957]: 'Speculation and Experiment in the Background of Oersted's Discovery of Electromagnetism', *Isis*, **48**, pp. 51—57.

Stegmüller, W. [1957]: *Das Wahrheitsproblem und die Idee der Semantik*. Vienna: Springer.

Stove, D. [1960]: Review of Popper [1959], *Australasian Journal of Philosophy*, **38**, pp. 173—187.

Strawson, P. F. [1954]: 'Wittgenstein's *Philosophical Investigations*', *Mind*, **63**, pp. 70—94.

Suppes, P. [1957]: *Introduction to Logic*. New York: Van Nostrand.

Szabo, A. [1969]: *Anfänge der Griechischen Mathematik*. Budapest: Akademiai Kiadó.

Tarski, A. [1939]: 'On Undecidable Statements in Enlarged Systems of Logic and the Concept of Truth', *Journal of Symbolic Logic*, **4**, pp. 105—112.

Tarski, A. [1954]: 'Comments on Bernays: "Zur Beurteilung der Situation in der Beweistheoretischen Forschung"', *Revue Internationale de Philosophic*, **8**, pp. 17—21.

Tarski, A. [1956]: 'The Concept of Truth in Formalised Languages: Postscript', in J. H. Woodger (*ed.*): *Logic, Semantics and Metamathematics*, pp. 268—278. Oxford: Clarendon Press.

Tichý, P. [1974]: 'On Popper's Definitions of Verisimilitude', *British Journal for the Philosophy of Science*, **25**, pp. 155—160.

Toeplitz, O. [1963]: *The Calculus: A Genetic Approach*. Translated by L. Lange. University of Chicago Press.

Toulmin, S. [1950]: *The Place of Reason in Ethics*. Cambridge University Press.

Toulmin, S. [1953*a*]: *The Philosophy of Science: an IntroductICn*. London: Hutchinson University Library.

Toulmin, S. [1953*b*]: 'Critical Notice of *Logical Foundations of Probability* by R. Carnap', *Mind*, **62**, pp. 86—99.

Toulmin, S. [1957]: 'Logical Positivism and After, or Back to Aristotle', *Universities Quartery*, **11**, pp. 335—347.

Toulmin, S. [1958]: *The Uses of Argument*. Cambridge University Press.

Toulmin, S. [1961]: *Foresight and Understanding*. London: Hutchinson.

Toulmin, S. [1966]: 'Review of *Aspects of Scientific Explanation and Other Essays in the Philosophy of Science*, by Carl G. Hempel', *Scientific American*, **214**, Number 2, pp. 129—133.

Toulmin, S. [1968]: 'Ludwig Wittgenstein', *Encounter*, **68**, number 1, January, pp. 58—71.

Toulmin, S. [1971]: 'From Logical Systems to Conceptual Populations', in R. C. Buck and R. S. Cohen (*eds.*): *P. S. A.*, 1970, *Boston Studies in the Philosophy of Science*, **8**, pp. 552—564. Dordrecht: Reidel.

Toulmin, S. [1972]: *Human Understanding*, *1*: *General Introduction and Part 1*. Oxford University Press.

Toulmin, S. [1974]: 'Rationality and Scientific Discovery', in R. S. Cohen and

K. F. Schaffner(*eds.*): *P. S. A.*, 1972, *Boston Studies in the Philosophy of Science*, **15**, pp. 387—406. Dordrecht: Reidel.

Turing, A. M. [1939]: 'Systems of Logic Based on Ordinals', *Proceedings of the London Mathematical Society*, **45**, pp. 161—228.

Urbach, P. [1974]: 'Progress and Degeneration in the I. Q. Debate', *British Journal for the Philosophy of Science*, **25**, pp. 99—135 and 235—259.

Waismann, F. [1936]: *Einführung in das Mathematische Denken*. Translated into English as *Introduction to Mathematical Thinking*. London: Hafner Publishing Company, 1951.

Wang, H. [1959]: 'Ordinal Numbers and Predicative Set-Theory', *Zeitschrift für Mathematik und Grundlagen der Mathematik*, **5**, pp. 216—239.

Warnock, M. [1960]: *Ethics Since 1900*. Oxford University Press.

Watkins, J. W. N. [1952]: 'Political Traditions and Political Theory: An Examination of Professor Oakeshott's Political Philosophy', *Philosophical Quarterly*, **2**, pp. 323—337.

Watkins, J. W. N. [1957]: 'Farewell to the Paradigm Case Argument', *Analysis*, **18**, pp. 25—33.

Watkins, J. W. N. [1958]: 'Confirmable and Influential Metaphysics', *Mind*, **67**, pp. 344—365.

Watkins, J. W. N. [1968*a*]: 'Non-Inductive Corroboration', in I, Lakatos (*ed.*): [1968*a*], pp 61—66.

Watkins, J. W. N. [1968*b*]: 'Hume, Carnap and Popper', in I. Lakatos(*ed.*): [1968*a*], pp. 271—282.

Watkins, J. W. N. [1970]: 'Against Normal Science', in I: Lakatos and A. Musgrave(*eds.*): [1970], pp. 25—37.

Watson, W. H. [1967]: *Understanding Physics Today*. Cambridge University Press.

Wehr, M. R. and Richards, J. A. [1960]: *Physics of the Atom*. Addison-Wesley.

Weitz, M. [1944]: 'Analysis and the Unity of Russell's Philosophy', in P. A. Schilpp(*ed.*): [1944], pp. 55—122.

Weyl, H. [1928]: 'Diskussionsbemerkungen zu dem Zweiten Hilbertschen Vortrag über die Grundlagen der Mathematik', *Abhandlungen aus dem Mathen atischen Seminar der Hamburgischen Universität*, **6**, pp. 86—88.

Weyl, H. [1949]: *Philosophy of Mathematics and Natural Science*. Princeton University Press.

Whewell, W. [1858]: *History of Scientific Ideas*, volume 1. (Part One of the third edition of *The Philosophy of the Inductive Sciences*.)

Whewell, W. [1860]: *On the Philosophy of Discovery*. London: Parker.

Whittaker, E. [1951]: *A History of the Theories of Aether and Electricity: The Classical Theories*. Enlarged and revised edition. London and New York: Nelson and Sons.

Wisdom, J. O. [1952]: *Foundations of Inference in Natural Science*. London: Methuen.

Wisdom, J. O. [1959]: 'Esotericism', *Philosophy*, **34**, pp. 338—354.

Wittgenstein, L. [1951]: *Philosophical Investigations*. Edited by G. E. M. Anscombe and R. Rhees. Oxford: Basil Blackwell.

Wittgenstein, L. [1956]: *Remarks on the Foundations of Mathematics*. Edited by G. H. von Wright, R. Rhees and G. E. M. Anscombe. Translated by G. E. M. Anscombe. Oxford: Basil Blackwell.

Wittgenstein, L. [1966]: *Lectures and Conversations in Aesthetics, Psychology and Religious Belief*. Edited by C. Barrett. Oxford: Basil Blackwell.

Wittgenstein, L. [1969]: *On Certainty*. Edited by G. E. M. Anscombe and G. H. von Wright. Oxford: Basil Blackwell.

Worrall, J. [1976]: 'Thomas Young and the "Refutation" of Newtonian Optics', in C. Howson (*ed*): *Method and Appraisal in the Physical Sciences*, pp. 102—179. Cambridge University Press.

Zahar, E. G. [1973]: 'Why did Einstein's Research Programme Supersede Lorentz's?', *British Journal for the Philosophy of Science*, **24**, pp. 95—

123 and 223—262.

Zahar, E. G. [1977]: 'Did Mach's Positivism Influence the Rise of Modern Science?', *British Journal for the Philosophy of Science*, **28**, pp. 195—213.

拉卡托斯著作目录

[1946*a*]:'Citoyen és Munkasosztály',*Valosag*,**1**,pp. 77—88.

[1946*b*]:'A Fizikalai Idealizmus Biralata',*Athenaeum*,**1**,pp. 28—33.

[1947*a*]:'Huszadik Szarsad: Tarsadalomtudomanyi és politikoi szemle, Budapest',*Forum*,**1**,pp. 316—320.

[1947*b*]:'Eötvos Collegium-Györffy Kollégium',*Valosag*,**2**,pp. 107—124.

[1947*c*]: Review of K. Jeges: *Megtanulom a Fizikat* in *Tarsadalmi Szemle*,**1**.

[1947*d*]:Review of J. Hersey:*Hirosima* in *Tarsadalmi Szemle*,**1**.

[1947*e*]:'Vigolia, Szerkeszti Johasz Vilmos es Sik Sandor', *Forum*, **1**, pp. 733—736.

[1961]:*Essays in the Logic of Mathematical Discovery*. Unpublished PhD dissertation. Cambridge.

[1962]:'Infinite Regress and Foundations of Mathematics', *Aristotelian Society Supplementary Volume*,**36**,pp. 155—184.

[1963]:Discussion of 'History of Science as an Academic Discipline' by A. C Crombie and M. A. Hoskin, in A. C. Crombie (*ed.*): *Scientific Change*, pp. 781—785. London: Heinemann. Republished as chapter 13 of this volume.

[1963—1964]:'Proofs and Refutations',*British Journal for the Philosophy of Science*, **14**, pp. 1—25, 120—139, 221—243, 296, 342. Republished in revised form as part of Lakatos [1976*c*].

[1967*a*]:*Problems in the Philosophy of Mathematics*. Edited by Lakatos. Amsterdam: North Holland.

[1967*b*]:'A Renaissance of Empiricism in the Recent Philosophy of Mathematics?' in I. Lakatos(*ed.*):[1967*a*],pp. 199—202. Republished in

much expanded form as Lakatos [1976*b*].

[1967*c*]: *Dokatatelstva i Oproversheniа*. Russian translation of [1963—1964] by I. N. Veselovski. Moscow: Publishing House of the Soviet Academy of Sciences.

[1968*a*]: *The Problem of Inductive Logic*. Edited by Lakatos. Amsterdam: North Holland.

[1968*b*]: 'Changes in the Problem of Inductive Logic', in I. Lakatos (*ed.*): [1968*a*], pp. 315—417. Republished as chapter 8 of this volume.

[1968*c*]: 'Criticism and the Methodology of Scientific Research Programmes', *Proceedings of the Aristotelian Society*, **69**, pp. 149—186.

[1968*a*]: 'A Letter to the Director of the London School of Economics', in C. B. Cox and A. E. Dyson (*eds.*): *Fight for Education, A Black Paper*, pp. 28—31. London: Critical Quarterly Society. Republished as chapter 12 of this volume.

[1969]: 'Sophisticated versus Naive Methodological Falsificationism', *Architectural Design*, **9**, pp. 482—483. Reprint of part of [1968*c*].

[1970*a*]: 'Falsification and the Methodology of Scientific Research Programmes', in Lakatos and A. Musgrave (*eds.*) [1970], pp. 91—186. Republished as chapter **1** of volume **1**.

[1970*b*]: Discussion of 'Scepticism and the Study of History' by R. H. Popkin, in A. D. Breck and W. Yourgrau (*eds.*): *Physics, Logic and History*, pp. 220—223. New York: Plenum Press.

[1970*c*]: Discussion of 'Knowledge and Physical Reality' by A. Mercier, in A. D. Breck and W. Yourgrau (*eds.*): *Physics, Logic and History*, pp. 53—54. New York: Plenum Press.

[1971*a*]: 'Popper zum Abgrenzungs-und Induktionsproblem', in H. Lenk (*ed.*): *Neue Aspekte der Wissenschaftstheorie*, pp. 75—110. Braunschweig: Vieweg. German translation of [1974*c*] by H. F. Fischer. volume **1**.

[1971*b*]: 'History of Science and its Rational Reconstructions', in R. C. Buck and R. S. Cohen (*eds.*): *P. S. A.*, 1970, *Boston Studies in the Philosophy of Science*, **8**, pp. 91—135. Dordrecht: Reidel. Republished as chapter 2 of volume **1**.

[1971*c*]:'Replies to Critics',in R. C. Buck and R. S. Cohen(*eds.*):*P. S. A.* 1970, *Boston Studies in the Philosophy of Science*, **8**, pp. 174—182. Dordrecht:Reidel.

[1974*a*]:'History of Science and its Rational Reconstructions' in Y. Elkana (*ed.*): *The Interaction Between Science and Philosophy*, pp. 195—241. Atlantic Highland; New Jersey:Humanities Press.

Reprint of [1971*b*].

[1974*b*]: Discussion Remarks on Papers by Ne'eman, Yahil, Beckler, Sambursky, Elkana, Agassi, Mendelsohn, in Y. Elkana (*ed.*): *The Interaction Between Science and Philosophy*, pp. 41, 155—156, 159—160, 163, 165, 167, 280—283, 285—286, 288—289, 292, 294—296, 427—428, 430—431, 435. Atlantic Highlands, New Jersey: Humanities Press.

[1974*c*]:'Popper on Demarcation and Induction',in P. A. Schilpp(*ed*):*The Philosophy of Karl Popper*, pp. 241—273. La Salle: Open Court. Republished as chapter 3 of volume 1.

[1974*d*]: 'The Role of Crucial Experiments in Science', *Studies in the History and Philosophy of Science*, **4**, pp. 309—325.

[1974*e*]:'Falsifikation und die Methodologie Wissenschaftlicher Forschungs programme', in I. Lakatos and A. Musgrave (*eds.*): *Kritizismus und Erkenntnisfortschritt*. German translation of[1970 *a*] by A. Szabo.

[1974*f*]: 'Die Geschichte der Wissenschaft Iund hre Rationalen Reconstruktionen',in I. Lakatos and A. Musgrave(*eds.*):*Kritizismus und Erkenntnisfortschritt*. German translation of [1971*b*] by P. K. Feyerabend.

[1974*g*]:*Wetenschapsfilosofie en Wetenschapsgeschiedenis*. Boom: Mepple. Dutch translation of [1970*a*] by Karel van der Lenn.

[1974*h*]:'Science and Pseudoscience',in G. Vesey(*ed.*): *Philosophy in the Open*. Open University Press. Republished as the introduction to volume 1.

[1976*a*]:'Understanding Toulmin',*Minerva*, **14**, pp. 126—143. Republished as chapter 11 of this volume.

[1976*b*]: 'A Renaissance of Empiricism in the Recent Philosophy of Mathematics?', *British Journal for the Philosophy of Science*, **27**, pp. 201—223. Republished as chapter 2 of this volume.

[1976*c*]: *Proofs and Refutations*: *The Logic of Mathematical Discovery*. Edited by J. Worrall and E. G. Zahar. Cambridge University Press.

[1977*a*]: *The Methodology of Scientific Research Programmes*: *Philosophical Papers*, volume 1. Edited by J. Worrall and G. Currie. Cambridge University Press.①

[1977*b*]: *Mathematics, Science and Epistemology*: *Philosophical Papers*, volume 2. Edited by J. Worrall and G. Currie. Cambridge University Press.

与其他人合作的

[1968]: *Problems in the Philosophy of Science*. Edited by I. Lakatos and A. Musgrave. Amsterdam: North Holland.

[1970]: *Criticism and the Growth of Knowledge*. Edited by I. Lakatos and A. Musgrave. Cambridge University Press.

[1976]: 'Why Did Copernicus's Programme Supersede Ptolemy's?', by I. Lakatos and E. G. Zahar, in R. Westman (*ed.*): *The Copernican Achievement*, pp. 354—383. Los Angeles: University of California Press. Republished as chapter 5 of volume 1.

① [1977a]即哲学论文第一卷:《科学研究纲领方法论》,商务印书馆,1992年第一版。

人名索引

（条目后所注页码为原书页码，本书边码）

A

Abel,N. H.,阿贝尔,10,46,48,49,51—52,53,57,89

Adam,C.,亚当,82

Adelstein,D.,阿德尔施泰因,247,248,250

Agassi,J.,阿加西,43,70,176,180,183,184,202—208

Airy,C. B.,艾里,209

d'Alembert,J. le R.,达朗贝尔,25

Alexander,H. G.,亚历山大,78

Ampere,A. M.,安培,206

Apollonius,阿波洛尼乌斯,73,86,100

Archimedes,阿基米德,7,75,86,100,222,237

Aristaecus,阿里斯塔克,73

Aristotle,亚里士多德,9,87,123

Arnauld,A.,阿诺德,87,89

Atkinson,R.,阿特金森,247,250

Atwood,T.,阿特伍德,79

Ayer,A. J.,艾耶尔,5,24,182

B

Bacon,F.,培根,102,113,129,131—132,203—204,228

Balmer,J. J.,巴尔默,165,177,208

Bar-Hiller,Y.,巴尔—希勒尔,35,41,128,135,137,145,156—157,162,181,191

Barker,S. F.,巴克,194

Barnard,G. A.,巴纳德,199

Bartley,W. W.,巴特利,3,70

Baumann,J. J.,鲍曼,58

Bayes,T.,贝耶斯,150,193

Beck,I. J.,贝克,82

Bell,E. T.,贝尔,45,49,50

Bellarmino,Cardinal,柏拉明,19

Benacerraf,P. 贝纳塞拉夫,25

Benneti,J.,贝内特,221

Berkeley,Bishop,贝克莱,56

Bernai J. D.,贝尔纳,257

Bernays,P.,伯奈斯,27,32,33,42

Bernoulli,D.,伯努利,7,90,133,152

C

D

E

F

G

H

J

K

L

M

N

主 题 索 引

（条目后所注页码为原书页码，本书边码）

图书在版编目(CIP)数据

数学、科学和认识论/(匈)拉卡托斯(Lakatos,I.)著;林夏水,薛迪群,范建年译.—北京:商务印书馆,2010(2024.12重印)
(汉译世界学术名著丛书)
ISBN 978-7-100-07163-5

Ⅰ.①数… Ⅱ.①拉… ②林… ③薛… ④范… Ⅲ.①数学哲学问题 Ⅳ.①O1-0

中国版本图书馆CIP数据核字(2010)第097183号

汉译世界学术名著丛书
数学、科学和认识论
〔匈〕拉卡托斯 著
林夏水 薛迪群 范建年 译
范岱年 赵中立 校

商 务 印 书 馆 出 版
(北京王府井大街36号 邮政编码100710)
商 务 印 书 馆 发 行
北京盛通印刷股份有限公司印刷
ISBN 978-7-100-07163-5

2010年12月第1版 开本 850×1168 1/32
2024年12月北京第5次印刷 印张 14½
定价:73.00元